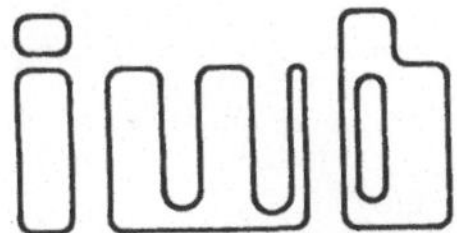

Forschungsberichte · Band 5

Berichte aus dem
Institut für Werkzeugmaschinen
und Betriebswissenschaften
der Technischen Universität München

Herausgeber: Prof.Dr.-Ing. J. Milberg

Walter Simon

Elektronische Vorschubantriebe an NC-Systemen

Mit 141 Abbildungen

Springer-Verlag
Berlin Heidelberg New York Tokyo 1986

Dipl.-Ing. Walter Simon

Institut für Werkzeugmaschinen und Betriebswissenschaften (iwb), München

Dr.-Ing. J. Milberg

o. Professor an der Technischen Universität München

Institut für Werkzeugmaschinen und Betriebswissenschaften (iwb), München

ISBN-13: 978-3-540-16693-1 e-ISBN-13: 978-3-642-82828-7

DOI: 10.1007/ 978-3-642-82828-7

Softcover reprint of the hardcover 1st edition 1986

Gesamtherstellung: Hieronymus Buchreproduktions GmbH, München

2362/3020-543210

Geleitwort des Herausgebers

Die Verbesserung von Fertigungsmaschinen, Fertigungsverfahren und Fertigungsorganisation im Hinblick auf die Steigerung der Produktivität und die Verringerung der Fertigungskosten ist eine ständige Aufgabe der Produktionstechnik. Die Situation in der Produktionstechnik ist durch abnehmende Fertigungslosgrößen und zunehmende Personalkosten sowie durch eine unzureichende Nutzung der Produktionsanlagen geprägt. Neben den Forderungen nach einer Verbesserung von Mengenleistung und Arbeitsgenauigkeit gewinnt die Steigerung der Flexibilität von Fertigungsmaschinen und Fertigungsabläufen immer mehr an Bedeutung. In zunehmendem Maße werden Programme, Einrichtungen und Anlagen für rechnergestützte und flexibel automatisierte Produktionsabläufe entwickelt.

Ziel der Forschungsarbeiten am Institut für Werkzeugmaschinen und Betriebswissenschaften an der TU München (iwb) ist die weitere Verbesserung der Fertigungsmittel und Fertigungsverfahren im Hinblick auf eine Optimierung von Arbeitsgenauigkeit und Mengenleistung der Fertigungssysteme. Dabei stehen Fragen der anforderungsgerechten Maschinenauslegung sowie der optimalen Prozeßführung im Vordergrund. Ein weiterer Schwerpunkt ist die Entwicklung fortgeschrittener Produktionsstrukturen und die Erarbeitung von Konzepten für die Automatisierung des Auftragsdurchlaufs. Das Ziel ist eine Integration der technischen Auftragsabwicklung von der Konstruktion bis zur Montage.

Die im Rahmen dieser Buchreihe erscheinenden Bände stammen thematisch aus den Forschungsbereichen des iwb: Fertigungsverfahren, Werkzeugmaschinen, Fertigungs- und Montageautomatisierung, Betriebsplanung sowie Steuerungstechnik und Informationsverarbeitung. In ihnen werden neue Ergebnisse und Erkenntnisse aus der praxisnahen Forschung des iwb veröffentlicht. Diese Buchreihe soll dazu beitragen, den Wissenstransfer zwischen dem Hochschulbereich und dem Anwender in der Praxis zu verbessern.

Joachim Milberg

VORWORT

Die vorliegende Arbeit entstand während meiner Tätigkeit als akademischer Rat a.Z. am Lehrstuhl für Werkzeugmaschinen und Betriebswissenschaften der Technischen Universität München.

Herrn Professor Dr.-Ing. Karl G. Müller, dem ehemaligen Leiter des Instituts, danke ich für die Anregung des Themas und seine Unterstüzung bei der Durchführung der Arbeit.

Danken möchte ich Herrn Professor Dr.-Ing. Joachim Milberg für die kontinuierliche und wohlwollende Förderung meiner Forschungsaktivitäten und für seine wertvollen Hinweise, die wesentlich zum Gelingen der Arbeit beigetragen haben.

Ebenso gilt mein Dank Herrn Professor Dr.-Ing. G. Duelen für die Übernahme des Korreferats und das Interesse, das er dieser Arbeit entgegengebracht hat.

Bei allen Mitarbeiterinnen und Mitarbeitern des Lehrstuhls, die mich bei meiner Arbeit in vielfältiger Weise unterstützt haben, bedanke ich mich recht herzlich.

Des weiteren gilt mein Dank Herrn Prof. Dr.-Ing. R.D. Müller für die Durchsicht der Arbeit und seine wertvollen Anregungen.

Kempten, im März 1986

Walter Simon

Inhaltsverzeichnis

FORMELVERZEICHNIS

Großbuchstaben

A	Querschnittsfläche	m^2
A_m	mittlere Strombelagsamplitude	A/m
B	Breite	m
B	magnetische Induktion	$T=Vs/m^2$
B_m	Mittelwert der magnetischen Induktion	T
B1,B2	Breite von Teil 1,2	m
$\vec{B}$	Vektor der magnetischen Feldstärke	T
C_J	Fourier-Koeffizient	
C_1, C_2	Konstanten	
D	Durchmesser	m
D	Durchschaltanteil	
D	Lehr'sches Dämpfungsmaß	
D_a	Außendurchmesser	m
D_i	Innendurchmesser	m
D_i	modale Dämpfung der Eigenschwingungen	
D_m	Dämpfung des Motors	
D_s	Spindelaußendurchmesser	m
D_{sk}	Spindelkerndurchmesser	m
D_W	Wellendurchmesser	m
E	Elastizitätsmodul	N/m^2
F	Kraft	N
$F(j\omega)$	Amplitude des Frequenzganges	dB
F_{ax}	axiale Komponente der Kraft	N
F_{GL}	Gleitreibkraft	N
F_{HR}	Haftreibkraft	N
F_L	Kraft auf einen Leiter	N
F_M	Meßkraft	N
F_N	Kraft in Zugstrangrichtung	N
F_n	Normalkraft	N
F_{nt}	tangentialer Anteil der Normalkraft	N
F_R	Reibkraft	N
F_r	Kraft in radialer Richtung	N
F_{ri}	Radialkraft eines Einzelkugelpaares	N

F_{riu}	Radialkraft eines Einzelkugelpaares in Richtung von u	N
F_u	Kraft in Umfangsrichtung	N
F_v	Vorspannkraft	N
F(s)	Übertragungsfunktion	
$\vec{F}$	Vektor der Kraft	N
$\vec{F}_L$	Kraft auf einen stromdurchflossenen Leiter im Magnetfeld	N
G	Gleitmodul	N/m^2
$\vec{H}$	Vektor der magnetischen Feldstärke	A/m
I	Strom	A
I_A	Ankerstrom	A
$\hat{I}$	Amplitude der Stromoberschwingung	A
I_o	Gleichanteil des Stromes	A
J_p	polares Flächenträgheitsmoment	m^4
L	Induktivität	H
L_A	Ankerinduktivität	H
L_C	Kommutierungsinduktivität	H
L_G	Glättungsinduktivität	H
L_K	Kreisstromdrossel	H
L_{sp}	axialbelastete Spindellänge	m
L_{spT}	tordierte Spindellänge	m
M	Moment	Nm
M_B	Beschleunigungsmoment	Nm
M_M	konstantes Motormoment	Nm
M_W	konstantes Widerstandsmoment	Nm
M_o	konstantes Moment	Nm
M_o	Dauerstillstandsdrehmoment	Nm
N	magnetischer Nordpol	
N	Nachgiebigkeit	m/N, 1/Nm
$N_{Em,n}$	Kenn-Nachgiebigkeits-Wurzeln an der Stelle m,n	$\sqrt{m/N}$, $\sqrt{1/Nm}$
N_M	Drehzahl der Motorwelle	1/s
P	Polynomkoeffizient	
R	Widerstand	Ω
R_A	Ankerwiderstand	Ω
RE	Realteil	
S	magnetischer Südpol	

T	konstante Zeit, Periodendauer	s
T_{an}	Anregelzeit	s
T_{el}	elektrische Zeitkonstante	s
T_E	Einschaltdauer	s
T_{gl}	Glättungszeitkonstante	s
T_{ian}	Stromanstiegszeit	s
T_{in}	Zeitkonstante des Stromreglers	s
T_{is}	Glättungszeitkonstante des Stromsollwertes	s
T_{io}	Stromflußdauer	s
T_L	Stromflußdauer	s
T_M	mechanische Zeitkonstante	s
T_{ni}	Zeitkonstante des Drehzahlistwertes	s
T_{nn}	Zeitkonstante des Drehzahlreglers	s
T_t	Totzeit	s
$T_{\Theta N}$	Trägheitsnennzeitkonstante	s
U	Spannung	V
U_A	Ankerspannung	V
U_i	konstante induzierte Spannung	V
U_{st}	Steuerspannung	V
U_o	konstante Gleichspannung	V

Kleinbuchstaben

a	gemessenener Weg	m
a	Strombelag	A/m
a_i	konstante Koeffizienten	
b	Beschleunigung	m/s^2
b	Schleifenbreite	m
b	Strahlabstand	m
b_i	konstante Koeffizienten	
b_L	Leiterbreite	m
c	Lichtgeschwindigkeit	m/s
c	Steifigkeit	N/m
c_{ax}	axiale Steifigkeit eines Kugelpaares	N/m
c_{bg}	Biegesteifigkeit	N/m
c_E	Werkstoffkonstante	$m^{\frac{2}{3}}/N^{\frac{1}{3}}$

c_{ges}	Gesamtsteifigkeit	N/m
c_K	Steifigkeit im Kugelbereich	N/m
c_k	Krümmungsfaktor	$m^{-\frac{1}{3}}$
c_M	Federkonstante des Mutterkörpers	N/m
c_{rad}	radiale Federkonstante	N/m
c_R	Federkonstante einer Teilung des Zahnriemens längs der Scheibe	N/m
c_S	Federkonstante des Zahnriemens längs der Scheibe	N/m
c_{sp}	axiale Federkonstante eines Stabes	N/m
c_{sz}	spezifische Zahnsteifigkeit	N/m
$c_{s\infty}$	Federkonstante des Zahnriemens längs der Scheibe bei unendlicher Zähnezahl	N/M
c_T	Federkonstante des Zahnriementrums	N/m
c_T	Torsionsfederkonstante	Nm
c_{tor}	Torsionsfederkonstante	Nm
c_z	Zahnfederkonstante	N/m
c_φ	Kippfederkonstante	N/m
c_ψ	Kippfederkonstante	N/m
d	Dämpfungskoeffizient	
d_D	Dicke des Distanzrings einer Doppelmutter	m
d_k	Kugeldurchmesser	m
d_o	Spindeldurchmesser	m
f	Frequenz	Hz
f	Brennweite	m
f	Frequenz des Lichts im bewegten System	Hz
f'	Frequenz des Lichts im ruhenden System	Hz
f_i	Steifigkeitsfaktor	N /m
f_k	komplexer Funktionswert	
f_r	Resonanzfrequenz	Hz
f_s	Taktfrequenz	Hz
f_o	Frequenz der Grundschwingung	Hz
$f_{1,2}$	Stator-/Läuferfrequenz	Hz
$\vec{f}$	Kraftdichtevektor	N/m^2
g	Erdbeschleunigung	m/s^2
h	Spindelsteigung	m
h_l	Leiterhöhe	m

i	Strom	A
i_A	Ankerstrom	A
i_M	Anzahl der Kugelumläufe je Einzelmutter	
i_q	Strom der Querachse aus der Park schen Transformation	A
i/e	interne/externe Kugelführung	
$i_\perp$	auf dem Läuferfluß senkrecht stehende Statorstromkomponenete	A
k	Konstante	
k	Steifigkeitskennzahl	N/m
k'	Motorkonstante	
k_i	Stromreglerverstärkung	
k_m	Motorkonstante	
k_n	Drehzahlreglerverstärkung	
k_{si}	Normierungsfaktor der Stromistwert-anpassung	
k_{str}	Verstärkungsfaktor des Stromrichters	
k_u	Motorkonstante	Vs
l	Länge	m
l	freie Trumlänge	m
l_i	Leiterlänge	m
l_M	Länge der Einzelmutter	m
l_{sp}	axialbelastete Spindellänge	m
l_{spT}	tordierte Spindellänge	m
l	Längenänderung	m
l_{oA}	axial wirksame Spindellänge	m
l_{oR}	rotatorisch wirksame Spindellänge	m
m	Momentenverlauf	Nm
m	Anzahl gesuchter Eigenfrequenzen	
m	Masse	kg
m_D	Motordrehmoment	Nm
n	Drehzahl	1/s
n	Mindestanzahl von Elementen	
n_{kp}	Anzahl der Kugelpaare	
n_{syn}	synchrone Drehzahl	1/s
p	Polpaarzahl	
p	Pulszahl	
r	Radius	m

r_{AN}	normierter Ankerwiderstand	
s	Stromdichte	A/m^2
s	Laplace-Operator	
s	Federverformung	m
s_T	Steifigkeit im Zahnriementrum	N
s/d	Einzel-/Doppelmutter	
$\vec{s}$	Vektor der Stromdichte	A/m^2
t	Zeit	s
t	Teilungslänge	m
Δt	Abtastzeit	s
u	Verschiebung	m
u	Kommutierungsdauer	s
u_i	induzierte Spannung	V
u_i	Verschiebung der Einzelkugel	m
u_v	axiale Verformung	m
$u_{dI,II}$	Spannungen der Teilstromrichter	V
$\vec{u}$	Gleichanteil einer Spannung	V
u	größter Augenblickswert einer Spannung	V
v	Geschwindigkeit	m/s
v_f	Vorschubgeschwindigkeit	mm/min
v_k	kritische Riemengeschwindigkeit	m/s
w	Windungszahl	
w	Schwingungsbreite	m
w	Scheitelwelligkeit	
w_{ss}	Welligkeit Spitze - Spitze	
x	Weg	m
x	relative Zeitkoordinate	
x_α	Zündzeitpunkt beim Steuerwinkel	
$x_{\varphi M}$	auf die Motorwelle bezogene, übersetzungsfreiheitsgradreduzierte Kenn-Nachgiebigkeits-Wurzeln der x-Koordinate	$\sqrt{1/Nm}$
$x_{1,2,3}$	Abstände vom Ursprung in x-Richtung	m
z	Anzahl der tragenden Zähne	
z_t	Anzahl der tragenden Kugeln	

Griechische Buchstaben

α	Steigungswinkel	
α	Ansteuerwinkel	
α_{Gr}	Grenzsteuerwinkel	
$\alpha_{I,II}$	Ansteuerwinkel des Stromrichters I,II	
β	Lastwinkel	
δ	Lastwinkel	
ε	Dehnung	m
$\Delta\varepsilon$	Federauslenkung	m
ϑ	elektrische Bogenkoordinate	
ϑ	Winkel zwischen den Kugeln	
ϑ_i	Winkel der Einzelkugel zur betrachteten Verschiebungsrichtung	
ϑ_L	Läuferbezogene elektrische Bogenkoordinate	
ϑ_p	Polteilungswinkel	
ϑ_s	statorbezogene elektrische Bogenkoordinate	
ϑ	Stromflußwinkel	
ϑ_o	Lastwinkel	
λ	Wellenlänge des Laserlichts	m
λ	Ausfallrate	1/h
λ_i	Eigenwerte	
μ	Reibungskoeffizient	
ρ	Masse je Volumen	kg/m^3
σ	Spannung im Riemen	N/m^2
τ_F	Durchlaßzeit	s
φ	Drehwinkel	
φ	Phasenwinkel	
φ	Feldwinkel	
φ_M	auf die Motorwelle bezogene, übersetzungsreduzierte Kenn-Nachgiebigkeits-Wurzel der φ-Koordinate	$\sqrt{1/Nm}$
$\varphi_{1,2}$	normierter Stator-,Läuferrfluß	
φ	Kippwinkel der Mutter	
ω	Kreisfrequenz	1/s

ω_{oM}	Kennkreisfrequenz des Motors	1/s
Δ	Änderung	
Δ	Abweichung der Steuerwinkelsumme	
Θ	Trägheitsmoment	kg/m^2
Θ_{ges}	Gesamtträgheitsmoment	kg/m^2
Θ_M	Motorträgheitsmoment	kg/m^2
Θ_{red}	auf die Motorwelle reduziertes Fremdträgheitsmoment	kg/m^2
Φ	magnetischer Fluß	Vs
Ω_M	Winkelgeschwindigkeit der Motorwelle	1/s

Matrizen und Vektoren

$\underline{\underline{A}}$	Systemmatrix
$\underline{\underline{A}}^*$	Systemmatrix des Mehrmassensystems
$\underline{\underline{A}}^{**}$	Systemmatrix des Regelkreises
$\underline{\underline{B}}$	Steuermatrix
$\underline{\underline{C}}$	Beobachtungsmatrix
$\underline{\underline{C}}$	Steifigkeitsmatrix
$\underline{C}^T$	Beobachtungsvektor (Zeilenvektor)
$\underline{\underline{D}}$	Durchschaltmatrix
$\underline{\underline{D}}$	Dämpfungsmatrix
$\underline{\underline{E}}$	Einheitsmatrix
$\underline{\underline{F}}$	Übertragungsmatrix
$\underline{F}(t)$	Anregungsvektor
$\underline{\underline{M}}$	Massenmatrix
$\underline{\underline{S}}$	Spektralmatrix
$\underline{\underline{X}}$	Modalmatrix
$\underline{q}$	Vektor der verallgemeinerten Koordinate
$\underline{u}$	Eingangsvektor
$\underline{w}_i$	Strukturvektor
$\underline{x}$	Zustandsvektor
$\underline{x}_i$	Eigenvektoren
$\underline{y}$	Ausgangsvektor

Indizes

i,j,k,n,N,	Laufvariable
m,p,μ,ν	Laufvariable
max, min	Maximalwert, Minimalwert
N	Nenn-
R,S,T	Phasenbezeichnungen
S1,S2,S3,Sp	Strangbezeichnungen
x,y,z	Koordinatenzuordnung
o	Grund-
1,2	Teilsystem 1 oder 2 betreffend
$\perp$	senkrechte Komponente
*	Sollwert

Kennzeichnungen

$\underline{\underline{B}}$	Matrix
$\underline{\underline{B}}^{-1}$	invertierte Matrix
$\underline{B}$	Vektor (Spaltenmatrix)
$\underline{B}^{T}$	transponierter Vektor
B1,B2,B3	Integrationsbereich
det	Determinante
$\vec{F}_L$	Raumzeiger
$\tan\varphi$	Verlustfaktor
$\dot{x}$	erste Ableitung nach der Zeit
$\ddot{x}$	zweite Ableitung nach der Zeit

Abkürzungen

A/D	Analog-/Digitalwandler
ASM	Asynchronmotor
CSMP	continous system modeling program, digitales Simulationsprogramm
D/A	Digital-/Analogwandler
DIAG	Diagonalmatrix
EPROM	erasable programmable read only memory

FEM	Finite-Elemente-Methode
GG	Grauguß
HTD	high torque drive
IF	Interferometer
I/O	Ein-/Ausgabe(-Interface)
KNW	Kenn-Nachgiebigkeits-Wurzeln
KP	Knotenpunkt
LGMAG	logarithm magnitude
LI	linearer Geschwindigkeitaufnehmer
LSI	large scale integrated
MAG	magnitude
PBM	Pulsbreitenmodulation
PFM	Pulsfolgemodulation
POM	Polyoxymethylen
PROBOL	Programm zur Berechnung des Oberschwingungsgehalts von Lastströmen
PTFE	Polytetrafluoräthylen
p	Luftdruckmesser
R	Luftfeuchtemesser
R	Reflektor
R_n	Drehzahlregler
RAM	random access memory
R/D	Resolver-/Digitalwandler
RESI	regelungstechnisches Simulationsprogramm für Vorschubantriebe
SW	Sollwert
T	Temperaturfühler
TC	Lufttemperaturfühler
TF	Trägerfrequenzverstärker
TG	Tachogenerator
TM	Tachomotorwelle der Kugelgewindespindel
VASDY	Programm zur dynamischen Berechnung von Vorschubantriebsstrukturen
VORANF	Vorschubantriebssimulationsprogramm im Frequenzbereich
VORANZ	Vorschubantriebssimulationsprogramm im Zeitbereich
WOK	Wurzelortskurve

1 Einführung

1.1 Allgemeine Problembeschreibung

Die sich ständig verschärfende Wettbewerbssituation zwingt die metallverarbeitende Industrie, durch Automatisierung eine höhere Produktivität zu erhalten. Lange Zeit galt, daß nur hohe Stückzahlen den Aufwand zur Automatisierung von Arbeitsprozessen rechtfertigten. Speziell von Werkzeugmaschinen wird infolge des Trends zu kleiner werdenden Losgrößen neben einem hohen Automatisierungsgrad eine möglichst hohe Flexibilität gefordert. Dieser Sachverhalt spiegelt sich in den wichtigsten Kriterien für den wirtschaftlichen Einsatz von Werkzeugmaschinen wider /76/ (Bild 1.1). Moderne, leistungsfähige NC-Maschinen bieten sich sehr häufig als kostengünstige Lösungen an, wie die rasche Zunahme der Zahl dieser Maschinen beweist (Bild 1.2).

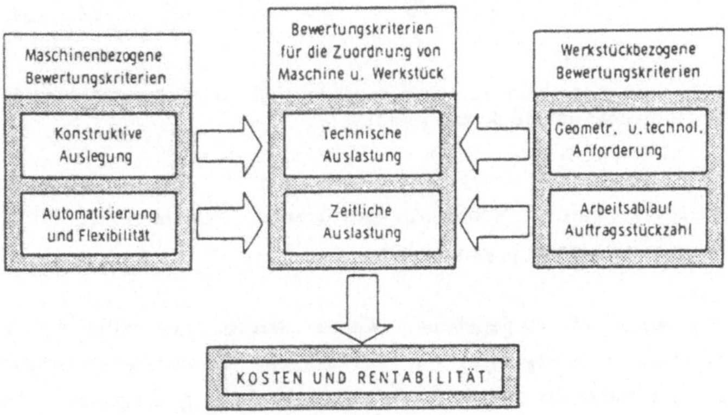

Bild 1.1: Bewertungskriterien für den wirtschaftlichen Einsatz von Werkzeugmaschinen /57/

Die in den 50iger Jahren in den USA entwickelten numerisch gesteuerten Maschinen wurden vor allem zur Fertigung komplexer Teile in der Kleinserienfertigung eingesetzt /34,66/. Heute stellen diese Maschinen jedoch eine Rationalisierungsmöglichkeit von der Einzelfertigung bis zur Mittelserie dar /49/. Nicht zuletzt aufgrund der Leistungsfähigkeit ihrer Antriebe übernehmen numerisch gesteuerte Systeme, bestehend aus NC-Maschinen, Handhabungsgeräten etc. zunehmend Aufgaben, die bisher starr automatisierten Fertigungseinrich-

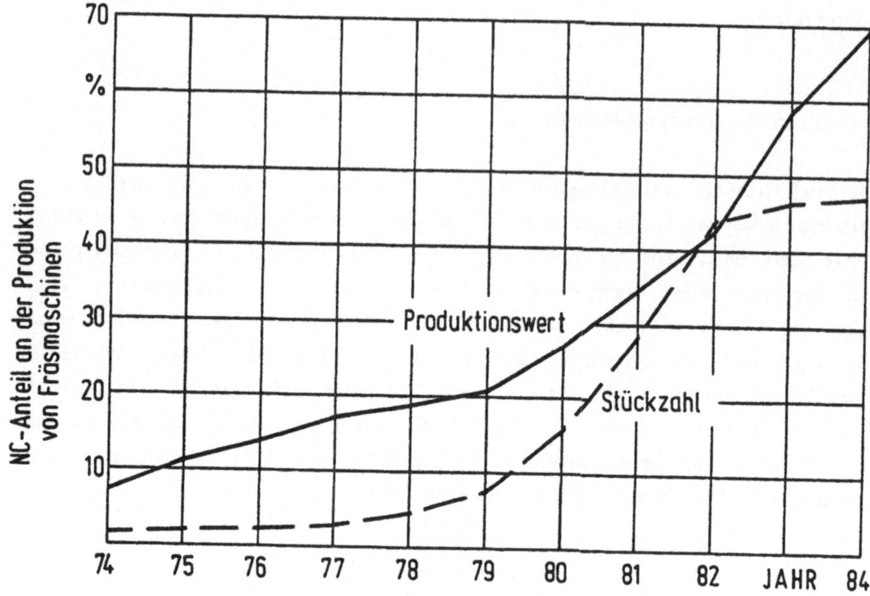

Bild 1.2: NC-Anteil an der Gesamtproduktion von Fräsmaschinen in der Bundesrepublick nach /90,91/

tungen vorbehalten waren. Numerisch gesteuerten Systemen ist im allgemeinen folgendes Funktionsprinzip gemeinsam:

Abhängig von numerisch vorgegebenen Werten werden mit Hilfe von lagegeregelten Servoantrieben Bewegungen von Werkzeugen, Werkstücken, Greifern etc., häufig sogar koordiniert in mehreren Achsen, gleichzeitig ausgeführt. Die Funktion des Lagereglers ist meist in einer NC-Steuerung integriert. Wichtigste Schnittstelle zu den einzelnen Antrieben ist die für jede Achse getrennte Geschwindigkeitssollwertvorgabe. Die Geschwindigkeitsregelung und die meist vorhandene nochmals unterlagerte Stromregelung sind in den elektrischen Baugruppen der Ansteuereinheiten für die Motoren realisiert.

Schwerpunktmäßig werden in dieser Arbeit die der numerischen Steuerung unterlagerten Komponenten von drehzahlgeregelten elektrischen Antrieben inklusive ihrer mechanischen Bauteile untersucht (Bild 1.3). Globales Arbeitsziel ist die Entwicklung praxisorientierter Rechenprogramme, Meßverfahren und Auswahlkri-

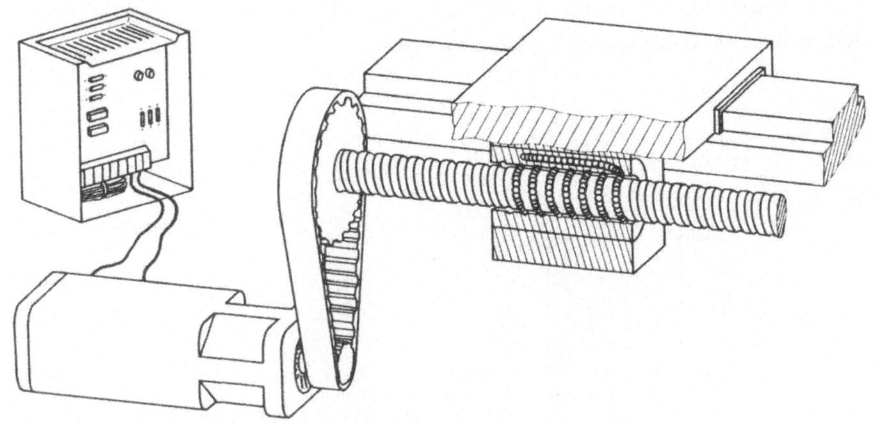

Bild 1.3: Aufbau der untersuchten Vorschubantriebe

terien, die sowohl zur Konstruktionsoptimierung in der Konzeptionsphase als auch zur Störungsbeseitigung ausgeführter NC-Systeme eingesetzt werden können. Diese Arbeiten waren erforderlich, da die laufenden Neuentwicklungen auf dem Antriebssektor zu in dieser Art bisher nicht untersuchten komplexen, fachübergreifenden Systemaufbauten führen (Elektrotechnik, Mechanik, Schwingungs-, Meß- und Regelungstechnik).

1.2 Unterschiedliche Antriebskonzepte

Als Stellmotoren für numerisch gesteuerte Vorschubantriebe von Werkzeugmaschinen stehen prinzipiell rotatorische elektrische, rotatorische hydraulische und translatorische hydraulische Antriebe zur Verfügung. Bei den rotatorischen Antrieben ergibt sich meist die Notwendigkeit der Umformung der Bewegungen mittels Kugelrollspindel und Mutter bzw. Zahnstange und Ritzel in eine translatorische Bewegung, wobei eventuell die Zahnstange auch durch einen Zahnriemen ersetzt werden kann /68/.

Sowohl bei NC-Maschinen als auch später bei Industrierobotern wurden zunächst hydraulische Antriebe eingesetzt, die mit fortschreitender Zeit durch elektrische Antriebe ersetzt wurden /39,73/. Im Bild 1.4 ist die Entwicklung des Anteils einzelner Antriebsarten an Industrierobotern dargestellt. Es zeigt, daß in gleichem Maße wie hydraulische Antriebe abgenommen haben, die elektrischen Antriebe einen Zugewinn verbuchen konnten.

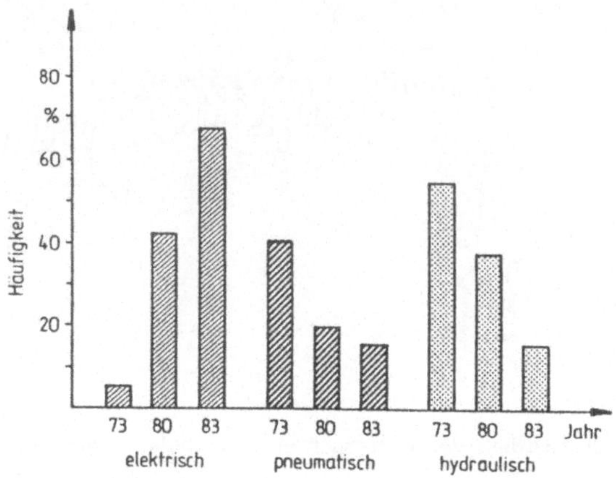

Bild 1.4: Anteil elektrischer, pneumatischer und hydraulischer Servoantriebe an Industrierobotern

Nicht zuletzt aufgrund der besseren Zukunftsperspektiven wurden hochdynamische elektrische Antriebskonzepte für die Untersuchungen herangezogen.

1.3 Anforderungen an Servoantriebe von NC-Systemen

Aufgabe der Antriebe ist es, die mechanischen Komponenten möglichst verzögerungsfrei den von der Steuerung vorgegebenen Sollwerten folgen zu lassen. Im Rahmen dieser Arbeit werden ausschließlich Lageregelkreise betrachtet, die als Stellglied elektrische Antriebe verwenden. Im Bild 1.5 ist der prinzipielle Aufbau eines lagegeregelten Antriebs einer Achse einer numerisch gesteuerten Maschine als Blockschaltbild dargestellt. Da der Antrieb jeder Achse von der Steuerung einen eigenen Geschwindigkeitssollwert vorgegeben bekommt, kann man auch bei mehrachsigen Systemen im allgemeinen von einer Entkopplung der einzelnen Achsen ausgehen. Bei Robotern können Kopplungen zwischen den einzelnen Achsen durch variierende Hebellängen, Zentrifugalkräfte etc. auftreten /15,69/.

Höchste Anforderungen an das stationäre und dynamische Verhalten der eingesetzten elektrischen Vorschubantriebe ergeben sich aus den Forderungen nach geringen Haupt- und Nebenzeiten bei gleichzeitig extrem hoher Positioniergenauigkeit. Zur Erfüllung seiner Aufgaben muß der Antrieb zum einen Reib- und Beschleunigungskräfte, zum anderen Schnittkräfte, Fügekräfte etc. überwinden.

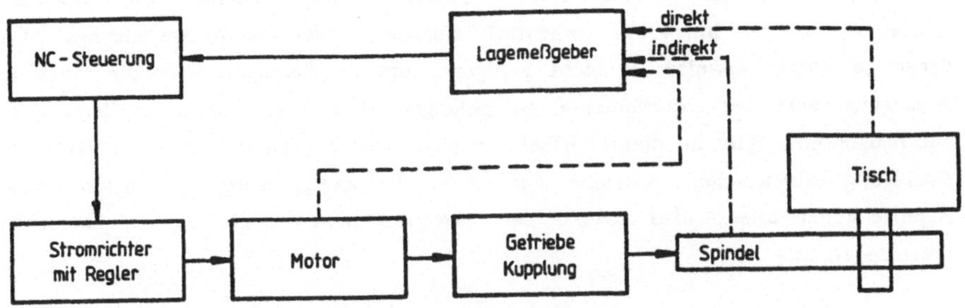

Bild 1.5: Blockschaltbild eines lagegeregelten Vorschubantriebs

Allgemein gelten nach /26,69/ für drehzahlgeregelte Antriebe von NC-Systemen heute nachfolgend aufgeführte Anforderungen, denen je nach Aufgabenstellung unterschiedliche Bedeutung zukommt.

1. Stationäres Verhalten

- Großer Drehzahlstellbereich wegen den sehr unterschiedlichen Vorschub- und Eilganggeschwindigkeiten und dem exakten Verfahren entlang einer Bahn,
- ausreichendes Dauerdrehmoment für die Bearbeitungsaufgaben,
- niedriges Leistungsgewicht, wenn ein Antrieb von einem anderen Antrieb mitbewegt werden muß,
- ruckfreier Betrieb, auch bei niedrigsten Geschwindigkeiten.

2. Dynamisches Verhalten

- Schnelles Beschleunigen und schnelles Bremsen erfordert hohe Beschleunigungs- und Verzögerungsmomente, gute Überlastbarkeit und geringe Trägheitsmomente,
- gutes Führungs- und Störverhalten, um Änderungen der Sollwertgröße mit möglichst geringer Verzögerung schwingungsfrei folgen zu können, und um den Einfluß von Störgrößen möglichst rasch auszuregeln.

1.4 Aufgabenstellung und Arbeitsschwerpunkte

Auswahl, Auslegung und Reglereinstellung elektrischer Vorschubantriebe von numerisch gesteuerten Werkzeugmaschinen erfolgen in der Industrie im allgemeinen rein empirisch. Methoden zur rechnergestützten Auslegung von Vorschubantrieben, wie sie in /4,87/ vorgestellt wurden, finden kaum Anwendung. Eine derartige Vorgehensweise ist nicht geeignet, um zu Aussagen über die korrekte Auslegung einzelner Bauelemente zu gelangen oder eine Schwachstellenanalyse durchzuführen. Wie in dieser Arbeit gezeigt werden konnte, ist die optimale Auslegung elektrischer Antriebe nur unter Berücksichtigung der dynamischen Eigenschaften aller, also sowohl der elektrischen als auch der mechanischen Baugruppen möglich.

Ziel der Arbeit ist die Bereitstellung von Rechenprogrammen, Meßverfahren, Auswahl- und Auslegungskriterien, sowie von Grundlageninformation über die Eigenschaften, Möglichkeiten und Grenzen moderner Baugruppen und Elemente der Antriebstechnik, die dem Konstrukteur die optimale Systemauslegung entsprechend der jeweiligen Aufgabe ermöglichen.

Aufgrund der komplexen Problemstellung und der von Werkzeugmaschinenherstellern genannten Schwierigkeiten sind folgende Arbeitsschwerpunkte gesetzt worden:

1. Experimentelle und analytische Untersuchung der wichtigsten elektrischen und mechanischen Baugruppen moderner Vorschubantriebe

   Bei den Gleichstrommotoren interessieren vor allem Unterschiede, die sich durch die Variation der Gleichspannungsquelle ergeben. Untersucht wurden unterschiedliche Typen netzgeführter Thyristorstromrichter und Transistorsteller. Bei den Drehstromantrieben wurden unterschiedliche Motorkonzepte (Synchron- und Asynchronmotoren) und diverse Techniken für Frequenzumformer betrachtet, wobei bürstenlose Gleichstrommotoren in diese Überlegungen miteinbezogen wurden.

   Aus der Gruppe der mechanischen Bauelemente wurden aufgrund ihrer häufigen Anwendung die Kombination aus Zahnriementrieb und Kugelrollspindel ausgewählt.

Über den Zahnriementrieb liegen bisher sehr wenige wissenschaftliche Arbeiten vor /37/. Deswegen ergab sich die Notwendigkeit, seine statischen und dynamischen Eigenschaften in grundlegenden Versuchen zu klären.

Bei den Kugelrollspindeln kann auf bereits entwickelte Theorien zurückgegriffen werden. Von diesen ausgehend wurden Modelle zur Beschreibung ihrer Eigenschaften abgeleitet, so daß mit Hilfe von Rechenprogrammen die dynamischen Eigenschaften von Kugelrollspindeln bestimmt werden können.

2. Modellerstellung für die einzelnen Baugruppen, sowie für das Gesamtsystem und Entwicklung digitaler Rechen- und Simulationsprogramme zur System- und Schwachstellenanalyse

   Dazu wurden den einzelnen Detailaufgaben angepaßte Lösungswege beschritten. Speziell zur Konstruktionsoptimierung der Mechanik von Vorschubantrieben wurde ein Finite-Elemente-Programm entwickelt, das Aussagen über das Schwingungsverhalten der einzelnen mechanischen Komponenten ermöglicht und Grundlagen zur weiteren Modellbildung liefert.

   Dynamische Berechnungen sowohl im Zeit- als auch im Frequenzbereich sind ausgehend von Zustandsdifferentialgleichungen durch ein weiteres Programmpaket für das Gesamtsystem möglich. Nichtlineare Problemstellungen wurden durch den Einsatz digitaler Simulationsprogramme bearbeitet.

3. Anwendung und Kontrolle der entwickelten Modelle, Rechenprogramme und Meßverfahren an realen Vorschubantrieben

   Da besonderer Wert auf die Praxisnähe der analytischen und experimentellen Verfahren gelegt wurde, sind diese nicht nur an einem Versuchsstand, sondern zusätzlich an einer NC-Dreh- und einer NC-Fräsmaschine verifiziert worden.

Die angewendeten und entwickelten Versuchsstände und Meßverfahren wurden ausführlich dokumentiert, um die dabei gemachten Erfahrungen Anwendern und Herstellern von Vorschubantrieben, die eigene Versuche planen, zur Verfügung zu stellen.

2 Untersuchungsobjekte - Theoretische Ableitungen und Vorversuche

Für eine optimale Auswahl moderner Vorschubantriebskomponenten muß das Zusammenwirken der drehzahlgeregelten elektrischen Antriebe mit den mechanischen Komponenten des Systems bereits in der Planungsphase modellhaft ermittelt werden können. Dafür ist es erforderlich, zunächst ausreichende Erkenntnisse über die Eigenschaften der einzelnen elektrischen und mechanischen Baugruppen zu besitzen, um eine Analyse über ihr gegenseitiges Zusammenwirken durchführen zu können. In Bild 2.1 läßt sich ein Überblick über die in diese Arbeit einbezogenen Untersuchungsobjekte gewinnen.

elektrisch regelbare Antriebe			
Regelkonzept	Leistungselektronik	Antriebsmotor	mechanische Komponenten
Drehzahlregelung mit unterlagerter Stromregelung	- netzgeführte Stromrichter - Gleichstromsteller	- permanenterregter konventioneller Gleichstromservomotor - permanenterregter bürstenloser Gleichstromservoantrieb	- Kugelgewindespindel - Zahnriemen - Tisch
	- Frequenzumrichter	- Synchronmotor - Asynchronmotor	

Bild 2.1: Zusammenstellung der Untersuchungsobjekte

2.1 Elektrische Antriebskonzepte

Die ausgewählten Motoren mit zugehöriger Leistungselektronik kennzeichnen sowohl den Stand der Technik als auch die Entwicklungstendenzen im elektrischen Vorschubantriebsbereich. Mit bürstenlosen Gleichstrom-, Synchron-, und Asynchronantrieben versuchen die Motorhersteller den hochwertigen Gleichstrommotoren verbesserte Antriebe gegenüberzustellen. Häufig kennzeichnen die Herstellerangaben das Motorprinzip nicht eindeutig. Die zur Verfügung stehenden Angaben sind im allgemeinen in keiner Weise geeignet, als Auswahlkriterium unter den Antriebsprinzipien gelten zu können. Es muß an dieser Stelle besonders erwähnt werden, daß natürlich nicht nur der Motor oder das Prinzip an sich, sondern die Art und Weise der Ausführung die eigentliche entscheidende Größe sein kann. So beeinflußt ein schlechter Tachogenerator, eine unzureichende Befestigung der Feedback-Einheit, das Massenträgheitsmoment oder eine unglückliche Reglereinstellung das Ergebnis stärker als der Unterschied zwischen bürstenlosem Gleichstrom- oder Synchronmotor an sich. Nachfolgend werden die einzelnen Prinzipien einander gegenübergestellt.

2.1.1 Permanent erregter Gleichstrommotor

In den letzten Jahren hat sich der permanent erregte Gleichstrommotor zweifellos eine führende Stellung erobert. Wie eine Umfrage unter europäischen Drehmaschinenherstellern ergab, waren Anfang 1984 nur an einem angefragten Maschinentyp bürstenlose Motoren im Einsatz. 94% aller Vorschubantriebe waren mit konventionellen permanent erregten Maschinen ausgestattet, davon waren ca. 76% mit Transistorstellern und der Rest mit 3- und 6-pulsigen Thyristorantrieben ausgerüstet.

Die langsam laufenden permanent erregten Motoren mit Drehzahlen kleiner 3000 1/min bieten die Möglichkeit der direkten Kopplung bzw. die Verwendung preisgünstiger Zahnriementriebe. Da ihr Anker im Gegensatz zu Scheibenläufermotoren eisenbehaftet ist, verfügen sie über gute thermische Eigenschaften, d.h. große Zeitkonstanten. Ihr Ankerradius kann aufgrund der hohen Feldliniendichte weit unter dem konventioneller Gleichstrommotoren gehalten werden. Dadurch erreicht man ein günstiges Trägheitsmoment.

Als Magnetmaterialien werden in erster Linie Ferrite oder Aluminium-Nickel-Kobalt-Werkstoffe verwendet. Selten-Erd-Material, meist Samarium-Kobalt, wird speziell für diese Motortypen kaum eingesetzt, weil die erreichbare Verringerung der Motorabmessungen zu keinen nennenswerten Vorteilen führt, andererseits aber der Werkstoff erheblich höhere Kosten verursacht. Im wesentlichen werden zwei unterschiedliche Realisationsformen angeboten: Das Schalenmagnet- und das Flußkonzentrationsprinzip. Während beim ersteren gekrümmte Magnetschalensegmente eingesetzt werden, kommen beim letzteren plattenförmige Magnete und Polbleche zum Einsatz.

Um die hohen Anforderungen an den Rundlauf von Werkzeugmaschinenantrieben befriedigen zu können, müssen eine Reihe konstruktiver Maßnahmen ergriffen werden. Bei den möglichen festzustellenden Schwingungen des Motors ist zwischen den mechanischen und den magnetischen Ursachen zu unterscheiden, wobei letztere natürlich immer mechanische Schwingungen zur Folge haben werden. Alle diese Schwingungen treten als ganzzahlige Vielfache der Frequenz der Drehzahl auf. Mechanisch ist vor allem die Unwucht der rotierenden Bauteile und der Einfluß der Lagerung zu nennen. Selbst bei sorgfältigster Fertigung der Pole und Wicklungen ergibt sich ein einseitig wirkender magnetischer Zug. Die Wirkung entspricht dann einer Unwucht. Auch eine Durchbiegung der Welle verändert den Luftspalt. Daraus resultiert ebenfalls ein erhöhter einseitiger magnetischer Zug mit entsprechender Wirkung.

Die Ursachen weiterer elektromagnetischer Schwingungen können durch eine Betrachtung der Feld- und Wicklungsverteilung abgeleitet werden. Für die Kraftdichte im Luftspalt einer elektrischen Maschine gilt allgemein:

$$\vec{f} = \text{rot}\,\vec{H} \times \vec{B} \tag{2.1}$$

$$\text{rot}\,\vec{H} = \vec{s} \tag{2.2}$$

$\vec{f}$ = Kraftdichte $\qquad$ $\vec{s}$ = Stromdichte

$\vec{H}$ = magn. Feldstärke $\qquad$ $\vec{B}$ = magn. Induktion

In erster Linie ist natürlich das abgegebene Moment einer Gleichstrommaschine von Interesse: Im Bild 2.2 ist die angenommene Strombelags- und Feldverteilung einer Gleichstrommaschine unter Vernachlässigung der Ankerrückwirkung zu sehen. Darunter sind die Verhältnisse an einem Leiter im Luftspalt dargestellt.

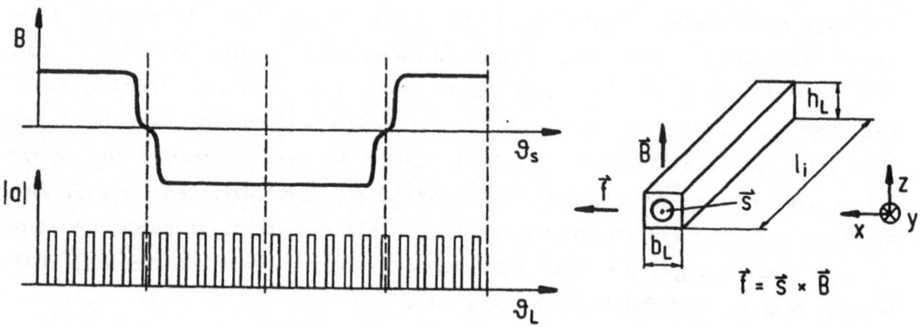

Bild 2.2: Induktionsverlauf B und Strombelagsverteilung a eines Gleichstrommotors in Abhängigkeit des Polradwinkels ϑ

$$F_L = \int_0^{b_L} \cdot \int_0^{l_i} \cdot \int_0^{h_1} B_z \cdot s_y \cdot dz \cdot dy \cdot dx \qquad (2.3)$$

$$F_L = \int_0^{b_L} \cdot \int_0^{l_i} B_z \cdot a \cdot dy \cdot dx \qquad (2.4)$$

$$m_D = \sum F_L \cdot \frac{D}{2} = \frac{D^2}{4} \cdot \int_0^{2\pi} \int_0^{l_i} B_z \cdot a \cdot dy \cdot d\vartheta_s \qquad (2.5)$$

$$m_D = \frac{D^2}{4} \cdot l_i \cdot \int_0^{2\pi} B_z(\vartheta_s) \cdot a(\vartheta_s) \cdot d\vartheta_s \qquad (2.6)$$

sowohl $B_z(\vartheta_s)$ als auch $a(\vartheta_s)$ lassen sich als Fourierreihe darstellen:

$$B_z(\vartheta_s) = \sum_{\nu=1}^{\infty} B_\nu \cdot \cos\nu\vartheta_s \qquad \nu = 1,\ 2,\ 3 \ldots \qquad (2.7)$$

$$a(\vartheta_s) = \sum_{\mu=1}^{\infty} a_\mu \cdot \cos[\mu \cdot (\vartheta_s - \omega \cdot t)] \qquad \mu = 1,\ 2,\ 3 \ldots \qquad (2.8)$$

Man erkennt, daß unter den gegebenen Voraussetzungen eine Momentschwankung in Abhängigkeit der Drehzahl und der Strombelagsverteilung zu erwarten ist. Eine große Anzahl verteilter Leiter führt nicht nur zu einer höheren Frequenz, sondern unter der Voraussetzung eines gleichen mittleren Strombelags auch zu kleineren Amplitudenschwankungen. Durch eine Schrägung der Ankerleiter oder des Magnetfelds kann eine Verbesserung dieses Problems erreicht werden. Ersetzt man den Strombelag näherungsweise durch einen rechteckförmigen Wert mit der Amplitude A_m und die magnetische Induktion durch einen ebenfalls rechteckförmigen Verlauf mit dem Wert B_m so ergibt sich:

$$m_D = \frac{D^2}{2} \cdot l_i \cdot 2\pi \cdot B_m \cdot A_m \qquad (2.9)$$

mit: $$A_m = i_A \cdot w \cdot \frac{2}{\pi} \cdot D \qquad w = \text{Windungszahl} \qquad (2.10)$$

$$B_m = \Phi \cdot \frac{2p}{l_i \pi D} \qquad (2.11)$$

$$m_D = k_m \cdot \Phi \cdot i_A \qquad k_m = \frac{2w \cdot p}{\pi} \qquad (2.12)$$

Mit Hilfe der zweiten Maxwell'schen Gleichung erhält man für die induzierte Spannung:

$$u_i = k_u \cdot \Phi \cdot n \qquad k_u = 4w \cdot p \tag{2.13}$$

Damit läßt sich das Moment in Abhängigkeit von einer Messung zugänglichen Größen schreiben:

$$m_D = \frac{k_m}{k_u \cdot n} u_i \cdot i_A \tag{2.14}$$

2.1.1.1 Linearverstärker

Linearverstärker werden heute nur noch für kleinste Leistungen und höchste Ansprüche eingesetzt. Ihr Vorteil liegt in einer besonders guten Dynamik, einem äußerst oberschwingungsarmen Stromverlauf und, sofern entsprechende Leistungshalbleiter zur Verfügung stehen, leichter Realisierbarkeit. Dabei wird eine Endstufe aus parallelgeschalteten Leistungstransistoren linear durchgesteuert. Damit erkennt man, daß entsprechende Mengen Energie in Wärme umgesetzt werden, was einen sehr schlechten Wirkungsgrad zur Folge hat und darüber hinaus Kühlvorrichtungen erfordert. Im Rahmen dieser Arbeit wurde ein solcher Verstärker zur Speisung eines Torsionserregers eingesetzt. Da Linearverstärker für Vorschubantriebe keine nennenswerte Bedeutung mehr besitzen, kann von einer näheren Betrachtung Abstand genommen werden.

2.1.1.2 Gleichstromsteller

Gleichstromsteller werden in der Werkzeugmaschinenbranche meist kurz als Transistorsteller bezeichnet, sofern der Transistor das dominante Bauteil der Leistungselektronik ist. Den prinzipiellen Aufbau zeigt Bild 2.3. Da Werkzeugmaschinen grundsätzlich an Drehstromnetze angeschlossen sind, muß zunächst eine Gleichspannung erzeugt werden. Dies geschieht mit einfachen Dioden, wodurch eine Energierückspeisung ins Netz ausgeschlossen wird. Zur Spannungsglättung und als Energiespeicher dient ein großer Kondensator. Er nimmt die Bremsenergie auf und liefert Energie bei Beschleunigungsvorgängen. Daneben ist ein zuschaltbarer Lastwiderstand eingezeichnet, der bei generatorischem Betrieb zur Ableitung der überschüssigen Energie dient. Er wird von einem hysteresebehafteten, spannungsabhängigen Schalter zugeschaltet, wenn die Zwischenkreisspannung einen gewissen Wert überschreitet, und ist im allgemeinen nur dann notwendig, wenn der Kondensator zur Speicherung der Bremsenergie nicht ausreicht. Aus Kostengründen ist eine Rückspeisung ins Netz nicht üblich.

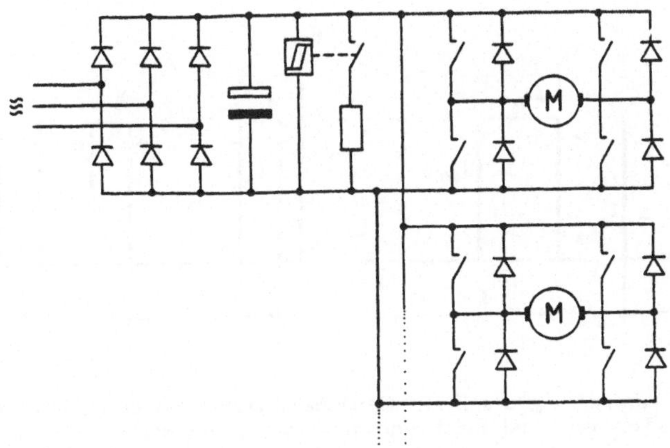

Bild 2.3: Aufbau eines Gleichstromstellers mit Spannungszwischenkreis zur Speisung mehrerer Antriebsmotoren

Da in gewissen Grenzen beliebig viele Gleichstromsteller oder Frequenzumrichter mit Spannungszwischenkreis an eine derartige Gleichspannungsquelle angeschlossen werden können, erscheint eine Rückspeisung bei Versorgung des Hauptantriebs und mehreren Vorschubantrieben von einem Spannungszwischenkreis unter Umständen als sinnvoll. Bereits bei gemeinsamem Zwischenkreis erfolgt ein Energieausgleich zwischen den Antrieben. Beispielsweise kann ein abbremsender Hauptantrieb als Lieferant für im gleichen Zeitraum beschleunigende Vorschubantriebe dienen.

Die im Bild 2.3 als Schalter eingezeichneten Elemente werden je nach Anwendung durch ein oder mehrere Transistoren, durch GTO's oder durch entsprechend aufwendige Schaltungen aus Thyristoren und Dioden realisiert. Aufgrund des Leistungsbereiches sind für Werkzeugmaschinenvorschubantriebe Transistoren das am häufigsten verwendete Bauelement. Dazu müssen spezielle Schalttransistoren eingesetzt werden. Bei ihrer Parallelschaltung ist vor allem auf gleichzeitiges Durchschalten zu achten. Da diese Transistoren nur sperren oder leiten, ergibt sich gegenüber dem Linearverstärker ein deutlich besserer Wirkungsgrad. Nur während des Schaltvorgangs selbst treten hohe Verluste auf, die proportional der Schaltfrequenz ansteigen. Es gibt im wesentlichen zwei unterschiedliche Verfahren zur Realisation: Die Pulsbreiten- und die Pulsfolgesteuerung (Bild 2.4).

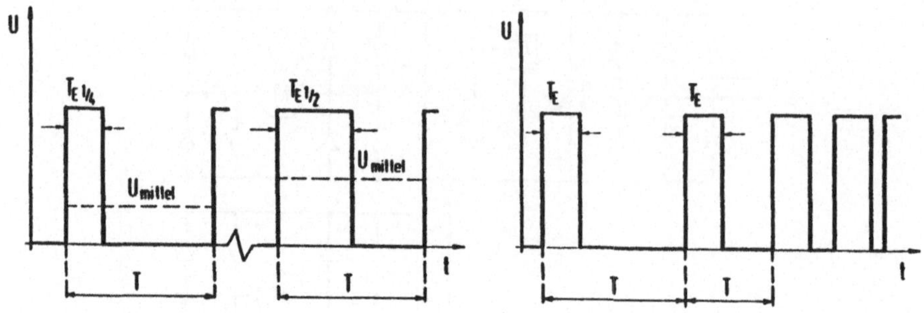

Bild 2.4: Veränderung des Gleichspannungsmittelwertes durch Pulsbreiten- (T=konst.) und Pulsfolgemodulation (T_E=konst.)

Durch Variation des Verhältnisses der Einschaltzeit zur Ausschaltzeit wird ein unterschiedlicher Gleichspannungsmittelwert erzielt. Die Motorinduktivität sorgt dann für eine Glättung des Gleichstroms. Zum Anlegen der vollen Spannung an die Motorklemmen werden die Halbleiter eines Diagonalzweiges angesteuert. Danach wird einer gesperrt, so daß der Motorstrom auf eine Freilaufdiode kommutieren muß (Bild 2.5).

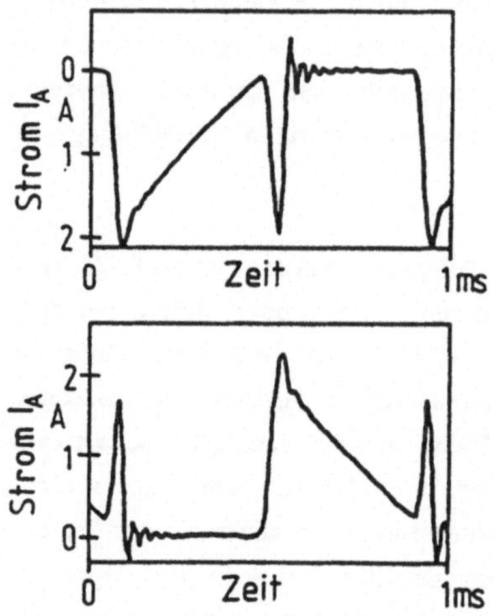

Bild 2.5: Gemessene Stromverläufe durch die Transistoren eines Diagonalzweigs eines Transistorstellers während zwei Perioden

Eine Änderung des stromführenden Diagonalzweiges führt zu einer Drehrichtungsumkehr. Eine gleichmäßigere Aufteilung der thermischen Belastung erreicht man durch Variation der stromführenden Strecke während der Pausezeiten. In der Praxis hat sich die Pulsbreitenmodulation gegenüber der Pulsfolgemodulation durchgesetzt. Bei ersterem Verfahren treten ständig gleiche Frequenzen in den Strömen auf, beim zweiteren wird ein ganzes Frequenzspektrum abhängig von der Aussteuerung des Stellers durchfahren. Außerdem kann mittels Frequenzänderung nicht der gesamte geforderte Drehzahlstellbereich erreicht werden. Für einen Transistorsteller ergibt sich folgender Ersatzschaltplan: (Bild 2.6)

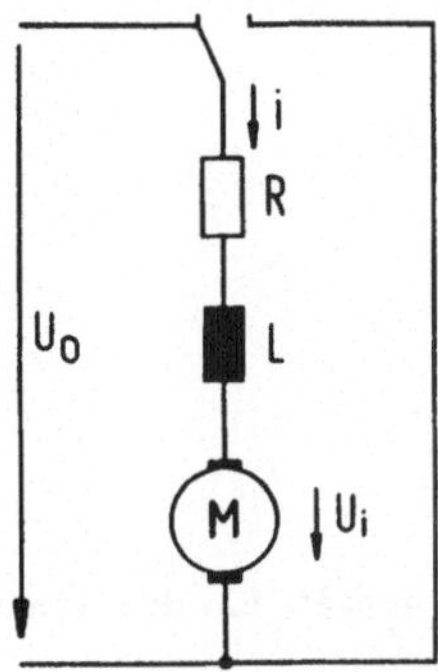

Bild 2.6: Ersatzschaltbild eines Gleichstrommotors mit Transistorsteller

Der Motorstrom läßt sich durch folgende Gleichung beschreiben, unter der Voraussetzung, daß es sich um ideale Schalter handelt, die Freilaufdioden ebenfalls als ideal angesehen werden können und das System im stationären Betrieb arbeitet, d.h. T_E und T nicht geändert werden. Ferner wird eine Rückwirkung durch Drehzahlschwankungen auf die induzierte Spannung ausgeschlossen. Die Gleichungen sind unabhängig von der Art der Steuerung gültig.

$$U_0 = R \cdot i + L \cdot \frac{di}{dt} + U_i \qquad 0 < t \leq T_E \tag{2.15}$$

$$0 = R \cdot i + L \cdot \frac{di}{dt} + U_i \qquad T_E < t \leq T_L \tag{2.16}$$

$$i = 0 \qquad T_L < t \leq T \tag{2.17}$$

Diese inhomogenen Differentialgleichungen mit konstanten Koeffizienten lassen sich lösen:

$$i = C_1 \cdot e^{-\frac{R}{L} \cdot t} + \frac{U_0 - U_i}{R} \qquad 0 < t \leq T_E \tag{2.18}$$

$$i = C_2 \cdot e^{-\frac{R}{L}\cdot(t-T_E)} - \frac{U_i}{R} \qquad T_E<t\leq T \quad \text{für } i\neq 0 \tag{2.19}$$

Durch Einsetzen der Randbedingungen

$$i(t=T_{E+}) = i(t=T_{E-}) \tag{2.20}$$

$$i(t=0) = i(t=T) \tag{2.21}$$

in das Gleichungssystem erhält man die Konstanten:

$$C_1 = C_2 - \frac{U_0}{R}\cdot e^{-\frac{R}{L}\cdot T_E} \tag{2.22}$$

$$C_2 = -\frac{U_0}{R}\cdot\frac{1-e^{\frac{R}{L}\cdot T_E}}{1-e^{-\frac{R}{L}\cdot T}} \tag{2.23}$$

Wird im Intervall $T_E < t \leq T$ $i = 0$, so gelten die Gleichungen für die Konstanten:

$$C_1 = -\frac{U_0-U_i}{R} \tag{2.24}$$

$$C_2 = C_1 + \frac{U_0}{R}\cdot e^{\frac{R}{L}\cdot T_E} = \frac{U_i}{R} - \frac{U_0}{R}\cdot\left(1-e^{\frac{R}{L}\cdot T_E}\right) \tag{2.25}$$

und es gilt für die Ströme:

$$i = C_1 \cdot e^{-\frac{R}{L}\cdot t} + \frac{U_0-U_i}{R} \qquad 0<t\leq T_E \tag{2.26}$$

$$i = C_2 \cdot e^{-\frac{R}{L}\cdot t} - \frac{U_i}{R} \qquad T_E<t\leq T_L \tag{2.27}$$

$$i = 0 \qquad T_L<t\leq T \tag{2.28}$$

ggf. errechnet sich der Zeitpunkt des Lückens zu T_L:

$$T_L = \frac{L}{R}\cdot \ln[1-\frac{U_0}{R}\cdot(1-e^{\frac{R}{L}\cdot T_E})] \tag{2.29}$$

Der Strom beginnt zu lücken, wenn bei gegebenem T gilt:

$$T_E \leq \frac{L}{R}\cdot \ln[1-\frac{U_i}{R}\cdot(1-e^{\frac{R}{L}\cdot T})] \tag{2.30}$$

Wie der Vergleich zwischen Rechnung und Messung zeigt, können diese Näherungen als gute Lösung gelten. (Bild 2.7)

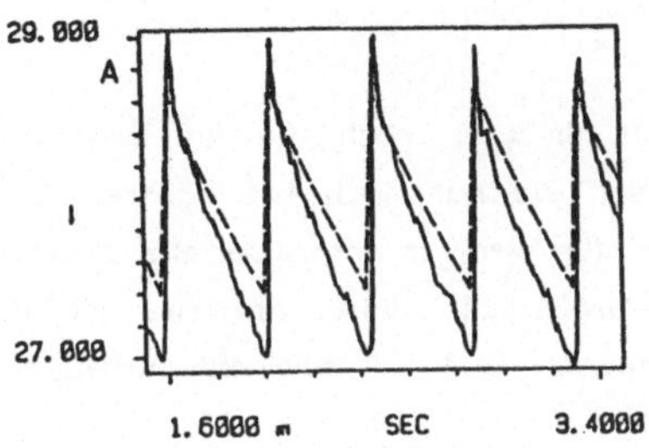

Bild 2.7: Gemessener (——) und gerechneter (----) Stromverlauf eines pulsbreitenmodulierten Transistorstellers

Die Schaltfrequenzen liegen im allgemeinen im Bereich zwischen 1 kHz und 10 kHz. Durch das Tiefpaßverhalten des Antriebes sind Auswirkungen der pulsierenden Ströme auf das Werkstück nicht zu befürchten. Als lästige Nebenwirkung können dagegen Geräuschprobleme am Motor auftreten. Um dies zu vermeiden, wurden zum einen Modifikationen am Motor selbst vorgenommen, zum anderen die Frequenzen bis über 18 kHz hinaus erhöht /10/, was zu einem Anstieg der Verluste führt und in manchen Ländern an gesetzliche Grenzen stößt. Vor allem bei Motorvarianten mit sehr geringer Induktivität (Scheibenläufer) werden höhere Frequenzen bevorzugt. Die Taktfrequenzen im kHz-Bereich sichern auch ein rasches Reagieren des Stellers auf Sollwertänderungen. Spätestens nach einer Periodendauer kann ein neues Verhältnis T_E/T_S eingestellt werden. Damit ergeben sich Totzeiten von:

$$T_T \leq \frac{1}{f_s} = T \tag{2.31}$$

Für die üblichen Taktfrequenzen bedeutet dies Zeiten kleiner 0,5 ms.

Diese Werte zeigen die gute Eignung dieser Transistorsteller für dynamische Werkzeugmaschinenantriebe (vgl. Meßergebnisse Kap. 4.3.1). Auch für bürstenlose Antriebe kommen im wesentlichen die gleichen Transistorsteller zum Einsatz. Neben der Generierung der Sollwerte unterscheiden sie sich nur durch die Anzahl der Zweige der Leistungselektronik (Bild 2.23). Eine Grenze setzen allerdings die verfügbaren Transistoren bei hohen Strömen. Seit kurzer Zeit werden auch Endstufenmodule für Transistorsteller angeboten. Diese beinhalten typischerweise einen kompletten Brückenzweig inklusive Freilaufdioden. Vor allem für größere Leistungen bieten sich nach wie vor Thyristorschaltungen an, dann allerdings als netzgeführte Stromrichter.

2.1.1.3 Netzgeführte Stromrichter

Vor wenigen Jahren waren netzgeführte Stromrichter noch die am weitesten verbreiteten Schaltungsvarianten. Heute finden sie nur noch bei höheren Leistungen oder in kostengünstigen Ausführungen für weniger anspruchsvolle Positionieraufgaben Verwendung. Kennzeichnende Größe für diese Antriebe ist die Pulszahl p und der ggf. fließende Kreisstrom. Im Bild 2.8 sind die wichtigsten

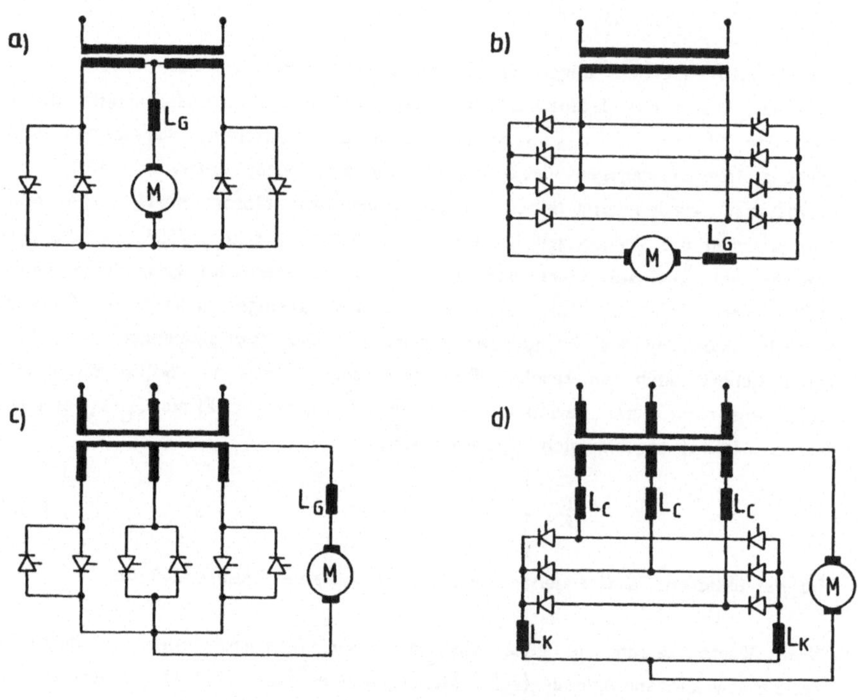

Bild 2.8: Netzgeführte Stromrichter für Werkzeugmaschinenantriebe
a) zweipulsige kreisstromfreie Mittelpunktschaltung
b) zweipulsige kreisstromfreie Brückenschaltung
c) dreipulsige kreisstromfreie Mittelpunktschaltung
d) dreipulsige kreisstrombehaftete Brückenschaltung

Varianten von an Werkzeugmaschinen anzutreffenden Schaltungen zusammengefaßt. Prinzipiell läßt sich sagen, je mehr Thyristoren verwendet werden müssen, desto teurer wird der Antrieb. Zusätzlich schlägt auch noch der Aufwand für Drosseln und Transformator zu Buche. Im Vorschubbereich finden 2-, 3- und 6-pulsige Mittelpunkt- oder Brückenschaltungen in kreisstromfreier oder kreisstromführender Anordnung Verwendung.

Prinzipiell die einfachsten Stromrichterschaltungen sind die kreisstromfreien Gegenparallelschaltungen. Hier bestimmen zwei Probleme die erreichbaren Möglichkeiten: Der Wechsel zwischen lückendem oder nichtlückendem Strom und die damit verbundenen Probleme bei der Ansteuerung, und die Pausezeiten, die notwendig sind, damit ein Thyristor sicher gesperrt ist, bevor ein in entgegengesetzter Richtung stromführender Thyristor Zündimpulse erhält. Dies bedeutet, daß bei einem Nulldurchgang eine stromlose Phase auftritt, was sich negativ auf die Dynamik des Antriebes auswirkt. Die Dauer dieser stromlosen Phase ist von der verwendeten Technik und der Freiwerdezeit der Thyristoren abhängig und bewegt sich etwa im Millisekundenbereich. In /60/ werden dafür Werte von etwa 4 ms genannt, die als zusätzliche Totzeit im System berücksichtigt werden.

Das Problem von lückendem und nichtlückendem Ankerstrom beruht in erster Linie auf dem stark nichtlinearen Zusammenhang zwischen dem Aussteuerwinkel α und dem Ankerstrom I_A. In /9/ ist dieser Zusammenhang dargestellt. Gerade bei Vorschubantrieben läßt sich der problembehaftete Lückbereich nicht vermeiden. Um trotzdem zufriedenstellendes Regelverhalten zu erzielen, werden teilweise Linearisierungsnetzwerke oder adaptive Regler eingesetzt.

Bei den kreisstrombehafteten Umkehrstromrichtern vermeidet man die stromlose Phase durch gleichzeitiges Aussteuern der Stromrichter, so daß je einer im Wechselrichterbetrieb und einer im Gleichrichterbetrieb arbeitet. Durch entsprechende Wahl der Ansteuerwinkel für beide Teilstromrichter, sorgt man für gleiche Gleichspannungsmittelwerte. Da sich die Augenblickswerte aber unterscheiden, kommt es zu einem Ausgleichsstrom zwischen den beiden Stromrichtern, dem sog. Kreisstrom. Um ihn statisch zu begrenzen, müssen zusätzliche Drosseln, die sog. Kreisstromdrosseln eingebaut werden. Bei schnellen Regelvorgängen ist die Einhaltung der Bedingung für die Zündwinkel:

$$\alpha_I + \alpha_{II} = \pi + \Delta \qquad \Delta > 0 \qquad (2.32)$$

erforderlich, um ein zu starkes Ansteigen des Stromes zu vermeiden /31/. Der zusätzliche Kreisstrom, den ein Teilstromrichter zusätzlich zum Laststrom liefern muß und der sich in der Größenordnung von bis zu 20% bewegen kann, macht eine größere Dimensionierung der Halbleiter und des Transformators erforderlich. Außerdem erfordert die gleichzeitige Ansteuerung der Teilstromrichter und die Einhaltung der Zündwinkelbedingungen einen zusätzlichen Aufwand für die Ansteuerelektronik. Da aufgrund des Kreisstromes als Grundlast beide Stromrichter ständig angesteuert werden, ist eine rasche Stromübernahme zwischen den Stromrichterzweigen gewährleistet und führt zu einer gegenüber kreisstromfreien Schaltungen verbesserten Dynamik. Die Beschreibung des Zeitverhaltens dieser Stellglieder erfolgt im allgemeinen durch ein Totzeitglied mit

$$T_t = \frac{1}{2 \cdot f \cdot p} \tag{2.33}$$

das sich aus der halben Periodendauer des Systems und damit aus dem Produkt aus Pulszahl und Netzfrequenz ergibt. Eventuelle Pausezeiten müssen additiv ergänzt werden. Genauere Untersuchungen der Regeldynamik für 6-pulsige Antriebe sind in /64/ zu finden.

Ein noch nicht angesprochenes Problem netzgeführter Stromrichter ist die Höhe der Stromoberschwingungen, die sogar die Größe des Gleichanteils überschreiten können. Entsprechend der Gleichung 2.14 ist das Motormoment proportional dem Ankerstrom. Deswegen führt ein oberschwingungsbehafteter Motorstrom auch zu entsprechenden Drehmomentoberschwingungen. Die Höhe und die Frequenz dieser Schwingungen ist in erster Linie abhängig von der Pulszahl, der Speisefrequenz und der Induktivität im Ankerkreis. In /41/ werden die Rückwirkungen der Stromoberschwingungen auf den Antrieb diskutiert. Im Vordergrund stehen dabei Probleme der thermischen Minderausnutzung und der Signalverarbeitung. Die Minderausnutzung bei Vorschubantrieben beträgt je nach Pulszahl bis ca. 20%. Häufig werden zusätzliche Glättungsdrosseln erforderlich, die nicht nur zusätzliche Verluste einbringen, sondern auch die Dynamik verschlechtern. Die den Anwender der Antriebe interessierenden Probleme durch die Gefahr der Anregung mechanischer Resonanzfrequenzen wird nirgends näher angesprochen. In /17/ wird als Maß für die Stromwelligkeit ein Formfaktor als Quotient des Effektivwertes des Ankerstromes und des Drehmoment bildenden Mittelwertes eingeführt. Dabei wird stets nichtlückender Betrieb vorausgesetzt.

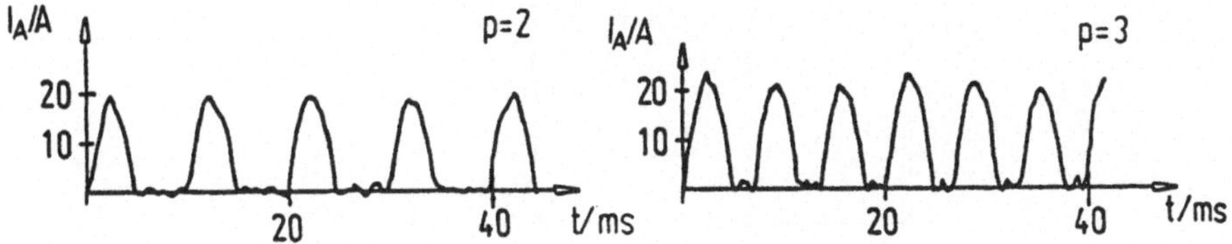

Bild 2.9: Stromverläufe i eines zwei- und eines dreipulsigen Antriebs bei durchschnittlicher Belastung an einer Maschine

Bild 2.9 zeigt Stromverläufe, wie sie an einer Fräsmaschine gemessen wurden. Man erkennt, daß der Motor selbst bei einem Drittel seines Dauerdrehmomentes noch deutlich im lückenden Bereich verweilt. Eine zufriedenstellende Aussage über die Höhe der Oberschwingungen erhält man nur durch Berechnung der Oberschwingungen des Laststromes in Abhängigkeit vom Aussteuerwinkel α. Diese Schwingungen stellen immer ganzzahlige Vielfache des Produkts aus Netzfrequenz f und Pulszahl p des Stromrichters dar und lassen sich aus den Fourierkoeffizienten der Zeitverläufe des Laststroms ermitteln.

Der nötige Aufwand zur Angabe des Zeitverlaufes des Stromes ist sehr stark von der vorhandenen Schaltung abhängig. Im einfachsten Fall betrachtet man die Reihenschaltung aus einer Induktivität und einem Widerstand. Dies bedeutet, man berücksichtigt keine induzierte Spannung des Motors, betrachtet die Ventile als ideale Schalter und setzt eine rückwirkungsfreie Spannung voraus. Für diesen Fall ist zwischen lückendem und nichtlückendem Betrieb zu unterscheiden. Dazu muß sowohl der Steuerwinkel, ab dem Lücken auftritt, als auch die Durchlaßzeit τ_F, das ist die Zeit, während der Strom fließt, für den lückenden Strom bestimmt werden. Will man den Einfluß von Netzinduktivitäten, Trafostreuungen und Kommutierungsdrosseln mit einbeziehen, so muß man den Kommutierungsvorgang, während dessen zwei oder mehr Ventile einer Gruppe Strom führen, mitberücksichtigen. Die Dauer dieser Mehrfachstromführung wird als Überlappungszeit u bezeichnet. Zur Beschreibung des Zeitverlaufs sind je zwei abschnittsweise definierte Gleichungen für lückenden und eine für nichtlückenden Betrieb erforderlich (Bild 2.10).

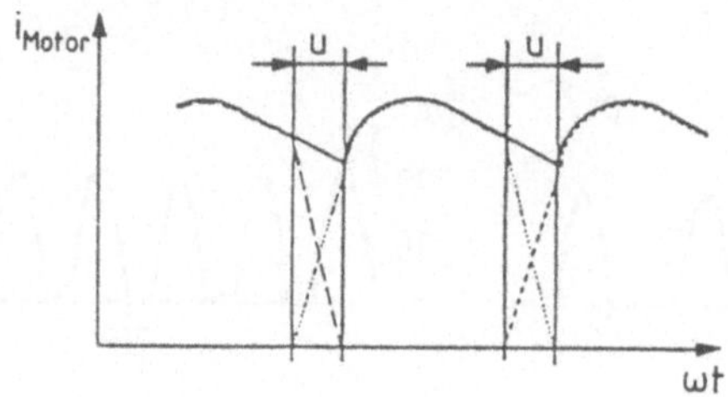

Bild 2.10: Zusammensetzung des Motorstroms i während der Kommutierungsdauer u

Die Verhältnisse verkomplizieren sich weiter, wenn man die in einer Last induzierte Spannung berücksichtigt. In diesem Fall kann es beispielsweise beim Zündzeitpunkt zu einer negativen Ventilspannung kommen. Es verzögert sich dann die Zündung des Ventils solange, bis die erforderliche positive Ventilspannung auftritt. Allerdings muß dann natürlich auch durch einen vorhandenen Zündimpuls das Ventil geöffnet werden (Bild 2.11).

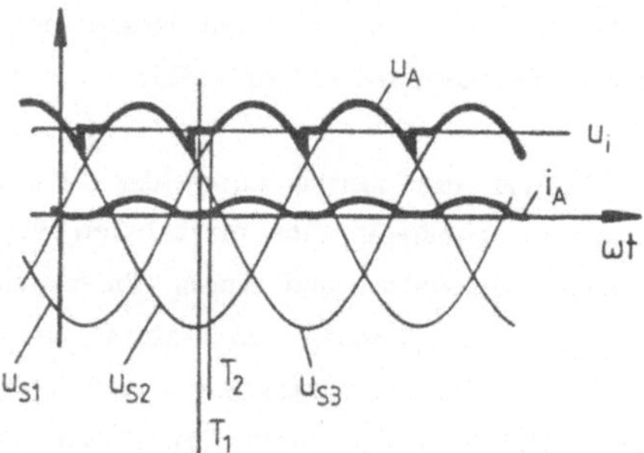

Bild 2.11: Zündzeitpunktverschiebung durch hohe induzierte Gegenspannung u_i

Wesentlich mehr unterschiedliche zu betrachtende Bereiche ergeben sich bei kreisstrombehafteten Schaltungen. Im Bild 2.12 sind die Zeitverläufe jeweils des Kathoden- (I) bzw. Anodensterns (II) für bestimmte Zündwinkel (α_I, α_{II}) dargestellt.

Man erkennt die unterschiedlichen Bereiche B1, B2 und B3, die in Abhängigkeit vom Aussteuerwinkel zustande kommen. In den betrachteten Abschnitten sind die Spannungen u_I und u_{II} geprägt von:

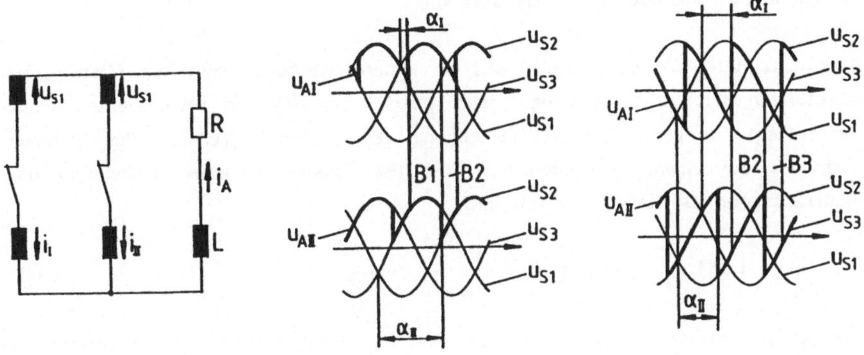

Bild 2.12: Unterschiedliche Bereiche B1,B2,B3 zur Berechnung des Motorstroms bei kreisstrombehafteten Schaltungen

B1: $u_I \rightarrow u_{S1}$ $u_{II} \rightarrow u_{S1}$

B2: $u_I \rightarrow u_{S1}$ $u_{II} \rightarrow u_{S2}$

B3: $u_I \rightarrow u_{S1}$ $u_{II} \rightarrow u_{S3}$

Die Bereichslängen von B1, B2, B3 ergeben sich jeweils aus den Zündzeitpunkten und können auch den Wert 0 annehmen. Bei der Berechnung der Ströme ergeben sich aber nochmals eine Reihe von unterschiedlichen Bereichen, beispielsweise I_d lückt nicht, I_d lückt in B2, I_d lückt in B3 etc.. Zwar können für jeden dieser Bereiche relativ schnell die entsprechenden Gleichungen aufgestellt werden, die Schwierigkeiten ergeben sich jedoch bei der Berechnung der Bereichsgrenzen.

Um zu Aussagen über den Oberschwingungsgehalt von Motormomenten der Gleichstrommaschinen, die durch netzgeführte Stromrichter gespeist werden zu gelangen, wurde ein Rechenprogramm erstellt, das den zeitlichen Verlauf von Lastströmen und deren Linearspektren bei unterschiedlichen Aussteuerwinkeln und verschiedenen Motor- und Stromrichterdaten berechnet.

Das Programm zur Berechnung des Oberschwingungsgehaltes der Lastströme PROBOL bietet eine Reihe von Kombinationsmöglichkeiten von Schaltungen: Mittelpunktschaltungen, Brückenschaltungen mit oder ohne Berücksichtigung der Kommutierung oder der Gegenspannung.

Die prinzipielle Vorgehensweise soll an einem Rechenbeispiel für Mittelpunktschaltungen mit Kommutierungsdrossel gezeigt werden. In festgelegten Schritten erfolgt für jedes α die Berechnung des zeitlichen Verlaufs des Stromes. Dazu ist der Grenzsteuerwinkel α_{Gr} an der Grenze zwischen lückendem und nichtlückendem Betrieb zu bestimmen:

$$\tan(\alpha_{Gr}-\varphi) = \tanh\left(\frac{R_A}{\omega L_A}\cdot\frac{\pi}{p}\right)\cdot\cot\frac{\pi}{p} \tag{2.34}$$

Die Lösung dieser Gleichung erfolgt iterativ. Ferner muß im Lückbereich die Durchlaßzeit τ_F bestimmt werden, das ist die Zeitdauer, während der die Ventile tatsächlich Strom führen. τ_F ergibt sich nach der Gleichung:

$$\cos(\alpha-\frac{\pi}{p}+\tau_F-\varphi) = \cos(\alpha-\frac{\pi}{p}-\varphi)\cdot\exp\left(-\frac{R_A}{\omega L_A}\cdot\tau_F\right) \tag{2.35}$$

Im lückenden Betrieb muß keine Kommutierung berücksichtigt werden, so daß sich folgende Differentialgleichung ergibt:

$$u_{S1} = R\cdot i_A+\omega(L_A+L_C)\cdot\frac{di_A}{dx} \tag{2.36}$$

Die Randbedingungen lauten:

$$i_A(x_\alpha) = i_A(x_\alpha+\tau_F) = 0 \tag{2.37}$$

Damit kann i_d zwischen x_α und $x_\alpha+\tau_F$ berechnet werden:

$$i_A = \sqrt{2}\cdot I\cdot\cos(x-\varphi)-\cos(\alpha-\frac{\pi}{p}-\varphi)\cdot\exp\left(-\frac{R_A}{\omega L_A}\cdot(x-\alpha+\frac{\pi}{p})\right) \tag{2.38}$$

Bei nichtlückendem Betrieb muß erst die Kommutierungszeit u bestimmt werden, damit die Stromverläufe i_{dI} und i_{dII} abschnittsweise berechnet werden können. Während der Kommutierung gilt:

$$u_{S1} = R\cdot i_{AII}+\omega L\cdot\frac{di_{AI}}{dx}+\omega L_C\cdot\frac{di_{Sp}}{dx} \tag{2.39}$$

$$u_{Sp} = R\cdot i_{AII}+\omega L\cdot\frac{di_{AII}}{dx}+\omega L_C\cdot\frac{di_{Sp}}{dx} \tag{2.40}$$

$$x_\alpha \le x \le x_\alpha+u$$

$$i_{AII} = i_{S1}+i_{Sp} \tag{2.41}$$

$$u_{S1} = R\cdot i_{AI}+\omega(L_A+L_C)\cdot\frac{di_{AI}}{dx} \qquad x_\alpha+u<x\leq x_\alpha+\frac{2\pi}{p} \tag{2.42}$$

Mit obigen abschnittsweise definierten Gleichungen läßt sich nun der Zeitverlauf des Stromes einer kreisstromfreien Mittelpunktschaltung ohne Gegenspannung mit Kommutierungsinduktivität an jedem beliebigen Arbeitspunkt berechnen.

Von besonderem Interesse sind die Amplituden der Oberschwingungen dieses Laststromes im Hinblick auf die Momentenwelligkeit des Antriebes. Da es sich bei den hier auftretenden Stromverläufen um periodische Zeitfunktionen handelt, können sie in bekannter Weise als Fourierreihe dargestellt werden: Dabei ergeben sich die Frequenzen der auftretenden Oberschwingungen als ganzzahlige Vielfache des Produkts aus Netzfrequenz und Pulszahl des Stromrichters. Man erkennt: je höherpulsig der Stromrichter ausgeführt ist, umso höher liegen auch die Frequenzen der Oberschwingungen. Will man die Fourierkoeffizienten als geschlossenen Ausdruck angeben, so müssen natürlich sämtliche Fallunterscheidungen, die bei den zeitlichen Stromverläufen getroffen wurden, berücksichtigt werden, und man erhält sehr umfangreiche abschnittsweise definierte Gleichungssysteme. Eine bequemere Lösungsmöglichkeit bietet die Fast-Fourier-Transformation, die sich an einem Digitalrechner leicht realisieren läßt. Diese Verfahren zur schnellen Fourier-Transformation wurden erstmals von Cooley und Tukey in /11/ angegeben. Ein ähnliches Verfahren ist unter dem Namen Sande-Tukey in /22/ beschrieben. Sie sind am einfachsten handhabbar, wenn die diskrete Anzahl der Eingangswerte eine ganzzahlige Zweierpotenz darstellt. Das nach diesem Verfahren realisierte Unterprogramm berechnet aus den komplexen Funktionswerten f_k die komplexen Fourier-Koeffizienten C_j als trigonometrische Summen:

$$C_j = \frac{1}{N}\cdot\sum_{k=0}^{N-1} f_k\cdot\exp(-2\pi i\cdot j\cdot\frac{k}{N}) \qquad j = 0,1,...,N-1 \tag{2.43}$$

Auch die Rücktransformation ist zu Kontrollzwecken leicht möglich. Die Genauigkeit des Verfahrens ist prinzipiell von der Art der Funktionswerte und von deren Anzahl abhängig. Der große Vorteil dieses Verfahrens liegt darin, daß das gleiche Unterprogramm für beliebige periodische Stromverläufe verwendet werden kann, und keine Unterscheidung nach Bereichsgrenzen mehr nötig ist, wenn der zeitliche Stromverlauf ermittelt wurde.

Im Bild 2.13 ist ein auf den Maximaleffektivwert normierter Stromverlauf dargestellt. Unterwirft man ihn einer FFT-Transformation, so erhält man sein Amplitudenspektrum. Dargestellt sind im Bild 2.13 die ersten 10 Oberschwingungen bezogen auf den Gleichanteil dieses Stromes.

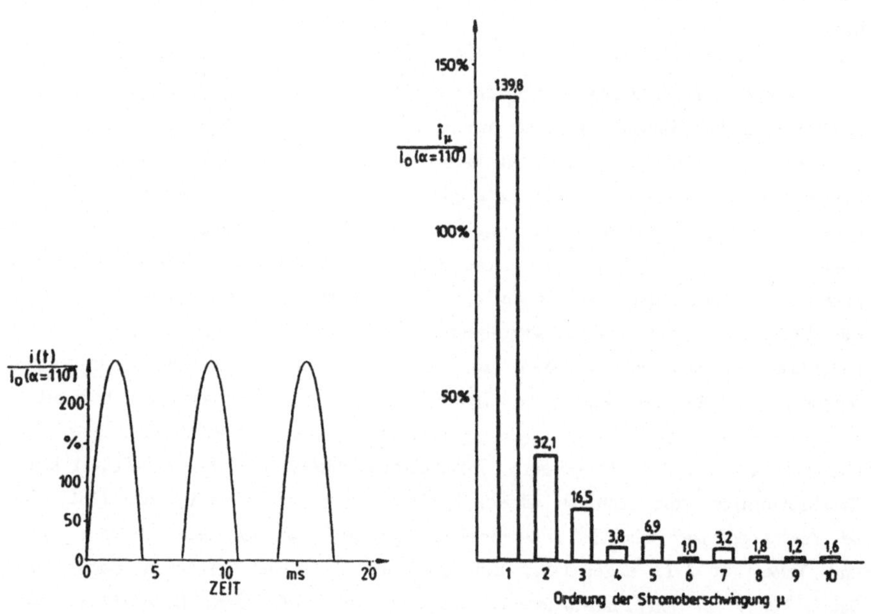

Bild 2.13: Auf den Mittelwert $I_o(\alpha)$ bezogener zeitlicher Stromverlauf einer dreipulsigen kreisstromfreien Mittelpunktschaltung; vgl. Bild 2.9 und sein Amplitudenspektrum

Im Bild 2.14 ist die Höhe der ersten Oberschwingungen des Stromes in Abhängigkeit vom Aussteuerwinkel dargestellt. Erwartungsgemäß nimmt der Absolutwert der Oberschwingungen im Bereich mittlerer Aussteuerwinkel ein Maximum an. Der relative Gehalt der Oberschwingungen steigt aber mit größer werdendem α steil an. Die sich aus der großen Stromoberwelligkeit ableitenden resultierenden Momentenschwankungen, beispielsweise für eine 3-pulsige Schaltung

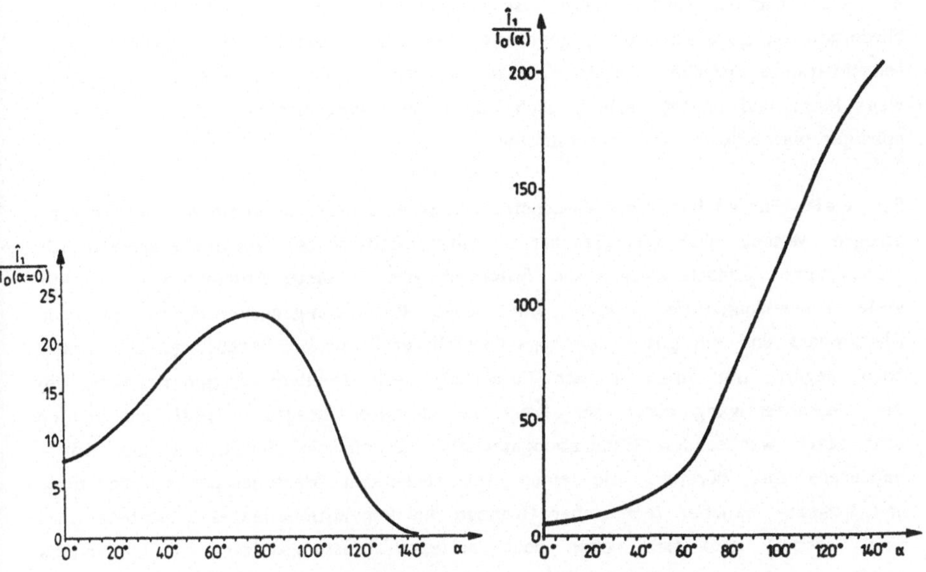

Bild 2.14: Amplitude der Stromoberschwingungen bei einer dreipulsigen kreisstromfreien Mittelpunktschaltung in Abhängigkeit des Ansteuerwinkels
a) bezogen auf den maximalen Gleichanteil $I_{do}(\alpha=0)$
b) bezogen auf den jeweiligen Gleichanteil $I_{do}(\alpha)$

mit 150 Hz Grundschwingung, können das Bearbeitungsergebnis direkt beeinflussen oder auch mechanische Resonanzstellen der Maschine erregen. Dabei ist zu bedenken, daß über den Motorflansch dieses Moment natürlich auch in die Maschine eingeleitet wird. Maßnahmen zur Glättung dieser Stromverläufe stehen vor allem wirtschaftliche Aspekte entgegen. Stromrichter mit Pulszahlen größer 6 werden heute für Vorschubantriebe nicht mehr eingesetzt. Durch Hinzufügen von Drosseln kann in gewissen Grenzen ein verbessertes Verhalten erreicht werden, wobei hierdurch natürlich zusätzliche Kosten entstehen, zusätzliche Verluste auftreten und die Dynamik der Antriebe leidet.

2.1.2 Bürstenlose Antriebe

In diesem Kapitel werden bürstenlose Gleichstrommotoren, Synchron- und Asynchronmotoren gegeneinander abgegrenzt. Gerade im Bereich der Anwender dieser Positionierantriebe sind die Grenzen zwischen diesen Motorvarianten keineswegs klar, und häufig verbirgt sich hinter dem sog. Drehstrommotor ein dreiphasiger bürstenloser Gleichstrommotor.

Seit vielen Jahren hatte der Gleichstrommotor und hier vor allem der permanenterregte Motor, eine unangefochtene Spitzenposition bei Vorschubantrieben für NC-Systeme. Jedoch steigen die Anforderungen an diese Antriebe ständig. Für viele Anwendungsfälle gewinnt ein hohes Beschleunigungsvermögen, geringer Platzbedarf und ein gutes Leistungs-Gewichtverhältnis an Bedeutung. Die Ursachen liegen zum einen in der Forderung nach flexibler Automatisierung bei der Massenfertigung durch den Trend zu kleineren Losgrößen /49/ und in der sehr stark wachsenden Handhabungstechnik. Durch die Vermeidung des Kommutierens mit Bürsten, die einen entsprechenden Wartungsaufwand bedeuten und Ursache mancher technischer Grenzen des konventionellen Gleichstrommotors sind, erhofft man sich neben noch besseren Leistungsdaten, ein mindestens gleich gutes Regelverhalten und erhöhte Zuverlässigkeit.

Die aus der Literatur /30,48/ bekannten Daten lassen aber keine eindeutige Aussage für die Zuverlässigkeit zu. Es scheint sich lediglich zu bestätigen, daß die Zuverlässigkeit bürstenloser Antriebe höher als die der konventionellen Lösungen ist, jedoch der Unterschied nicht so gravierend ausfällt wie vielleicht erhofft. Von /29/ wird als Wert für einen bürstenlosen Motor eine Ausfallrate $\lambda = 7{,}4 \cdot 10^{-6}$ 1/h angegeben, für einen konventionellen Gleichstrommotor wurde in /16/ eine Ausfallrate von $\lambda = 9{,}4 \cdot 10^{-6}$ 1/h ermittelt.

2.1.2.1 Der bürstenlose Gleichstrommotor

Wie eine Vielzahl von Veröffentlichungen zeigt, konnte sich dieser Motortyp seit Ende der 60-iger Jahre unter der Bezeichnung Elektronikmotor in den unterschiedlichsten Ausführungen als Antrieb im Leistungsbereich zwischen 1 und 100 Watt einen deutlichen Marktanteil erobern. Anwendungsgebiet waren vor allem die Luft- und Raumfahrt, die Datenverarbeitungstechnik und die Unterhaltungselektronik /35/.

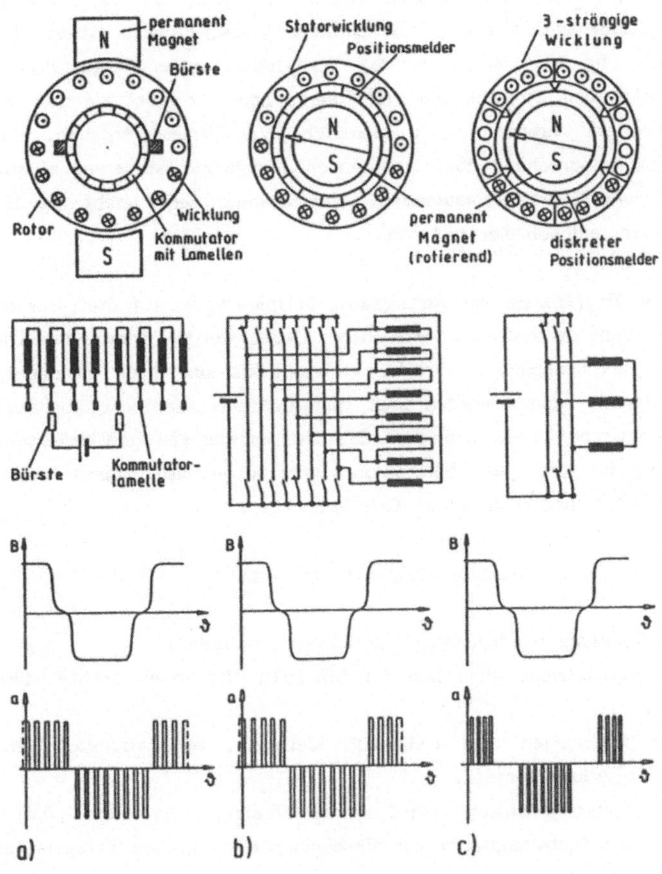

Bild 2.15: Induktions- B und Strombelagsverteilung a über dem Polradwinkel für:
a) konventioneller Gleichstrommotor
b) idealisierte Umkehrung des Prinzips eines konventionellen Gleichstrommotors
c) ausgeführter bürstenloser Gleichstrommotor

Bei diesen Antrieben ist die Bauform des konventionellen Gleichstrommotors umgedreht. Das Erregerfeld rotiert und die übliche Ankerwicklung befindet sich im Stator. Um die Funktion dieses Motors sicherzustellen, bedarf es einer ordnungsgemäßen Kommutierung der feststehenden Wicklung in Abhängigkeit der Rotorposition. Dazu muß das System Bürste-Kommutatorlamelle ersetzt werden durch eine entsprechende Anzahl Schalter, die sich abhängig von der erfaßten Rotorposition öffnen und schließen lassen. Dazu ist ein Positionsgeber vorzusehen. Im Bild 2.15 sind die Verhältnisse gegenübergestellt. Der dargestellte Feld- und Strombelagsverlauf zeigt, daß sich bei gleicher Wicklung und entsprechendem Aufwand völlig identische Verhältnisse ergeben. Dazu benötigt man einen entsprechend fein auflösenden Lagegeber und zweimal soviel Schaltelemente wie Kommutatorlamellen. Man erkennt sehr leicht die Unwirtschaftlichkeit einer solchen Konstruktion.

Durch eine Begrenzung der Strangzahl, beispielsweise auf drei, lassen sich prinzipiell ähnliche Verhältnisse erreichen. Dabei werden Schaltelemente eingespart und auch der Lagegeber vereinfacht sich, da nur noch eine geringe Anzahl von Positionen erkannt werden muß, um die feste räumliche Zuordnung zwischen dem magnetischen Feld und dem Statorstrombelag zu gewährleisten. Die Wahl der Strangzahl drei für bürstenlose Vorschubantriebsmotoren ergibt sich aus wirtschaftlichen und technischen Gründen.

Im weiteren werden folgende Annahmen gemacht:

1. Die Wicklung ist dreisträngig im Stern geschaltet.
2. Die magnetische Induktion im Luftspalt hat einen rechteckförmigen Verlauf.
3. Alle Wicklungen sind elektrisch identisch, aber räumlich genau um 1/3 der Polteilung versetzt.
4. Die Ankerrückwirkung wird vernachlässigt, was durch die Verwendung von Permanentmagneten zur Erzeugung eines großen Erregerfeldes gerechtfertigt erscheint.
5. Temperatureinflüsse auf die magnetische Induktion und die Kenngrößen der Wicklung werden nicht berücksichtigt.
6. Die Ströme werden zunächst als eingeprägte Rechtecke betrachtet, die exakt entsprechend der Rotorposition gesteuert sind.

Die sich daraus ergebenden idealen Verhältnisse für eine dreisträngige Wicklung sind im Bild 2.16 zusammengefaßt. Unter der Voraussetzung eines exakt rechteckförmigen Stromverlaufs und ebenso rechteckförmiger induzierter Spannung ergibt sich ein absolut gleichförmiger Momentenverlauf. Man erkennt, daß jeweils der Strang, der einem sich verändernden Magnetfeld ausgesetzt ist, abgeschaltet bleibt, um Momentenschwankungen zu vermeiden.

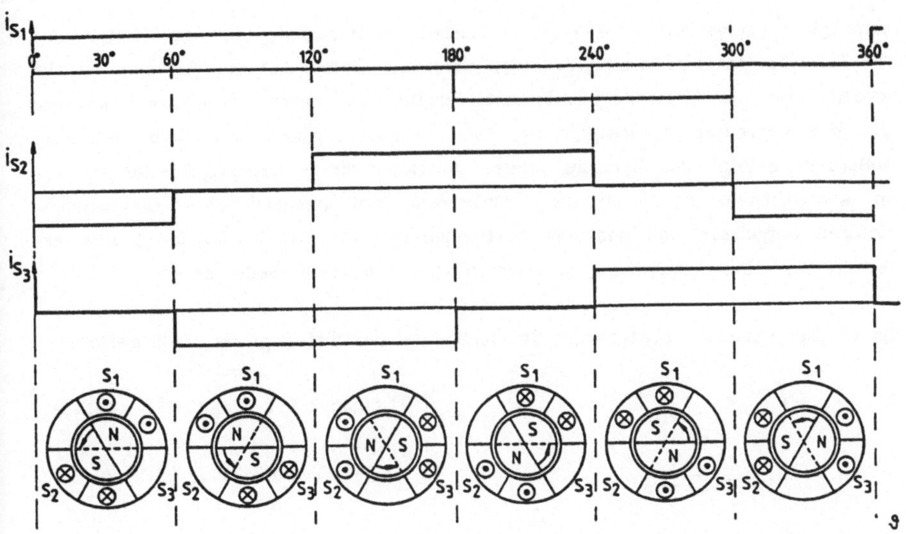

Bild 2.16: Idealisierte Stromverläufe in den Wicklungen eines bürstenlosen Gleichstrommotors in Abhängigkeit des Polradwinkels ϑ

Diese Zusammenhänge sollen nachfolgend formelmäßig zusammengefaßt werden:

$$\Phi = \text{const.} \qquad \text{für } 0^\circ \leq \vartheta \leq 60^\circ \tag{2.45}$$

$$i_{S1} = -i_{S2} = I \qquad \text{für } 0^\circ \leq \vartheta \leq 60^\circ \tag{2.46}$$

$$m_D = k_m \cdot I \cdot \Phi \qquad \text{für } 0^\circ \leq \vartheta \leq 60^\circ \tag{2.47}$$

Der Vorgang verläuft alle 60° identisch. Für das zusammengesetzte Moment gilt deswegen:

$$m_D = \text{const.} \qquad \text{für } 0^\circ \leq \vartheta \leq 360^\circ \tag{2.48}$$

Es wird deutlich, daß jeweils nur zwei Stränge stromführend sind, während der dritte Strang und damit ein Drittel des Motors ungenützt ist. Somit sinkt also der Ausnützungsgrad der Maschine, was durch die Lage der Wicklungen im Stator relativ unproblematisch erscheint. Es fragt sich nun, inwieweit der unstetige Stromverlauf eine nicht zulässige Vereinfachung für die Bestimmung des Betriebsverhaltens dieser Antriebe darstellt. Selbst bei der Annahme idealer Schalter für die Halbleiterbauelemente ergibt sich durch die Motorinduktivität und die begrenzte Speisespannung eine Verzögerungszeit der Stromänderung. Außerdem erfolgt die Speisung dieser Antriebe durch Leistungsverstärker, die im wesentlichen analog zu den Transistorstellern konventioneller Gleichstrommotoren aufgebaut sind und mit Taktfrequenzen von ca. 2 kHz bis 5 kHz arbeiten, was eine Verzögerung im Bereich kleiner 0,25 ms bedeutet.

Damit die Annahme rechteckiger Stromverläufe gerechtfertigt ist, muß gelten:

$$T_{ian} << T_{io} \qquad T_{ian} = \text{Stromanstiegszeit} \qquad (2.49)$$

$$T_{io} = \frac{1}{3 \cdot n \cdot p} \qquad T_{io} = \text{Stromflußdauer} \qquad (2.50)$$

Die kleinste Zeit ergibt sich, da die Stromflußdauer reziprok von der Drehzahl abhängt, bei der maximal zulässigen Umdrehungszahl des Motors. Für einen typischen Vertreter bürstenloser Gleichstrommotore für NC-Systeme mit maximaler Drehzahl n_{max} = 2000 1/min, Polpaarzahl p = 3 ergibt sich ein T_{io} von 3,3 ms. Betrachtet man im Vergleich dazu die typischen elektrischen Zeitkonstanten T_{el} von ca. 10 ms, so erkennt man unschwer, daß zumindest für höhere Drehzahlen die obige Forderung nicht erfüllt ist.

In Bild 2.17 ist der Stromanstieg linear dargestellt. Man erkennt bei niedrigen Drehzahlen den nahezu rechteckigen Verlauf, der mit zunehmender Drehzahl trapezförmig wird. Um den Gleichanteil des Moments konstant zu behalten, müssen höhere Momentanwerte der Ströme erreicht werden. Bei noch höheren Drehzahlen, kann der notwendige Strom aufgrund der endlichen möglichen Stromsteilheit nicht mehr erreicht werden. Dies bedeutet, daß bei diesen höchsten Drehzahlen eine Reduzierung des möglichen abgegebenen Momentes erfolgt, sofern man überhaupt diesen Bereich zuläßt. Weiter läßt sich bereits sehr anschaulich aus diesen Bildern ableiten, daß bei höheren Drehzahlen unter den gegebenen Voraussetzungen auch höhere Pendelmomente erwartet werden müssen, da der Strombelag unter einem Pol aufgrund der Kommutierungsvorgänge nicht mehr als konstant angenommen werden darf.

Unter den vorstehend genannten Voraussetzungen kann der Momentenverlauf des Motors durch Superposition des von einer Wicklung erzeugten Moments be-

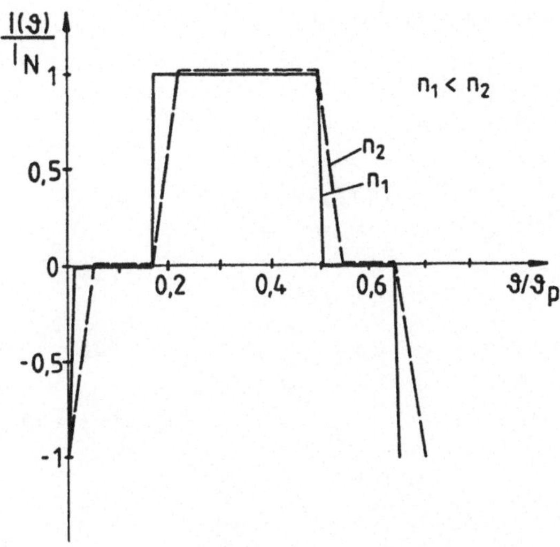

Bild 2.17: Gerechneter Stromverlauf in den Wicklungen eines bürstenlosen Gleichstrommotors bei unterschiedlicher Drehzahl und konstanter Belastung in Abhängigkeit des Polradwinkels

rechnet werden. Dazu werden die Kommutierungszeitpunkte als fest betrachtet und die Stromsteilheit bei der Aufwärts- und Abwärtskommutierung als gleich vorausgesetzt, was bei Vorschubantrieben näherungsweise erfüllt ist. Damit ergeben sich abschnittsweise folgende Formeln für Strangstrom, induzierte Spannung und resultierendes Moment:

$$u_{iS1}(\vartheta) = U \cdot \frac{12\vartheta - \vartheta_p}{\vartheta_p} \qquad 0 \leq \vartheta < \frac{\vartheta_p}{6} \tag{2.51}$$

$$u_{iS1}(\vartheta) = U \qquad \frac{\vartheta_p}{6} \leq \vartheta < \frac{\vartheta_p}{2} \tag{2.52}$$

$$i_{S1}(\vartheta) = I \cdot \frac{\vartheta - \vartheta_0}{\vartheta_0} \qquad 0 \leq \vartheta < \vartheta_0 \tag{2.53}$$

$$i_{S1}(\vartheta) = 0 \qquad \vartheta_0 \leq \vartheta < \frac{\vartheta_p}{6} \tag{2.54}$$

$$i_{S1}(\vartheta) = I \cdot \frac{6\vartheta - \vartheta_p}{6\vartheta_0} \qquad \frac{\vartheta_p}{6} \leq \vartheta < \frac{\vartheta_p}{6} + \vartheta_0 \tag{2.55}$$

$$i_{S1}(\vartheta) = I \qquad \frac{\vartheta_p}{6} + \vartheta_0 \leq \vartheta < \frac{\vartheta_p}{2} \tag{2.56}$$

Das Moment ergibt sich aus dem Produkt:

$$m_{S1}(\vartheta) = \frac{k}{n}\cdot u_i(\vartheta)\cdot i(\vartheta) \qquad (2.57)$$

wobei k eine Motorkonstante ist.

$$m_{S1}(\vartheta) = \frac{k\cdot U\cdot I}{n\cdot\vartheta_p\cdot\vartheta_0}\cdot\left[12\vartheta^2-\vartheta\cdot(12\vartheta_0+\vartheta_p)+\vartheta_0\vartheta_p\right] \qquad 0\leq\vartheta<\vartheta_0 \qquad (2.58)$$

$$m_{S1}(\vartheta) = 0 \qquad \vartheta_0\leq\vartheta<\frac{\vartheta_p}{6} \qquad (2.59)$$

$$m_{S1}(\vartheta) = \frac{k\cdot U\cdot I}{n\cdot 6\cdot\vartheta_0}\cdot(\vartheta-\vartheta_0) \qquad \frac{\vartheta_p}{6}\leq\vartheta<\frac{\vartheta_p}{6}+\vartheta_0 \qquad (2.60)$$

$$m_{S1}(\vartheta) = \frac{k}{n}\cdot U\cdot I \qquad \frac{\vartheta_p}{6}+\vartheta_0\leq\vartheta<\frac{\vartheta_p}{2} \qquad (2.61)$$

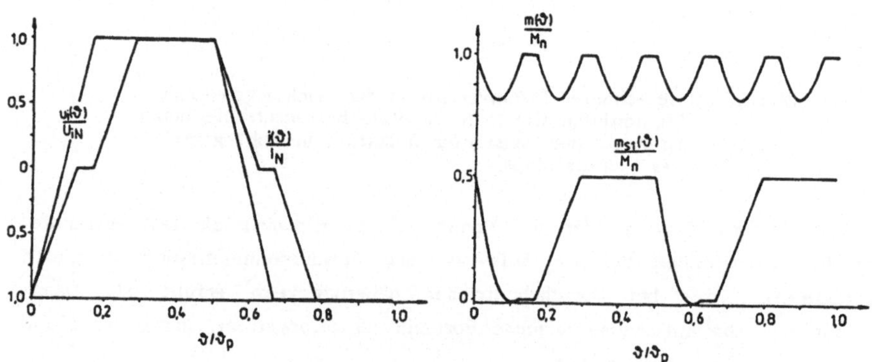

Bild 2.18: Strangstrom i, induzierte Spannung u_i, daraus resultierende Momentenverläufe m_{S1} einer Wicklung und durch Superposition gewonnener, vom Motor abgegebener Momentenverlauf m bei n=2000 1/min

Wie aus Bild 2.18 ersichtlich, ist es aus Symmetriegründen ausreichend, nur einen Abschnitt einer Polteilung, also für unseren Fall den Winkel bis $\vartheta_p/2$ zu betrachten. Die Formel des Momentenverlaufs setzt voraus:

$$\vartheta_0<\frac{\vartheta_p}{6} \qquad (2.62)$$

Aus physikalischen Gründen ist dies für den angenommenen quasistationären Betrieb immer gegeben. Berücksichtigt man nun, daß durch die räumliche Versetzung der Wicklungsstränge der gleiche Momentenverlauf um den Winkel $\vartheta_p/3$ und $2\vartheta_p/3$ versetzt auftritt, so läßt sich durch entsprechende Verschiebung und einfache Addition dieser Momentenanteile ein Gesamtmomentenverlauf m (ϑ) bestimmen.

Für $\vartheta_o \rightarrow 0$ ergibt sich der Sonderfall eines rechteckförmigen Momentenverlaufes eines Stranges und damit ein konstantes Moment. Um Aufschluß über die Höhe der Momentenpulsation zu gewinnen, wird zweckmäßigerweise das Linearspektrum dieses Momentenverlaufs bestimmt. Da die Berechnung des Momentenverlaufes am Rechner erfolgt ist, bietet sich eine Fast-Fourier-Transformation an, wie sie bereits zur Rechnung des Oberschwingungsgehaltes von netzgeführten Stromrichtern Verwendung fand.

Unter der Annahme einer konstanten maximalen Stromamplitude und einer konstanten Stromanregelzeit T_{an} bei unterschiedlicher Drehzahl soll die Veränderung der Drehmomentenpulsation untersucht werden. Dabei ergeben sich nicht nur unterschiedliche Amplituden, sondern auch mit der Drehzahl linear ansteigende Frequenzen. Für die Grundschwingung f_o gilt:

$$f_0 = 6 \cdot p \cdot n \tag{2.63}$$

$$\vartheta_0 = T_{an} \cdot n \cdot p \cdot \vartheta_p \tag{2.64}$$

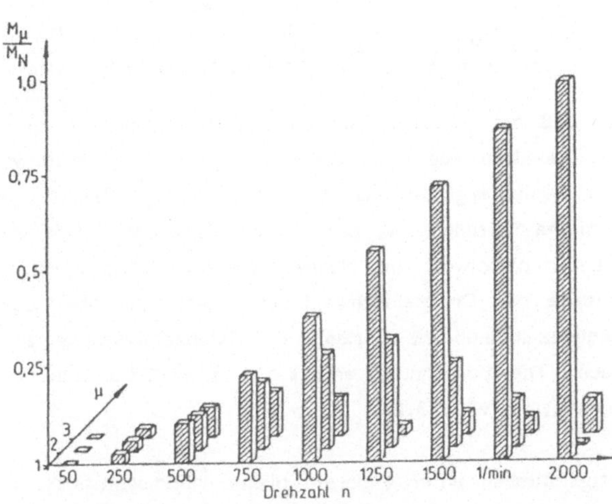

Bild 2.19: Amplituden der Oberschwingungen M_μ des abgegebenen Moments M_N in Abhängigkeit von der Drehzahl n und der Ordnung μ für einen Motor mit idealer trapezförmiger induzierten Spannung (vgl. Bild 2.14)

Damit erhält man, wie im Bild 2.19 dargestellt, mit zunehmender Drehzahl einen steigenden Anteil der Oberschwingungen. Der Abfall des Gleichanteiles wird durch die vorhandene Strom- und Drehzahlregelung ausgeglichen. Es stellt sich die Frage, wie stark sich eine Drehmomentenschwankung bei gegebener Anordnung auf die Drehzahl des Motors auswirkt.

Ohne Berücksichtigung der Regelung gilt für den stationären Betrieb:

$$M_M = M_W + 2\pi \cdot \Theta \cdot \frac{dn}{dt} \tag{2.65}$$

$$M_M = M_0 + \sum_{\nu=1}^{\infty} M_\nu \cdot \sin(\nu \cdot \omega_0 \cdot t) \tag{2.66}$$

$$M_W = M_0 \tag{2.67}$$

damit ergibt sich:

$$n = \frac{1}{2\pi\Theta} \int \sum_{\nu=1}^{\infty} M_\nu \cdot \sin(\nu \cdot \omega_0 \cdot t) dt \tag{2.68}$$

Da das Integral einer Summe gleich der Summe aller Integrale ist, läßt sich schreiben:

$$n(t) = \sum_{\nu=1}^{\infty} \frac{-M_\nu}{\nu \cdot \omega_0 \cdot 2\pi \cdot \Theta} \cdot \cos(\nu \cdot \omega_0 \cdot t) + n_0 = \sum_{\nu=1}^{\infty} -n_\nu \cdot \cos(\nu \cdot \omega_0 \cdot t) + n_0 \tag{2.69}$$

$$n_\nu = \frac{M_\nu}{\nu \cdot \omega_0 \cdot 2\pi \cdot \Theta} = \frac{M_\nu}{\nu \cdot 2\pi \cdot 6 \cdot p \cdot n_0 \cdot \Theta} = \frac{M_\nu}{12\pi \cdot \nu \cdot p \cdot n_0 \cdot \Theta} \tag{2.70}$$

Man erkennt, daß die Auswirkungen eines Pendelmomentes nicht nur von dessen Amplitude, sondern auch von dessen Frequenz und damit von der Drehzahl abhängig sind. Somit ergeben sich zwei gegenläufige Effekte, weil zum einen die Pendelmomentamplituden mit zunehmender Drehzahl ansteigen, zum anderen aber der Drehzahlmittelwert im Nenner ebenfalls steigt. Bild 2.20 zeigt die Höhe der Anteile der Drehzahlschwankung aufgetragen über der Drehzahl. Bei niedrigen Frequenzen muß die Wirkung der Drehzahlregelung zusätzlich berücksichtigt werden. Die Berechnung erfogt für diese Fälle punktweise durch entsprechende Simulation (vgl.: 3.2).

Unberücksichtigt blieben unter anderem bisher Inhomogenitäten der Magnetmaterialien und die nicht völlig ideal als Rechteck erreichbare Feldverteilung (vgl.: 2.1.1). Ein weiterer Effekt, der unerwünschte Momente hervorrufen kann,

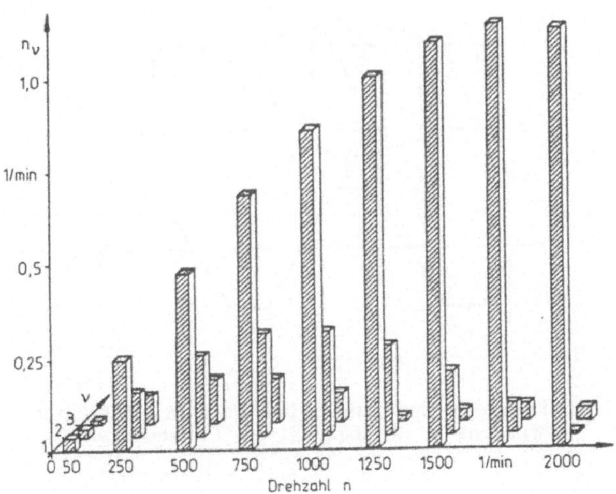

Bild 2.20: Auswirkung der Pendelmomente von Bild 2.19 auf die Drehzahlschwankung n_v eines Motors ohne Berücksichtigung der Regelung

ist die Schwankung des Luftspaltes. Bei der einsträngigen, kollektorlosen Gleichstrommaschine wird die dadurch bedingte Erzeugung eines Reluktanzmomentes sogar ausgenutzt, um ein erwünschtes Hilfsmoment zu erreichen /54/. In unserem Fall sind diese Momente aber unerwünscht. Ihre Höhe ist sehr wesentlich von den Eigenschaften des Permanentmagnetmaterials abhängig. Als Abhilfe ist prinzipiell eine Schrägung, sei es des Stators oder des Rotors, möglich. Die Konsequenzen einer solchen Vorgehensweise sind in /89/ dargestellt. Der Autor geht dabei allerdings von einer konzentrierten Wicklung und Schrägung um $\vartheta_p/6$ aus, und erreicht dadurch identische Verhältnisse wie für den Fall einer räumlich ausgedehnten Wicklung ohne Schrägung.

Im Gegensatz dazu zeigt Bild 2.21 die Verhältnisse bei Schrägung um $\vartheta_p/6$ und einer räumlichen Wicklungsverteilung um den gleichen Betrag. Wendet man für diese Induktionsverteilung bzw. die daraus resultierende induzierte Spannung und rechteckigen Stromverlauf die vorangegangenen Gleichungen an, so erhält man ein pulsierendes Motormoment, dessen Frequenz wieder abhängig ist von der Drehzahl und der Polpaarzahl des Motors. Damit nähert man sich in etwa einer Realisation, wie sie in /61,78/ beschrieben ist. Beide gehen von einer sinusförmigen Induktionsverteilung aus.

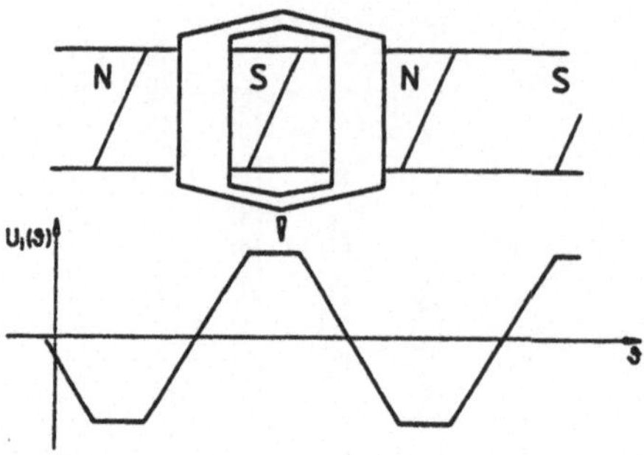

Bild 2.21: Induzierte Spannung u_i bei um $\vartheta_p/6$ geschrägter Wicklung in Abhängigkeit des Polradwinkels ϑ

Berücksichtigt man eine räumliche Ausdehnung und Schrägung der Wicklung und den nicht ideal rechteckförmigen Feldverlauf, so erscheint ein sinusförmiger Verlauf der induzierten Spannung den Gegebenheiten sehr nahe zu kommen. Es unterscheidet sich ein Vorschubmotor deutlich von der in /61,78/ angegebenen Form, wo von einer sinusförmigen Feldverteilung ausgegangen wird. In den Wicklungen werden aber in beiden Fällen sinusförmige Spannungen induziert, so daß sich elektrisch quasi identische Verhältnisse ergeben. Die räumliche Wicklungsausdehnung berücksichtigt /78/ dabei durch einen Wicklungsfaktor, den er aus den bekannten Faktoren der Drehfeldmaschinentheorie berechnet. Er ermittelt die Betriebskennlinie im wesentlichen für den Fall eingeprägter Spannung und betrachtet zusätzlich Strombegrenzungseffekte. Als Beispiel führt er einen viersträngigen sterngeschalteten Motor an, dessen rechnerische Eigenschaften er mit gemessenen Werten vergleicht. In unserem Fall handelt es sich um eingeprägte Ströme, weswegen die dort errechneten Lösungen nicht unsere Verhältnisse der Strom- und Momentenverläufe wiedergeben. Einige generelle Hinweise aus den dortigen Ergebnissen haben aber auch für Vorschubmotoren Gültigkeit. So wurden in dieser Arbeit ausführlich die Auswirkungen der Stromflußbreite und der Stromflußphase für den viersträngigen Motor diskutiert. Dabei bezeichnet der Autor den Winkel zwischen Rotor- und Statorfeld als Statorflußphase und die Dauer des Stromflusses als Stromflußbreite. Er kommt zu dem Schluß, daß sich durch eine geeignete Steuerung dieser Parameter nicht nur eine Optimierung des Wirkungsgrades, sondern auch eine bessere Drehzahlkonstanz erreichen ließe. Man kann sich jedoch sehr leicht vorstellen, daß die

Einhaltung optimaler Arbeitspunkte über den großen Arbeitsbereich von Vorschubantrieben einen nicht vertretbaren Aufwand für die Ansteuerung des Motors bedeuten würde.

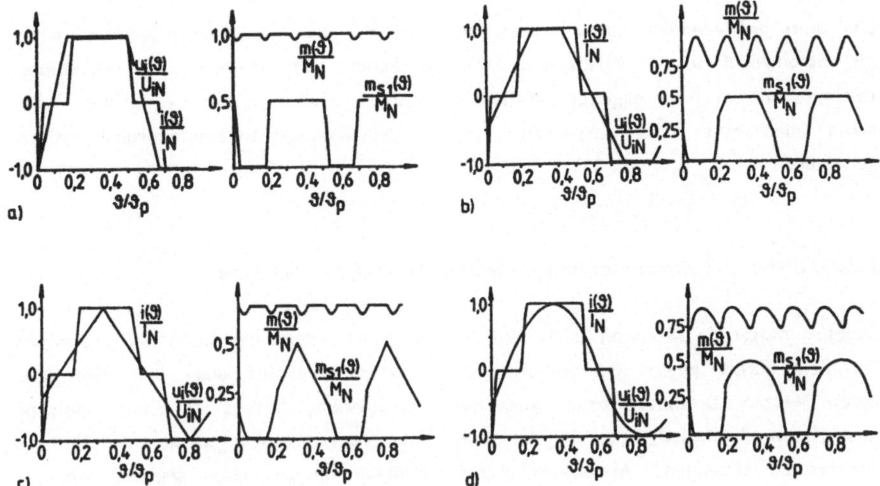

Bild 2.22: Strom-, induzierte Spannungs- und Momentenverläufe bei Drehzahl n=500 1/min für:
a) ideale trapezförmige induzierte Spannung
b) trapezförmige induzierte Spannung bei Schrägung um $\vartheta_p/6$
c) dreieckförmige induzierte Spannung
d) sinusförmige induzierte Spannung

Die Berechnung des Momentenverlaufs für den Fall sinusförmiger induzierter Spannung kann am einfachsten, wie vorher ausführlich beschrieben, durch abschnittsweise Berechnung des Drehmomentes für einen Strang und nachfolgender Überlagerung der Einzelstranganteile erfolgen (Bild 2.22).

$$m_{S1}(\vartheta) = \frac{k}{n} \cdot U \cdot I \cdot \frac{\vartheta - \vartheta_0}{\vartheta_0} \cdot \sin\left(\vartheta - \frac{\vartheta_p}{12}\right) \qquad 0 \leq \vartheta < \vartheta_0 \tag{2.71}$$

$$m_{S1}(\vartheta) = 0 \qquad \vartheta_0 \leq \vartheta < \frac{\vartheta_p}{6} \tag{2.72}$$

$$m_{S1}(\vartheta) = \frac{k}{n} \cdot U \cdot I \cdot \frac{6\vartheta - \vartheta_p}{6\vartheta_0} \cdot \sin\left(\vartheta - \frac{\vartheta_p}{12}\right) \qquad \frac{\vartheta_p}{6} \leq \vartheta < \frac{\vartheta_p}{6} + \vartheta_0 \tag{2.73}$$

$$m_{S1}(\vartheta) = \frac{k}{n}\cdot U\cdot I\cdot \sin\left(\vartheta - \frac{\vartheta_p}{12}\right) \qquad \frac{\vartheta_p}{6} + \vartheta_0 \leq \vartheta < \frac{\vartheta_p}{2} \qquad (2.74)$$

Um dem pulsierenden Moment entgegenzuwirken, liegt also der Gedanke nahe, die Stromform so zu verändern, daß die Summe der Produkte ein konstantes Drehmoment m (ϑ) ergeben würde. Man erkennt aber sofort den großen Aufwand, den eine dazu notwendige rotorwinkelabhängige Stromsteuerung verlangen würde.

2.1.2.2 Der Synchronmotor mit rotorwinkelabhängiger Speisung

Synchronmotoren zeichnen sich bei Speisung mit symmetrischen sinusförmigen Strömen durch einen gleichmäßigen Drehmomentenverlauf aus. Um dies über einen weiten Drehzahlbereich ausnutzen zu können, bedarf es einer Speisung aus einem Stellglied, das in der Lage ist, oberschwingungsarme sinusförmige Ströme zu erzeugen. Außerdem müssen Maßnahmen getroffen werden, die ein Außertrittfallen verhindern. Als eine Möglichkeit hierzu bietet sich eine rotorwinkelabhängige Speisung der Stränge an. Durch Festlegen des Polradwinkels gelangt man zu ähnlichen Verhältnissen wie bei bürstenlosen Gleichstrommotoren. Die polradwinkelabhängige Speisung mit drei sinusförmigen 120° phasenverschobenen Strömen (quasi kontinuierlich umlaufender Stromzeiger) rechtfertigt, diese Motoren als Synchronmotoren zu bezeichnen.

Im Bild 2.23 ist der prinzipielle Unterschied im Aufwand bei der Realisation der einzelnen Antriebsvarianten gegenübergestellt. Am wenigsten elektronischen Aufwand bedarf der bürstenbehaftete Gleichstrommotor. Er benötigt nur einen Stromregler, eine Strommeßeinrichtung und eine Pulsbreitenmodulationseinheit zur Ansteuerung der Verstärker. Beim dreisträngigen bürstenlosen Gleichstrommotor bedarf es eines weiteren Verstärkers. Die Leistungsteile verfügen im allgemeinen je Strang über eine Einheit zur Erzeugung der Signale zur Pulsbreitenmodulation. Man sieht ferner, daß der Stromistwert entweder aus zwei Strömen und der Positionsinformation oder aus allen drei Strömen gewonnen werden muß. Der Reglerausgang wird dann einmal direkt und einmal invertiert entsprechend der Rotorposition zu den Pulsbreitenmodulatoren durchgeschaltet.

a)

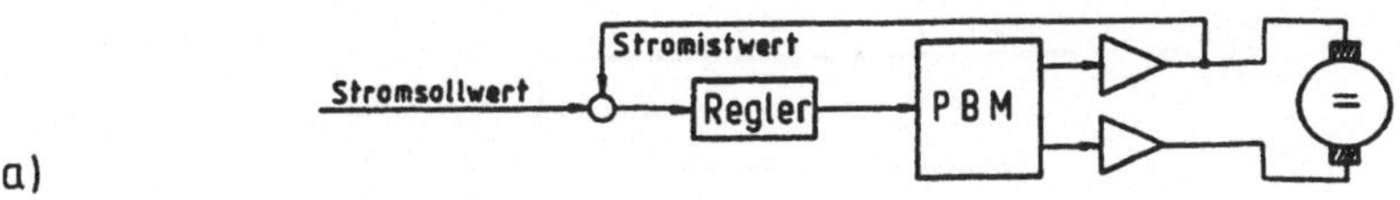

b)

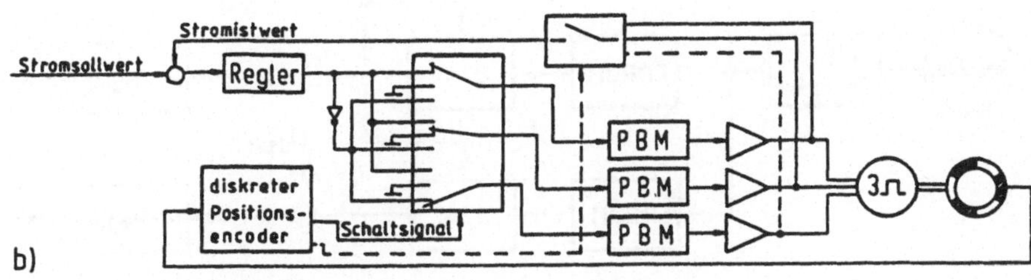

c)

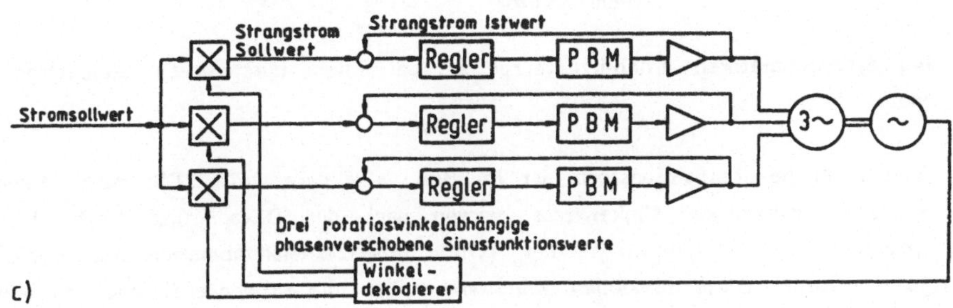

Bild 2.23: Vergleich des Aufwands in Leistungsteil zur An steuerung eines a) konventionellen Gleichstrommotors, eines b) bürstenlosen Gleichstrommotors und c) eines Synchronmotors mit rotorwinkelabhängiger Speisung

Beim Synchronmotor mit festem Lastwinkel bedarf es eines absoluten Winkelgebers, in der Praxis stets ein Resolver. Abhängig von der dekodierten Stellung werden drei um 120° versetzte Sinusfunktionswerte ausgegeben, wodurch ein konstanter Lastwinkel erreicht wird. Diese Signale müssen mit dem eigentlichen Sollwert multipliziert werden. Dies sind dann die Sollwerte der einzelnen Strangströme. Sie werden nach einem Soll-Istwertvergleich mit dem zugehörigen tatsächlichen Strangstrom den Reglern zugeführt, die mit ihren Signalen die Pulsbreitenmodulatoren ansteuern. Damit wird nicht nur der Meßgeber für die Rotorposition, sondern auch die zugehörige Auswerteelektronik

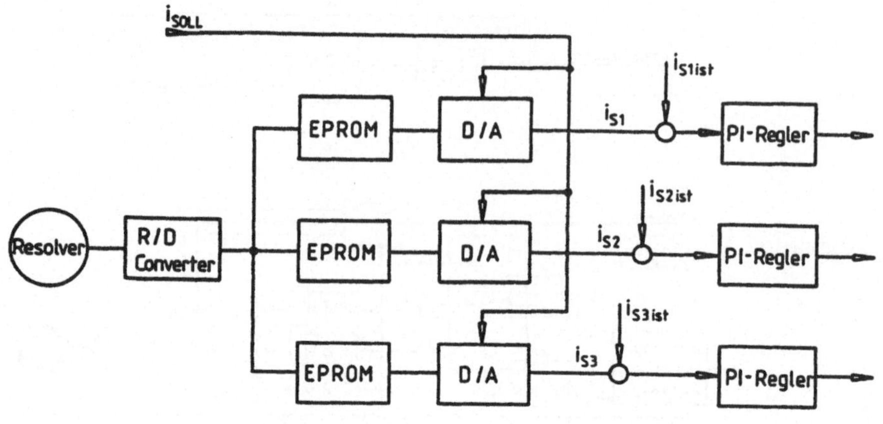

Bild 2.24: Generierung der Strangstromsollwerte für einen Synchronmotor

bei Synchronmotoren erheblich teurer als bei einem bürstenlosen Gleichstrommotor.

Eine mögliche Realisationsform ist im Bild 2.24 dargestellt. Die durch einen Resolver gewonnenen Winkelwerte werden nach der Dekodierung durch einen speziellen Resolver-Digital-Wandler primär als Zahlenkombination zur Verfügung gestellt. Diese speziellen Wandlerbausteine müssen hochauflösend und sehr schnell sein, wodurch sie sich nur mit sehr kostspieligen Techniken realisieren lassen. Mit dem Erhalt der Winkelinformation adressiert man nun beispielsweise drei EPROMs, in denen um 120° phasenversetzte Sinusfunktionen abgelegt sind. Die so gewonnenen rotorwinkelabhängigen digitalen Sinusfunktionswerte werden dann drei Digital-Analog-Wandlern zugeführt. Diese erhalten als Referenzspannung den Stromsollwert. Die Ausgangsgröße ist dann bereits der gesuchte Strangstromsollwert, der nach einem Soll-Istwertvergleich den Reglern zugeführt werden kann. Weitere mögliche Regelverfahren werden in /83/ aufgezeigt.

Im Gegensatz zum vorher geschilderten bürstenlosen Gleichstrommotor muß der Synchronmotor mit sinusförmigen Strömen gespeist werden. Deswegen sind hier ständig alle Stränge gleichzeitig aktiv. Für die Umrichterverluste ergeben sich trotzdem nicht unmittelbar Nachteile gegenüber bürstenlosen Gleichstrommotoren, da ihre wesentlichen Verluste nicht nur von der Anzahl der Schaltvorgänge, sondern auch von der aktuellen Stromhöhe abhängen (vgl./78/).

Zur Bestimmung des Betriebsverhaltens dieser Motoren kann man die von Synchronmotoren bekannte Vorgehensweise nach der Drehfeldtheorie benutzen. Für das Drehmoment gilt dann:

$$m(\vartheta) = k' \cdot i_q \tag{2.75}$$

$$i_q = I \cdot \cos(\delta - \frac{\pi}{2}) \tag{2.76}$$

Im Interesse einer einheitlichen Darstellung kann die Ableitung des Momentenverlaufes auch aus den Momentanwerten der induzierten Spannungen und der Strangströme erfolgen:

$$i_{S1}(\vartheta) = I \cdot \sin\vartheta \qquad u_{S1} = U \cdot \sin\vartheta \tag{2.77}$$

$$i_{S2}(\vartheta) = I \cdot \sin(\vartheta + \frac{\vartheta_P}{3}) \qquad u_{S2} = U \cdot \sin(\vartheta + \frac{\vartheta_P}{3}) \tag{2.78}$$

$$i_{S3}(\vartheta) = I \cdot \sin(\vartheta + \frac{2\vartheta_P}{3}) \qquad u_{S3} = U \cdot \sin(\vartheta + \frac{2\vartheta_P}{3}) \tag{2.79}$$

$$m_v = k \cdot U \cdot I \cdot [\sin^2\vartheta + \sin^2(\vartheta + \frac{\vartheta_P}{3}) + \sin^2(\vartheta + \frac{2\vartheta_P}{3})] = \frac{3}{2}\, k \cdot U \cdot I \tag{2.80}$$

Damit ist das Drehmoment unabhängig vom Rotorwinkel. Solange die Ströme und die induzierte Spannung ausreichend sinusförmig verlaufen, treten also keine Pendelmomente auf.

In Analogie zu den Betrachtungen bei der konventionellen Gleichstrommaschine (Kapitel 2.1.1) ergeben sich an der realen Maschine Oberschwingungen durch die nicht ideale räumliche Verteilung der Induktion und des Strombelags. Hinweise zur Auslegung der magnetischen Kreise gibt /27/. Eine ausführliche Berechnung der möglichen Pendelmomente in Abhängigkeit der Motorkonstruktion findet sich bei /28/.

Mit dem Einfluß rechteckiger und sinusförmiger Erregerverteilungen auf das Betriebsverhalten kleiner permanenterregter kollektorloser Gleichstrommotoren und Synchronmotoren beschäftigt sich /55/. Er betrachtet dazu die zwei Grenzfälle: sinusförmiger Verlauf der Polradspannung mit sinusförmiger Speisespannung und rechteckförmiger Verlauf der Polradspannung mit entsprechend rechteckförmigem Speisespannungsverlauf. Da die untersuchten Motoren eine konzentrierte Durchmesserwicklung und eingeprägte Speisespannung aufweisen, können die vor allem über den Wirkungsgrad und die Laufruhe gemachten Aussagen nicht auf heutige Servoantriebe übertragen werden.

Mit den in einem Synchronmotor mit Pulsumrichter entstehenden Verlusten beschäftigt sich /82/. Für den kompletten Antrieb wird ein Wirkungsgrad von 71 % angegeben, wobei etwa die Hälfte der Verluste auf den Motor entfällt.

Die zu erwartenden Eigenschaften lassen sich damit wie folgt zusammenfassen: Der permanenterregte Synchronmotor mit rotorwinkelabhängiger Speisung stellt, vor allem bei Verwendung von Seltenen-Erden als Magnetmaterial, einen äußerst dynamischen Antrieb dar. Mit dem Auftreten von Pendelmomenten muß bei Ergreifen geeigneter konstruktiver Maßnahmen nicht gerechnet werden. Damit bieten sich die Motoren vor allem für Aufgabenstellungen an, bei denen auf einen extrem guten Gleichlauf und ein günstiges Leistungsgewicht geachtet werden muß. Als nachteilig erscheint momentan noch der gegenüber bürstenlosen Gleichstrommotoren höhere Aufwand zur Regelung der Antriebe.

2.1.2.3 Der Asynchronmotor

Dieser Motor zeichnet sich vor allem durch seinen einfachen Aufbau aus. Der Rotor besteht aus einfachen Guß- und Stanzteilen. Einziges Verschleißteil sind die Motorlager. Die Rotorströme werden transformatorisch erzeugt. Leider macht der Motor aufgrund dieser Tatsache aber regelungstechnisch erhebliche Schwierigkeiten.

Eine Möglichkeit zur Drehzahländerung bei Asynchronmaschinen bietet sich durch eine Frequenzänderung an. Zusätzlich muß aber noch berücksichtigt werden, daß das Moment proportional dem Quadrat des Flusses ist.

$$n_{syn} = \frac{f}{p} \tag{2.81}$$

$$M \sim \left(\frac{U}{f}\right)^2 \tag{2.82}$$

Dies bedeutet, daß durch eine entsprechende Schaltung nicht nur die Frequenz entsprechend der Drehzahl geregelt werden muß, sondern auch der Quotient von U/f konstant gehalten werden muß. Seit einigen Jahren gibt es entsprechende integrierter Schaltungen (LSI-Bausteine) /33,86/. Diese übernehmen die Ansteuerung der Leistungselektronik entsprechend der nötigen Pulsbreitenmodulation zur Erzeugung einer dreiphasigen sinusförmigen Speisespannung. Sie arbeiten mit relativ niederer maximaler Umrichterfrequenz. Bei Speisespannungsfrequenzen von ca. 70 Hz wird bereits keine Sinusmodulation mehr getätigt, sondern nur noch rechteckige Spannungsblöcke vorgegeben. Um eine gleichmäßige Drehmomenterzeugung sicherzustellen, ist aber eine sehr oberschwingungsfreie Speisespannung erforderlich. Hohe Taktfrequenzen, (20 kHz bis 100 kHz) wurden bereits verwirklicht /5/. Sie erlauben, die angeschlossenen Motoren im gesamten Drehzahlbereich mit rein sinusförmigen Strömen zu speisen, wodurch praktisch keine Pulsation des Drehmoments mehr auftritt.

Leider ist das Betriebsverhalten der Asynchronmaschine nur durch ein stark nichtlineares Differentialgleichungssystem beschreibbar und deswegen mit konventioneller Regelungstechnik, auch mit einem guten Umrichter, nicht in der für Vorschubantriebe erforderlichen Weise zu beherrschen.

In der Literatur findet man verschiedene Verfahren, um die stationären und dynamischen Anforderungen zu erfüllen. Das bekannteste Verfahren ist die feldorientierte Regelung /2,3/. Das geforderte, einem Gleichstrommotor ebenbürtige Verhalten wird erreicht, wenn sich sowohl stationär wie auch während der dynamischen Vorgänge der Raumzeiger des Flusses nach Betrag und Phasenlage konstant halten läßt. Ein Raumzeiger ist eine komplexe Größe, die zur Beschreibung von Drehwellen in Drehstromantrieben häufig benutzt wird, um eine übersichtlichere Darstellung zu erreichen. Da sich alle Signalgrößen auf das Koordinatensystem des Raumzeigers des Flußistwerts beziehen, spricht man von einer feldorientierten Regelung. Dazu muß aber der Flußzeiger gemessen oder aber über ein Modell der Asynchronmaschine ermittelt werden. Der Ständerstrom wird dann in eine Komponente in Richtung des Läuferflusses und eine Komponente senkrecht dazu zerlegt. Die gleichgerichtete Komponente ergibt über ein Verzögerungsglied erster Ordnung den Läuferfluß. Das Moment ist dann proportional der senkrechten Komponente des Statorstromes bezogen auf das rotierende Koordinatensystem. Man hat jetzt durch Vorgabe der auf dem Flußzeiger senkrecht stehenden Stromkomponente die gleichen Möglichkeiten zur Drehmomentenverstellung wie bei der Gleichstrommaschine (Bild 2.25). Um von diesen Größen auf die nötigen Steuergrößen für einen Umrichter zu gelangen, muß der Feldwinkel φ bekannt sein, damit die notwendigen Strangstromsollwerte berechnet werden können. Der Feldwinkel φ kann entweder

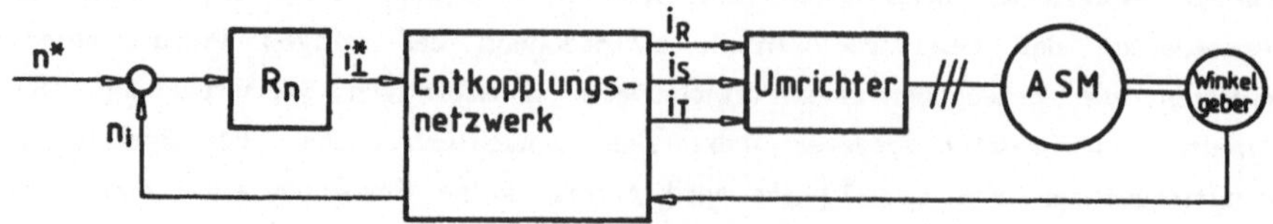

Bild 2.25: Asynchronmotor mit feldorientierter Drehzahlregelung

gemessen oder aus dem Stromzeiger und dem Rotorwinkel berechnet werden. Entsprechende Schaltungen wurden auf Mikroprozessorbasis realisiert /21,70/. Dabei konnten in /70/ Zykluszeiten von 900 µs erreicht werden, womit Statorströme bis zu 100 Hz erzeugt werden konnten. Als Besonderheit sei erwähnt, daß vom Entkopplungsnetzwerk die Istdrehzahl berechnet wird, weswegen ein zusätzlicher Tachogenerator entfallen kann.

Ein weiteres Prinzip ist die Läuferfrequenzsteuerung, wenn es gelingt, den Ständer- oder Läuferfluß in der Maschine konstant zu halten bzw. im Feldschwächbetrieb geeignet zu steuern. Als Stellgröße für das Drehmoment dient die Läuferfrequenz f_2, ähnlich wie bei der Gleichstrommaschine der Ankerstrom I oder bei der feldorientierten Regelung die Raumzeigerkomponente $i_\perp$. Ein grundsätzlicher Aufbau eines solchen Drehzahlregelkreises, bei dem das Übertragungsverhalten zwischen Läuferfrequenzsollwert und Drehmoment als Teil der Regelstrecke der Asynchronmaschine auftritt, ist im Bild 2.26 zu sehen. Eine entsprechende Realisation dieses Prinzips beschreibt /80/. Hier wird auch der Fall des Feldschwächbetriebs erläutert, der durch kombinierte Fluß- und Läuferfrequenzverstellung erreicht wird. Dazu wird das nichtlineare Gleichungssystem der Asynchronmaschine zugrunde gelegt und so dargestellt, daß als Eingangsgröße der Flußsollwert φ_1^* bzw. φ_2^* und die Läuferfrequenz f_2^*, sowie als Ausgangsgrößen der Ständerstrom $\vec{i}_1^*$ und die Frequenz f_1^* auftreten. Dieser Signalflußplan läßt sich in eine Schaltung umsetzen, die als Entkopplungsnetzwerk bezeichnet wird /19,81/. Die Ausgangsgrößen dieses Netzwerks werden mit den Steuereingängen dieses Stromrichters (f_1 und $\vec{i}_1$) verbunden. Unter der Voraussetzung, daß die Parameter des Entkopplungsnetzwerkes den Maschinenparametern entsprechen, sind die Läuferfrequenz und der angestrebte Fluß gleich den vorgegebenen Größen, sofern der Umrichter entsprechend schnell reagieren kann. Realisiert wurde ein solches Verfahren der Läuferfrequenzsteuerung bei /18/ durch ein analoges Entkopplungsnetzwerk.

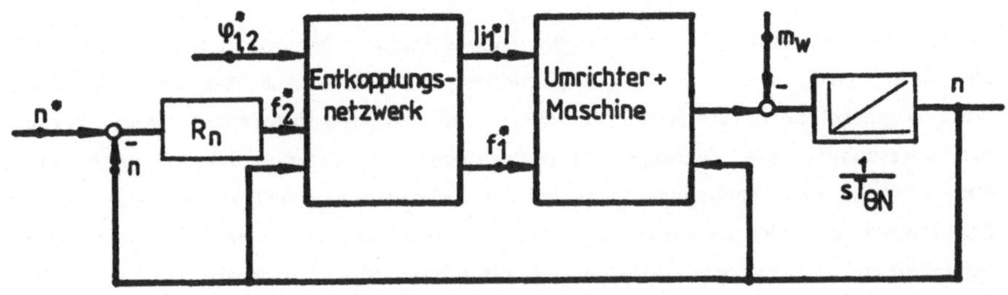

Bild 2.26: Drehzahlgeregelter Asynchronmotor mit Läuferfrequenzsollwertvorgabe (nach /80/)

Ob im praktischen Einsatz die in Versuchsmotoren erzielten guten dynamischen Eigenschaften erreicht werden können, hängt in erster Linie von der Parameterempfindlichkeit des Entkopplungsnetzwerks ab. In ihm müssen die Maschinenkenngrößen gespeichert sein, damit die notwendigen Berechnungen durchgeführt werden können. Für die Serienfertigung ist es nun eine Frage der Exemplarstreuungen, aber auch der Umgebungsbedingungen (Temperaturabhängigkeit des Rotorwiderstands etc.), inwieweit hier tatsächlich eine problemlose Antriebslösung erreicht werden kann. Für eine effiziente Drehzahlregelung von Asynchronnormmotoren durch eine entsprechende Elektronik bedarf es nicht nur der Anbringung eines Winkellagegebers auf der Motorwelle, sondern auch einer Identifikationsmöglichkeit der Motorparameter, die zur Einstellung der digitalen Regler benötigt werden. Darüber hinaus sind Asynchronnormmotoren bezüglich ihres Trägheitsmoments nicht optimiert. Deswegen stellt sich die Frage, inwieweit diese Lösung noch eine wirtschaftliche Alternative sein kann, wenn entsprechende Spezialmotoren nötig sind.

In /8/ sind bürstenlose Gleichstrommotoren und Drehstromantriebe einander gegenübergestellt. Als wesentliche Vorteile des bürstenlosen Gleichstrommotors werden kleine Baugrößen und eine geringere Umrichterleistung bei gleicher Motorleistung angeführt. Für den Asynchronmotor wird als Vorteil der einfache Aufbau des Rotors genannt. Als Vorteil gegenüber dem Synchronmotor kann ein relatives statt eines absoluten Winkelmeßsystems verwendet werden. Nachteilig ist bei hochdynamischen Asynchronantrieben der höhere erforderliche regelungstechnische Aufwand.

2.1.3 Tachogeneratoren

In der Vergangenheit galt die Regel: Tachoprinzip = Motorprinzip. Ein zwingender Grund dafür liegt aber im allgemeinen nicht vor. Aus Angaben sowohl von Werkzeugmaschinenherstellern als auch von Antriebslieferanten geht hervor, daß bürstenbehaftete Tachogeneratoren gelegentlich Ursache für Störungen sind. Die Bürsten des Tachogenerators stellen wesentlich häufiger als die Bürsten des Motors eine Fehlerquelle an einer Universal-NC-Maschine dar. Aus Zuverlässigkeitsgründen könnte also ein bürstenloser Tachogenerator an einer bürstenbehafteten Maschine sinnvoll erscheinen.

Konventionelle Tachogeneratoren unterschiedlichster Bauart liefern im allgemeinen Spannungen mit Scheitelwelligkeiten von ca. 1%. Für den bürstenlosen Tacho gelten im wesentlichen die Ausführungen, die für die induzierten Spannungen entsprechender Motoren gemacht wurden, d.h. die Welligkeit ist sehr stark von der Wicklungsform und der Magnetisierung abhängig. Außerdem müssen geeignete Kommutatorschaltungen zur phasenrichtigen Zusammensetzung des Istwert-Signals vorhanden sein. Dabei ist die Höhe der Welligkeit direkt vom aktuellen Istwert abhängig und liegt ebenfalls in der Größenordnung von ca. 1% der induzierten Spannung.

Die Scheitelwelligkeit ist definiert nach DIN 40 110:

$$w = \frac{|\hat{u}| - \bar{u}}{\bar{u}} \qquad (2.83)$$

$$\bar{u} = \frac{1}{T}\int_0^T u(t)\,dt \qquad (2.84)$$

Häufig findet man auch bei den Herstellerangaben den Begriff Welligkeit Spitze-Spitze w_{ss}. Darunter wird die größtmögliche Schwankungsbreite der Werte verstanden:

$$w_{ss} = \frac{u_{max} - u_{min}}{\bar{u}} \qquad (2.85)$$

Eine weitere wichtige Größe neben Linearität, Temperaturkoeffizient, Abhängigkeit der Drehzahl und Reversierfehler wäre die Angabe der Frequenz der Welligkeit, da sich bei gleicher Scheitelwelligkeit höhere Frequenzen im allgemeinen weniger störend bemerkbar machen, als niederfrequente Anteile. Diese Angabe ist zur Zeit jedoch nicht üblich.

Verfahren zur Bestimmung der Drehzahl mit Hilfe von Inkrementalgebern werden bisher außer bei Asynchronmotoren mit digitalem Entkopplungsnetzwerk nicht angewendet. Prinzipell sind als Lösungsmöglichkeiten eine Impulszählung oder eine Zeitzählung zwischen zwei Impulsen denkbar.

Vor allem bei niedrigen Drehzahlen ergeben sich Probleme mit der Istwertgewinnung, die nur durch hohe Strichzahlen der Geber lösbar sind, wodurch diese Lösung kostenungünstig ist.

2.2 Mechanische Baugruppen

Die anspruchsvolle Antriebstechnik von modernen NC-Systemen kann nur durch eine gemeinsame Betrachtung der elektrischen und mechanischen Baugruppen richtig beschrieben werden. Von besonderer Bedeutung sind dabei drei gewissermaßen vorschubspezifische mechanische Grundelemente: Der Zahnriemen, die Kugelgewindespindel und die Führung.

Der Zahnriemen ist ein relativ neues Maschinenelement, über dessen Eigenschaften bisher nur wenig Information verfügbar ist. Deswegen war es notwendig, mit eigenen grundlegenden Arbeiten vor allem seine dynamischen Eigenschaften näher zu untersuchen. Etwas anders lag die Situation bei der Kugelgewindespindel. Das Steifigkeits- und Reibungsverhalten dieses Bauteils war bereits wiederholt Gegenstand von Untersuchungen /23,67/. Das Problem liegt hier eher in der Übertragbarkeit der theoretischen Erkenntnisse in die Praxis, da die zur Berechnung notwendigen Angaben über geometrische Daten von den Herstellern nicht zur Verfügung gestellt werden.

Die größte Schwierigkeit bei der Idealisierung von Führungen liegt in deren stark nichtlinearen Kennlinien. Aus dem Reibkraftverlauf der Führungen und den Elastizitäten in der Mechanik resultiert die zu erwartende Umkehrspanne. Diese stellt eine wesentliche Größe zur Kennzeichnung der Qualität des Vorschubantriebes dar.

2.2.1 Zahnriemen

Zahnriemen werden bei Vorschubantrieben in zunehmendem Maße eingesetzt, wenn eine direkte Ankopplung des Motors an den mechanischen Teil des Vorschubsystems aus konstruktiven Gründen nicht möglich ist. Vorteile eines Zahnriementriebs gegenüber einem konventionellen Getriebe sind:

- großer Spielraum in der Wahl des Achsabstandes,
- bessere Dämpfungseigenschaften bei ausreichender Steifigkeit,
- kleinere Massenträgheitsmomente, da Leichtmetallwerkstoffe für die Zahnscheiben eingesetzt werden können,
- es ist keine Ölschmierung notwendig.

Für Vorschubantriebe werden vor allem Synchronriemen mit Kreisbogen- oder Evolventenprofil eingesetzt /63/. Im Gegensatz zum Trapezzahnriemen kann sich bei den untersuchten Riemen der im Eingriff befindliche Zahn am Zahnfuß auf der Scheibe abstützen. Dadurch wird eine bessere Spannungsverteilung im Zahn und eine insgesamt gleichförmigere Kraftübertragung erreicht. Der meistverbreitete Riemen dieses Typs ist der High-Torque-Drive-Riemen. Da bis heute keine wissenschaftlich fundierten Veröffentlichungen über diese in Vorschubantrieben am meisten eingesetzten HTD-Riemen vorliegen, waren für eine realistische Modellbildung spezielle Untersuchungen erforderlich. Sie wurden unter der Zielsetzung durchgeführt, das reale Schwingungssystem Zahnriemen und Riemenscheibe in ein Ersatzsystem mit punktförmiger Masse, masselosem Feder- und Dämpfungselement überzuführen. Dazu müssen sowohl Steifigkeits- als auch Dämpfungswerte in Abhängigkeit der geometrischen und konstruktiven Verhältnisse bekannt sein. Diese Riemeneigenschaften sind abhängig von:

- den mechanischen Eigenschaften der verwendeten Zahnriemenmaterialen,
- der Geometrie des Riemens (Teilung, Breite, Länge) und der Anzahl der Zugstränge,
- der Wechselwirkung zwischen Riemen und Scheibe (Anzahl der tragenden Zähne, Wirkdurchmeser, Reibung),
- der Gesamtkonstruktion (freie Trumlänge, Übersetzung, Vorspannung).

Ausgangspunkt der Zahnriemenuntersuchungen ist der nachfolgend zusammengefaßte Stand der Technik zum Thema Riementriebe.

In /42/ galt das Interesse den durch Flach- oder Keilriemen hervorgerufenen Störungen von Antriebssystemen. Steifigkeits- und Dämpfungskennwerte für Keilriemen wurden in /58/ an einem Verspannungsprüfstand ermittelt.

In neuerer Zeit waren Trapezzahnriemen häufig Gegenstand von Untersuchungen. Grundlagen für die Dimensionierung von Trapezzahnriementrieben unter Einbeziehung ihres Verschleißverhaltens wurden in /47/ erarbeitet. Die Kräfteverhältnisse in Zahnriemenantrieben mit trapezförmigen Zähnen wurden in /37/ theoretisch und am Beispiel von Riemen aus Polychloropren mit Glasfasern experimentell untersucht. In dieser Arbeit wird außerdem auf den Einfluß der Teilungsabweichung und die Vorspannverhältnisse eingegangen. Für einen ähnlichen Riementyp wurde in /24/ die Lastverteilung längs der Zahnscheibe untersucht. Durch einen einfachen Zugversuch und durch Belastungsversuche mit einem einzelnen Zahn wurden dort für zwei Trapezzahnriemen Riemenfederkonstanten und Zahnfederkonstanten ermittelt.

In /7/ wurden Drehschwingungsversuche an Trapezzahnriemen mit Stahlseileinlagen durchgeführt. Dort wird erwähnt, daß Drehschwingungen immer kombiniert mit Biegeschwingungen aufgetreten sind. Möchte man diese Biegeschwingungen mit berücksichtigen, so müssen die Kontinuumseigenschaften des massebehafteten Riemens in die Überlegungen mit einbezogen werden. Da bei Betrachtung der Querschwingung des freien Riemenabschnitts unterschiedliche Eingreifmechanismen des Treibelements nicht relevant sind, können die Ergebnisse aus Arbeiten über Querschwingungen bei Treibriemen allgemein bzw. Keilriemen auch für Zahnriemen herangezogen werden. In diesen Veröffentlichungen wird der Riementrieb als gleichförmig bewegte Saite angesehen. Bei Aufstellung der Bewegungsgleichung des Riemens im stationären Betrieb ergibt sich eine partielle Differentialgleichung, die man als Lagrange'sche Gleichung des Kontinuums bezeichnet /44/. Die kritische Riemengeschwindigkeit, ab der Transversalschwingungen des Riementrums auftreten ergibt sich zu:

$$v_k = \sqrt{\sigma/\rho} \tag{2.86}$$

/44/ stellt instationäre Bewegungsgleichungen für Treibriemen auf und ermittelt daraus Quasieigenfrequenzen von Querschwingungen des Riemens.

$$\omega_\nu = \frac{\nu \cdot \pi \cdot (\sigma/\rho - v^2)}{\sqrt{\sigma/\rho} \cdot l} \tag{2.87}$$

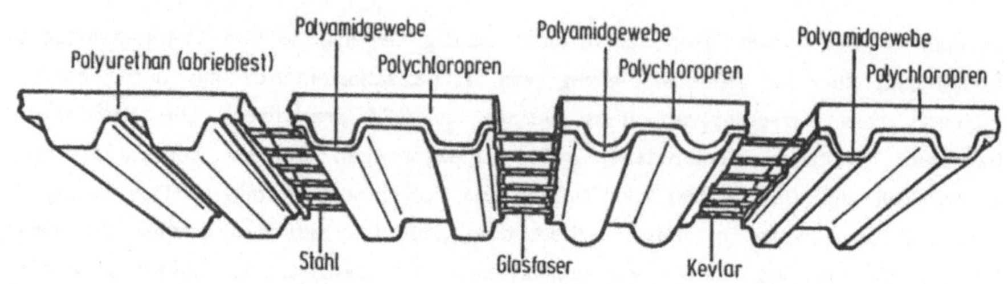

Bild 2.27: Aufbau unterschiedlicher Zahnriementypen

Daraus ergeben sich Flatterschwingungen in Abhängigkeit der Riemengeschwindigkeit und der Belastung des Riemens. Die Betrachtungen des Zahnriemens als bewegte Saite werden nicht weiter verfolgt, da Schwerpunkt dieser Arbeit die Bildung eines Drehschwingungsmodells des Zahnriementriebs im Gesamtmodell eines Vorschubantriebs ist.

Den prinzipiellen Aufbau verschiedener handelsüblicher Zahnriemen zeigt Bild 2.27. Sie unterscheiden sich durch ihre Zahnformen, das verwendete Zugstrangmaterial, die Gummimischung und das bei Polychloropren notwendige verschleißfeste Polyamidgewebe. Wesentlich geprägt ist das Verhalten von Zahnriemen durch den verwendeten Kunststoff Polyurethan bzw. Polychloropren. Der Elastizitätsmodul von Elastomeren ist kein reiner Werkstoffaktor, sondern von der Form des Werkstücks, der Temperatur und der Lastwechselfrequenz abhängig. Bei schwingender Beanspruchung tritt eine Verhärtung des Elastomers ein. Dieser Effekt kann nach /46/ durch die Einführung einer dynamischen Federkonstante berücksichtigt werden. Im Bereich sehr kleiner Frequenzen ist die Federkonstante abhängig von der Frequenz. Außerhalb dieses niederfrequenten Bereichs ist die dynamische Federkonstante in Abhängigkeit der Shore-Härte ein konstantes Vielfaches der statischen Federsteifigkeit.

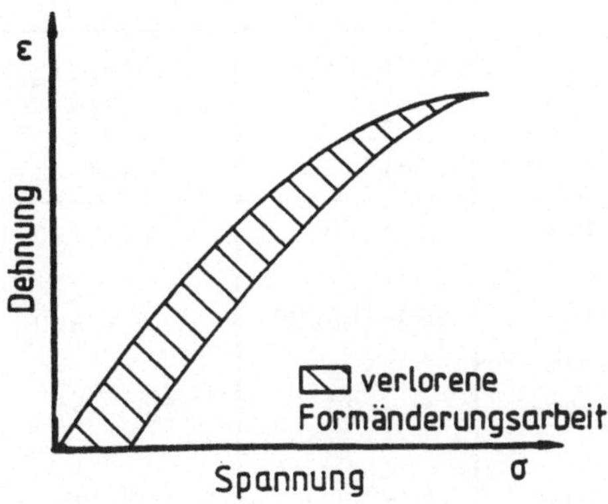

Bild 2.28: Verlust der Formänderungsarbeit duch innere Reibung

Wie die Steifigkeit ist auch die Dämpfung von Elastomeren von der Temperatur und der Lastwechselfrequenz abhängig. Das Dämpfungsvermögen nimmt mit steigender Frequenz rasch einen konstanten Wert an, der unter dem bei niedrigen Frequenzen liegt. Die bei Laständerung aufgewendete Formänderungsarbeit wird aufgrund innerer Reibung in Wärme übergeführt und kann nicht vollständig wiedergewonnen werden, wie Bild 2.28 zeigt.

Um die Zugfestigkeit von Elastomeren zu steigern, wird bei Zahnriemen der Riemenrücken durch Stahl-, Glas-, oder Kevlarfaserstränge verstärkt. Diese Materialien gehorchen in weiten Bereichen dem Hook'schen Gesetz. Glasfasern und Kevlarzugstränge sind außerdem so biegsam, daß bei Zahnriemen, die mit diesen Zugsträngen ausgestattet sind, Zahnscheiben mit relativ kleinen Durchmessern eingesetzt werden können. Da Polychloropren nicht abriebfest ist, werden Riemenzähne aus diesem Material mit Polyamidgewebe überzogen. Eine Zusammenstellung der wichtigsten Eigenschaften der verwendeten Riemenmaterialien zeigt Bild 2.29.

Für die in Kapitel 3 durchgeführte Modellbildung des Gesamtsystems war die Berechnung einer Ersatzfederkonstanten des Zahnriementriebs erforderlich. Die entsprechenden Definitionen und Gleichungen werden nachfolgend hergeleitet.

			E-Modul $\frac{N}{mm^2}$	Zugfestigkeit $\frac{N}{mm^2}$	Bruchdehnung %
Elastomere	allgemein	unverstärkt	5 - 50	7 - 100	
		verstärkt	900-100000	- 800	
	speziell	Polychloropren	9 - 20	20 - 27	800
		Polyurethan	5 - 18	30 - 32	600
Zugstränge		Eisenfaser	200000	4200	10 - 16
		Glasfaser	99000	2400	3,5
		Kevlarfaser	125000	2800	2,5

Bild 2.29: Kennwerte von Zahnriemenmaterialien

Dazu wird angenommen, daß die Federkonstante c_S längs der Scheibe abhängig ist von der Federkonstante c_R einer Teilung, der Zahnfederkonstante c_Z und den Eingriffsverhältnissen. Einflüsse der Biegesteifigkeit des Riemens werden vernachlässigt und die Steifigkeit der Scheibe selbst als unendlich angesehen. Ferner sei im Ausgangszustand keine Teilungsabweichung vorhanden. Damit ergeben sich bei Angreifen einer Kraft F_N am Riementrum die in Bild 2.30 skizzierten Kraft- und Verschiebungsverhältnisse. Für die Steifigkeit und die Federkonstanten gilt:

$$s_T = \frac{\Delta F}{\Delta l} \cdot l$$ bezogene Steifigkeit im Zahnriementrum (2.88)

$$c_T = \frac{s_T}{l}$$ Federkonstante des Zahnriementrums (2.89)

$$c_R = \frac{s_T}{t}$$ Federkonstante einer Teilung des Zahnriemens längs der Scheibe (2.90)

Die Zahnriemenkonstante c_Z wird als eine für alle Zähne eines Riemens konstante Größe angenommen. Die Wirkrichtung dieser Feder wird wie auch die von c_R tangential zur Zahnscheibe vorausgesetzt. Betrachtet man diese Federn als ein Netzwerk von in Reihe und parallel geschalteten Federn, so läßt sich die Federkonstante c_S nach folgenden Gleichungen berechnen:

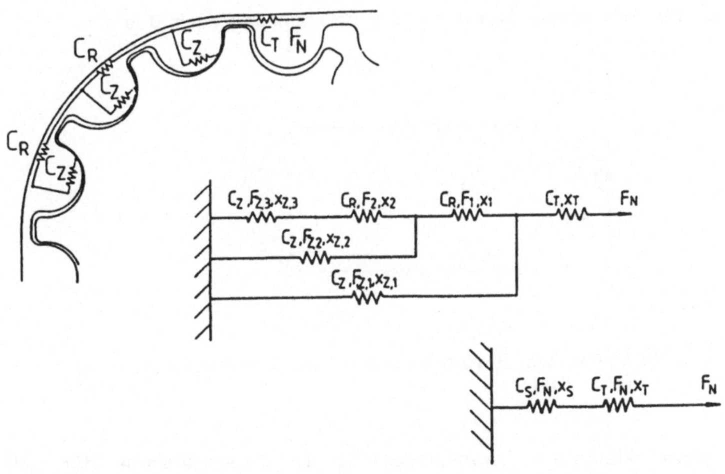

Bild 2.30: Modelle zur Beschreibung der Kraft- und Verschiebungsverhältnisse längs der Zahnscheibe

$$c_1 = c_z$$

$$c_{2k} = \frac{c_{2k-1} \cdot c_R}{c_{2k-1} + c_R} \qquad k = 1, 2, 3, \ldots, z-1 \qquad (2.91)$$

$$c_{2k+1} = c_{2k} + c_z$$

$$c_S = c_{2z-1}$$

Es liegt also keine geschlossene Lösung vor, sondern die Federkonstante des Riemens längs der Scheibe c_S muß durch rekursive Berechnung gelöst werden. Insbesondere wird der Einfluß der Zähnezahl auf c_S deutlich. Für kleine Zähnezahlen nimmt c_S rasch zu und strebt für größere Werte von z einem stationären Endwert $c_{S\infty}$ an. Dieser Wert läßt sich nach der Gleichung berechnen:

$$c_{S\infty} = \frac{c_z+\sqrt{c_z^2+4c_z \cdot c_R}}{2} \tag{2.92}$$

Unter den getroffenen Voraussetzungen bei der Berechnung von c_S können für Zahnriementriebe entsprechende Reihen- und Parallelschaltungen von Federn als Modelle angegeben werden. Solange es zu keiner vollständigen Entlastung des Leertrums kommt, gilt beispielsweise für den in 4.1.3 beschriebenen Versuchsaufbau für dynamische Messungen ein Ersatzmodell nach Bild 2.31.

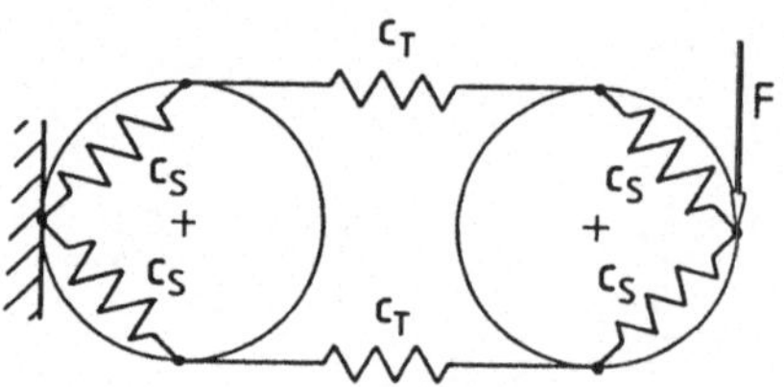

Bild 2.31: Modell zur Bestimmung der Gesamtfederkonstante (vgl. Bild 4.4)

Aus der darin skizzierten Zusammensetzung der Federelemente läßt sich folgende Gleichung für die Gesamtfederkonstante des Riemens herleiten:

$$c = \frac{2c_S \cdot c_T}{2c_T+c_S} \tag{2.93}$$

Damit ist eine Gleichung zur Abschätzung der Riemenfederkonstante gefunden, die bei der Berechnung von Torsionsschwingungen an Vorschubantrieben eingesetzt werden kann.

2.2.2 Kugelgewindespindeln

Früher wurde die Umwandlung einer Dreh- in eine Längsbewegung hauptsächlich von Trapezgewindetrieben bewerkstelligt. An ihrer Stelle ist bei numerisch gesteuerten Maschinen der Kugelgewindetrieb getreten. Die gestiegenen Anforderungen durch hohe Eilganggeschwindigkeiten und große Präzision erfordern ein Bauteil zur Umsetzung der Bewegung, das sich durch einen hohen Wirkungsgrad und geringen Verschleiß auszeichnet. Diese Vorteile können durch die Verwendung von Wälzkörpern zur Kraftübertragung erreicht werden, die zwischen einer Spindel mit Außengewinde und einer Mutter mit Innengewinde geführt werden. Dabei muß für eine geeignete Rückführung der Kugeln, die als Wälzkörper verwendet werden, gesorgt werden. Die bei modernen Werkzeugmaschinen geforderte Spielfreiheit des Spindelmuttersystems kann durch zwei verspannte Einzelmuttern oder durch Kugelübermaß erreicht werden. Abmessung und Genauigkeit sind in DIN 69051 genormt. Nicht genormt ist die Form der Wellen. Am gebräuchlichsten sind Rillen mit gotischer Spitzbogenform oder mit Halbrundprofil, deren Krümmungsradien vom Hersteller abhängig sind. Zur Berechnung der dynamischen Eigenschaften des Bauteils im Kugel-Mutter-Bereich ist die präzise Kenntnis der Wälzkörper und der Wälzbahngeometrie Voraussetzung. In /67/ wurden erstmals entsprechende Berechnungen und Versuche durchgeführt. Dazu war es notwendig, eine Profilformermittlung und Oberflächenuntersuchung durchzuführen. Die Untersuchungen ergaben, daß sich die axiale Verformung im Kugelbereich, also zwischen Spindel und Mutter, aus den Einzelverschiebungen an den Berührpunkten der Kugel zusammensetzt. Unter der Voraussetzung der Spielfreiheit, was bei vorgespannten Muttern der Fall ist, können die Anteile der Gleitverschiebungen vernachlässigt werden und nur die Hertz'schen Verformungen berücksichtigt werden. Damit können die bekannten Methoden der Wälzlagerberechnung Anwendung finden. Zur Ausführung der Berechnung werden die Normalspannungen im Wälzkontakt als Funktion der Hauptkrümmungen sowie des Winkels zwischen den Hauptkrümmungsebenen der beiden Körper betrachtet. In /32/ wurde darauf aufbauend ein Rechenprogramm zur Auslegung von Kugelgewindegetrieben geschaffen, das ebenfalls die Kenntnis der Hauptkrümmungsradien zur Berechnung voraussetzt. Für die Federkennlinie wird in /67/ folgender Zusammenhang hergeleitet.

$$F = k_1 (u_{v1} + \Delta x)^{\frac{3}{2}} - k_2 (u_{v2} + \Delta x)^{\frac{3}{2}} \tag{2.94}$$

Dabei ist u_v die axiale Verformung von Mutter 1 bzw. 2, die durch die Vorspannkraft hervorgerufen wird. Für die nicht vorgespannte Einzelmutter gilt der Zusammenhang:

$$u_v = \left(\frac{F_v}{k}\right)^{\frac{2}{3}} \tag{2.95}$$

k ist eine Steifigkeitskennzahl, die Werkstoff und Geomteriegrößen enthält.

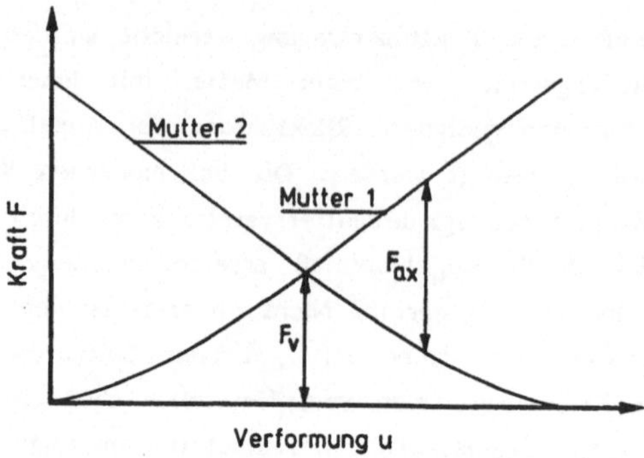

Bild 2.32: Verspannungsdiagramm der Doppelmutter einer Kugelgewindespindel /67/

Für gleiche Einzelmuttern gilt $k_1 = k_2$

$$k = \frac{z_t \cdot \sin^{\frac{5}{2}}\beta \cdot \cos^{\frac{5}{2}}\alpha}{c_E^3 \cdot c_k^{\frac{3}{2}}} \tag{2.96}$$

mit z_t als Anzahl der tragenden Kugeln, Lastwinkel β und Steigungswinkel α. c_E ist eine Werkstoffkonstante, in der Elastizitätsmodul und Querkontraktionszahl berücksichtigt werden. c_k ist ein Krümmungsfaktor, der die Geometrieverhältnisse von Spindel und Mutter enthält. Aus dieser Gleichung ergibt sich ein Verspannungsdiagramm (Bild 2.32). Man erkennt darin, daß bei axialer Belastung die Steifigkeit der zusätzlich zur Vorspannung belasteten Mutter stärker zunimmt, als die Steifigkeit der entlasteten Mutter abnimmt. Aus Gleichung 2.94 läßt sich für eine symmetrische Doppelmutter ableiten, daß eine maximale Axiallast bis etwa dem 2,5-fachen der Vorspannkraft aufgebracht werden kann ohne daß die Spielfreiheit des Kugelgewindetriebs gefährdet wird.

Eine Recherche bei mehreren Herstellern ergab, daß die zur Berechnung des Lastwinkels β und des Krümmungsfaktors c_k nötigen Geometriedaten, beispielsweise die Hauptkrümmungsradien der beiden sich berührenden Körper, nicht unmittelbar in Erfahrung gebracht werden können. Als einzige diesbezüglich vorliegende Daten werden ein Steifigkeitsfaktor f_i und der Kugeldurchmesser angegeben /20/. Die axiale Steifigkeit vorgespannter Doppelmuttern im Kugelbereich ergibt sich daraus zu:

$$c_K = f_i \sqrt[3]{F_{ax} \cdot i_M^2} \tag{2.97}$$

f_i = Steifigkeitsfaktor

F_{ax} = Axialkraft

i_M = Anzahl der Kugelumläufe einer Einzelmutter

Bei gleichen relevanten Abmessungen (Spindeldurchmesser, Kugeldurchmesser, Steigung) beträgt die Abweichung von f_i bei unterschiedlichen Herstellern zwischen 3 und 12%. Nach /88/ ist ohnehin eine Angabe von Steifigkeitswerten nur bei den Genauigkeitsklassen 5 und 10 (DIN 69051 Teil 3) sinnvoll. Darüber hinaus ist mit Abweichungen von 30% und mehr zu rechnen.

Die Axialsteifigkeit ist nach dieser Formel (2.97) durch eine starke Nichtlinearität gekennzeichnet und nimmt mit zunehmender Axialkraft ebenfalls zu.

Aus dieser axialen Steifigkeit können jetzt Steifigkeitswerte in anderen Richtungen abgeleitet werden. Dazu muß die Steifigkeit der Einzelkugeln herangezogen werden. Bild 2.33 zeigt die Kräfteverhältnisse für eine Kugel. Für eine Doppelmutter werden die Kugeln zweckmäßigerweise immer paarweise betrachtet. Dann ergibt sich eine axiale Steifigkeit des Kugelpaares c_{ax} aus der Gesamtmutteraxialsteifigkeit c_K durch Division durch die Anzahl der Kugelpaare.

$$c_{ax} = \frac{c_K}{n_{kp}} \qquad (2.98)$$

Daraus läßt sich zunächst die radiale Steifigkeit einer Einzelrille und durch einfache Multiplikation mit der Anzahl der Rillen, die radiale Gesamtmuttersteifigkeit ermitteln.

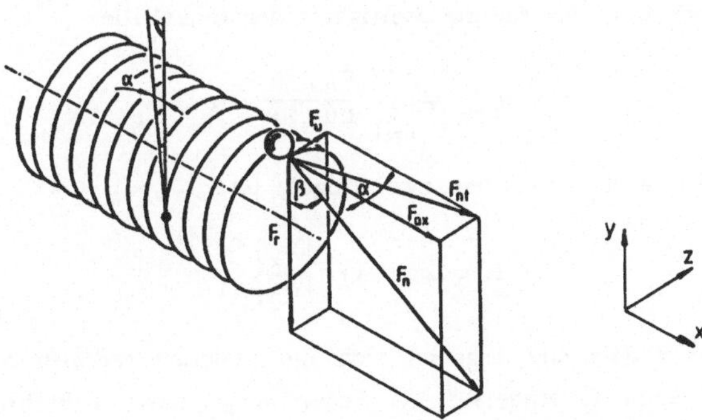

Bild 2.33: Kräfte an der einzelnen Kugel des Gewindetriebs

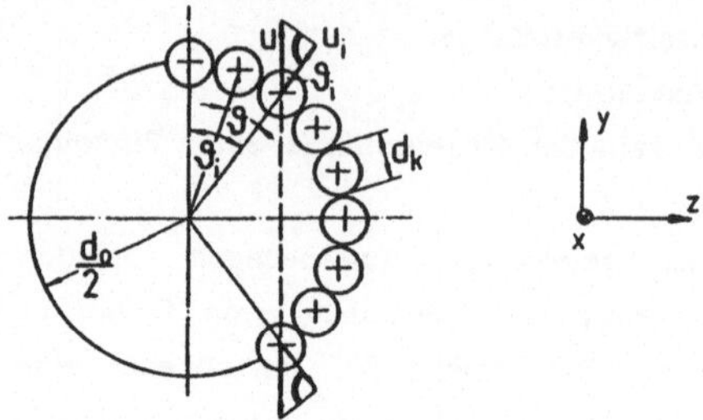

Bild 2.34: Radiale Verschiebung der Kugeln

Bild 2.34 zeigt die Anteile der Radialverschiebung der einzelnen Kugeln bei Auftreten einer Spindelverschiebung. Die Verschiebung der Einzelkugel ergibt sich zu:

$$u_i = u \cdot \cos\vartheta_i \tag{2.99}$$

Für die Radialkräfte gilt nach Bild 2.33, wobei immer noch Kugelpaare betrachtet werden können:

$$F_{ri} = \frac{c_{ax}}{\cos^2\alpha} \cdot u \cdot \cos\vartheta_i \tag{2.100}$$

Als Anteil in u-Richtung ergibt sich

$$F_{riu} = \frac{c_{ax}}{\cos^2\alpha} \cdot u \cdot \cos^2\vartheta_i \tag{2.101}$$

und mit $c = \frac{F}{u}$ folgt als radiale Steifigkeit der Einzelrille

$$c_{rad} = \sum_{i=1}^{n/2} \frac{c_{ax}}{\cos^2\alpha} \cdot \cos^2\vartheta_i \tag{2.102}$$

wobei ϑ der Winkel zwischen zwei Kugeln ist.

$$\vartheta = 2\arcsin\left(\frac{d_k}{d_0}\right) \tag{2.103}$$

In y- und z-Richtung ergeben sich die gleichen radialen Steifigkeiten. Nimmt man nun jeden Gewindelauf als Feder in y- bzw. z-Richtung an, so ergeben sich für den Kugelgewindetrieb folgende Verhältnisse (Bild 2.35).

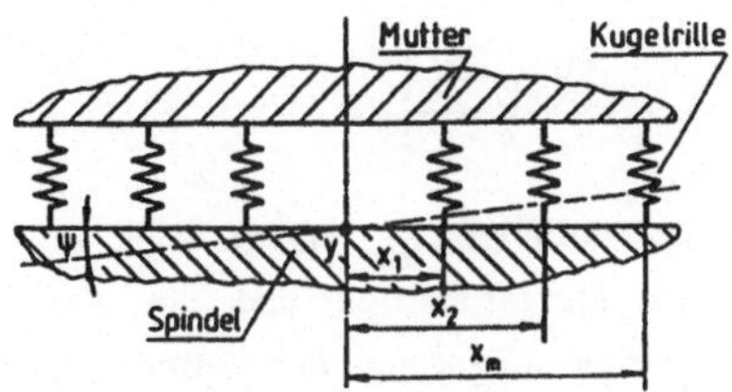

Bild 2.35: Modell zur Berechnung der Kippsteifigkeit einer Doppelmutter

Über die Abstände der Einzelrillen von der geometrischen Mitte läßt sich dann eine Kippsteifigkeit berechnen, die wieder für Kippen um z und y gleich ist.

$$c_{\varphi} = c_{\psi} = 2c_{rad} \cdot \sum_{i=1}^{m} x_i^2 \qquad (2.104)$$

Auf diese Weise läßt sich noch eine Torsionssteifigkeit ableiten. Damit kann die Steifigkeit der Mutter im Kugelbereich ausreichend beschrieben werden. Für das Gesamtnachgiebigkeitsverhalten ist aber noch die Mutter selbst, ihre Befestigung, die Torsionssteifigkeit und die Axialsteifigkeit der Spindel sowie die Lagerung der Spindel mit zu berücksichtigen. Als Axiallager werden meist Zylinderrollenlager verwendet, da deren Steifigkeit im verwendeten Durchmesserbereich 3 bis 6 mal höher liegt als die axiale Steifigkeit von Rillenkugellagern. Die Axiallagerung muß geeignet verspannt werden, damit Vorschubkräfte keine völlige Entlastung verursachen können, womit Steifigkeitsverluste verbunden wären. In manchen Fällen ist zusätzlich die Berücksichtigung der Lagerumbauteile erforderlich.

Die Steifigkeit der Spindel kann durch ihre Betrachtung als zylindrischer Körper abgeschätzt werden. Nach dem Hooke'schen Gesetz gilt für die Dehnung einer Welle nach /43/

$$\Delta l = \frac{F \cdot L}{E \cdot A} \qquad (2.105)$$

Damit ergibt sich als Federkonstante c eines Stabes:

$$c_{sp} = \frac{F}{\Delta l} = \frac{E \cdot A}{l_{sp}} \qquad (2.106)$$

Zur Berechnung des Querschnitts kann beispielsweise der Mittelwert aus Spindelaußen- D_s und Spindelkerndurchmesser D_{sk} herangezogen werden:

$$A = \frac{\pi}{4} \cdot \left(\frac{D_{sk} + D_s}{2} \right)^2 \tag{2.107}$$

Die zu berücksichtigende Spindellänge l_{sp} ergibt sich aus dem Kraftfluß. Zur Festlegung von l_{sp} muß die Mutterposition und die Axiallagerung berücksichtigt werden, für die einseitige Lagerung der Spindel beispielsweise der Weg vom Axiallager bis zum Muttermittelpunkt.

Die Torsionssteifigkeit ergibt sich analog zu:

$$c_T = \frac{G \cdot J_p}{l_{spt}} \tag{2.108}$$

Mit dem wieder gemittelten Durchmesser folgt:

$$c_T = \frac{G \cdot \pi}{l_{spt} \cdot 32} \cdot \left(\frac{D_{sk} + D_s}{2} \right)^4 \tag{2.109}$$

Die abgegriffene Spindellänge l_{spT} ergibt sich aus den An- und Abtriebspunkten des Momentes, also beispielsweise Mittelpunkt einer auf der Spindel sitzenden Zahnscheibe und der Muttermitte. Da die Spindellänge im Nenner auftritt, ist die Spindelsteifigkeit eine vom Weg abhängige nichtlineare Größe. Für kleine Abweichungen ist aber eine Linearisierung am Arbeitspunkt zulässig. Bei Betrachtung der Spindel über größere Tischwege ergeben sich aus der gleichen Tatsache unterschiedliche Steifigkeiten, die berücksichtigt werden müssen.

Zur Steifigkeit der Spindelmutter tragen mehrere Bauteile bei, wie Schraubverbindungen, Vorspannglied, Mutterkörper etc. Eine geeignete Abschätzung für die Mutter selbst erscheint die Berechnung einer Steifigkeit des Mutterkörpers entsprechend der Berechnung von Hohlwellen.

$$c_M = \frac{\pi}{4} \cdot \frac{E}{l} \cdot (D_a^2 - D_i^2) \tag{2.110}$$

Auch hier ergibt sich die Länge l wieder je nach Verlauf der Kräfte. Gegebenenfalls muß noch die Steifigkeit der Verbindung Mutter-Tisch berücksichtigt werden. Durch die getroffenen Annahmen und Vereinfachungen ist es möglich, alle wesentlichen Kenndaten zur Berücksichtigung der dynamischen Eigenschaften des Kugelgewindetriebs aus gängigen Herstellerangaben zu ermitteln, wodurch die praktische Anwendbarkeit gegeben ist.

2.2.3 Führungen

Führungen dienen der Begrenzung der Freiheitsgrade eines Körpers auf einen translatorischen, einen rotatorischen oder eine Kombination von beiden Freiheitsgeraden. An NC-Maschinen findet man im allgemeinen Führungen mit Paarung ebener Flächen, die nur einen translatorischen Freiheitsgrad erlauben. Dabei muß die Bewegung während der Bearbeitung möglich sein, d.h. die Bearbeitungskräfte dürfen die Beweglichkeit nicht beeinträchtigen. Aufgrund der Anforderungen finden folgende drei Führungsarten die meiste Verwendung: Wälzführungen, hydrostatische und hydrodynamische Gleitführungen. Bei Wälzführungen erfolgt die Kraftübertragung durch Rollreibung. Dadurch ergeben sich sehr niedrige Reibkoeffizienten, vernachlässigbares Stick-Slip-Verhalten und geringe Dämpfungen. Wälzkörperführungen bauen typischerweise relativ groß und gelten als nicht besonders steif. Die Flächenpressung der Führungsbahnen ist erheblich, ihre Abnutzung jedoch minimal. Der Einsatz dieser Führungen ist auf spezielle Anwendungen beschränkt, genauso wie der hydrostatischer Führungen. Auch bei diesen tritt kein Stick-Slip-Effekt auf, da die Führungsbahnen durch einen ständigen Ölfilm getrennt sind. Deswegen werden die Reibverhältnisse durch die Gesetze der Flüssigkeitsreibung bestimmt. Diese Führungen sind nicht nur aufwendig zu fertigen, sondern bedürfen auch einer ständigen Wartung.

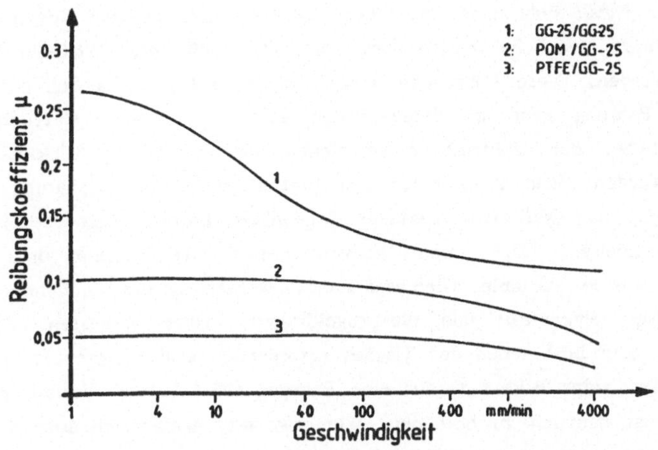

Bild 2.36: Reibkoeffizienten bei unterschiedlicher Werkstoffpaarung in Abhängigkeit der Geschwindigkeit (nach /6,13/)

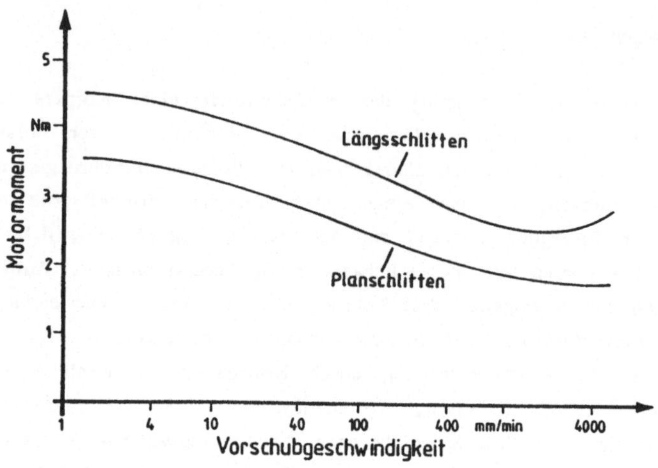

Bild 2.37: Gemessene Reibmomente am NC-Drehmaschinentisch bei unterschiedlichen Verfahrgeschwindigkeiten (Werkstoffpaarung GG/GG)

Am häufigsten verwendet werden deswegen hydrodynamische Führungen. Bei dieser Führung kommt es sowohl zu einer Festkörper- als auch zu einer Flüssigkeitsreibung. Ihre Eigenschaften werden deswegen von der gewählten Werkstoffpaarung, der Bearbeitung der Werkstoffoberfläche und vom Schmiermittel geprägt. Diese Führungen unterliegen generell dem größten Verschleiß. Da im allgemeinen deutliche Haftreibung auftritt, muß mit Stick-Slip-Effekten gerechnet werden. Diese Führungen wurden in /6,13,14/ ausführlich untersucht. Durch die Paarung kann in vielen Fällen eine nennenswerte Überhöhung der Haft- gegenüber der Gleitreibung vermieden und damit der Stick-Slip-Effekt eliminiert werden. Bild 2.36 zeigt den Einfluß der Werkstoffpaarung auf das Reibungsverhalten. Qualitativ ähnliche Ergebnisse liefern folgende Messungen an Versuchsobjekten: Mit einem konventionellen Gleichstrommotor, gespeist durch eine ideale variable Gleichspannung, werden unterschiedliche Tischgeschwindigkeiten eingestellt und die zugehörigen Ströme gemessen. Auch die Ströme, die zum Losbrechen des Tisches erforderlich sind, werden festgehalten. Die Ergebnisse zeigt Bild 2.37 für eine Paarung GG/GG. Der Verlauf der Stribeck-Kurve ist deutlich zu erkennen. Wie erwartet, ergibt sich auch das Reibkraftminimum bei einer Vorschubgeschwindigkeit von etwa 3 m/min. Die aufgetragenen Reibmomente enthalten natürlich auch die Reibung der Lager und der Gewindespindel, wobei es sich um geringe Anteile handeln dürfte, da dort ja Wälzreibung vorliegt. Die Motorreibung (Bürsten und Lager) kann in einem Leerlaufversuch ermittelt und abgezogen werden. Die Umrechnung Strom-Moment erfolgt über die gegebene Motorkonstante.

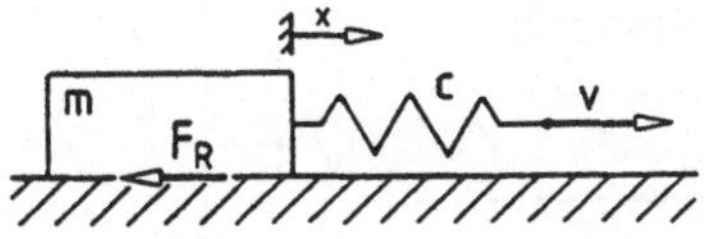

Bild 2.38: Modell für einen Tischreibungsansatz

Die gravierendsten Auswirkungen durch dieses Verhalten entstehen durch die Unstetigkeiten bei Geschwindigkeitsumkehr. In Bereichen negativer Steigungen der Reibkraftkurve ergeben sich auf das Gesamtsystem entdämpfend wirkende Einflüsse. In der Literatur /14,77/ finden sich eine Reihe von Ansätzen, dieses Reibungsverhalten von Führungen mit Hilfe von Differentialgleichungen etwa der Art zu beschreiben (Bild 2.38):

$$m \cdot \ddot{x} + F_R + c \cdot x = c \cdot v \cdot t \qquad (2.111)$$

Die Problematik dieses Ansatzes steckt vorallem in den formel- und zahlenmäßigen Angaben für F_R. Eine stark vereinfachte Beschreibung für F_R lautet:

$$F_R = |F_R| \cdot \mathrm{sign}(\dot{x}) \qquad (2.112)$$

wobei F_R ein geeigneter Reibungsmittelwert ist. Das Verhalten an der Stelle 0 muß auch hier gesondert betrachtet werden. Einen besonders gravierenden Einfluß üben diese Nichtlinearitäten zusammen mit den elastischen Gliedern aus. Damit der in Bild 2.39 dargestellte Körper sich überhaupt fortbewegen kann, muß eine Kraft F, die größer oder gleich der Haftreibung ist, angreifen. Erfolgt die Übertragung durch eine elastische Feder, so wird diese dabei um den Weg $\Delta\varepsilon$ verformt. Bei umgekehrter Kraftrichtung dreht sich auch das Vorzeichen der Reibkraft um. Die Feder muß also vom Nullpunkt ausgehend erst um den gleichen Betrag $\Delta\varepsilon$ durch die Kraft F gedehnt werden, bevor die Masse bewegt wird. Insgesamt ergibt sich dadurch in der Feder eine elastische Umkehrspanne $u = 2\Delta\varepsilon$. An einer numerisch gesteuerten Maschine ist dieser Effekt umso schwerer zu beschreiben, je komplizierter die Reibverhältnisse sind und je bedeutender die Nichtlinearitäten der Steifigkeit einzelner Bauteile zum Tragen kommen.

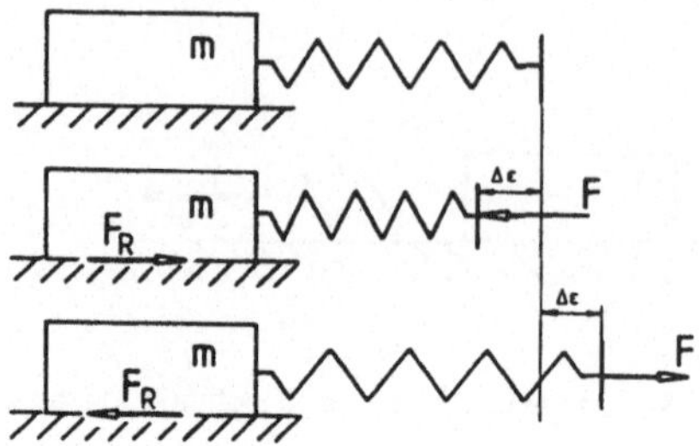

Bild 2.39: Zustandekommen einer elastischen Umkehrspanne

Um die Richtigkeit dieses Ansatzes zu überprüfen, ist die elastische Umkehrspanne einer NC-Drehmaschine errechnet worden. Diese Maschine ist mit einem indirekten Lagemeßgeber auf der Motorwelle ausgerüstet. Positioniergenauigkeitsmessungen nach VDI 3441 haben Umkehrspannen zwischen 25 und 28 µm für die betrachtete Achse ergeben. Von dieser Achse ist der Reibmomentenverlauf durch eine Motorstrommessung bestimmt worden (Bild 2.37). Für die dominanten Bauteile (Zahnriemen, Spindellagerung, Spindel, Kugelmutterbereich) können die Steifigkeiten rechnerisch ermittelt und danach über eine, dem Motormoment der unbelasteten Maschine bei niedrigen Geschwindigkeiten entsprechende Axialkraft, die Gesamtdehnung der Bauteile bezogen auf den Tischweg errechnet werden.

$$\varepsilon = \frac{2 \cdot \pi \cdot i \cdot M_M}{h \cdot c_{ges}} \qquad (2.113)$$

Die so analytisch ermittelte Umkehrspanne ergab sich zu 27,4 µm. Dieses Ergebnis kann im Umkehrschluß als ein Beweis für eine gute Abschätzung der Steifigkeiten gewertet werden. Die Größe des Wertes unterstreicht die Bedeutung dieser durch die Nichtlinearität der Reibung hervorgerufenen elastischen Umkehrspanne. An der Versuchsmaschine kann diese Umkehrspanne durch Parametereingabe an der Steuerung teilweise kompensiert werden.

3 Modellbildung elektrischer Vorschubantriebe

Wie bereits einleitend erwähnt, erfolgt die Auslegung und Optimierung des dynamischen Verhaltens der elektrischen und mechanischen Komponenten von Vorschubantrieben heute ausschließlich nach den Erfahrungen aus dem praktischen Betrieb. Dieses Verfahren setzt den Bau eines Prototyps voraus, mit dem Nachteil größeren zeitlichen und finanziellen Aufwands, was vor allem bei kleinen Stückzahlen kaum wirtschaftlich sein kann. Wie später noch gezeigt wird, stellt die meßtechnische Schwachstellenanalyse von Vorschubantrieben eine keineswegs triviale Aufgabe dar. Viele Bauteile sind an der Maschine für Messungen nicht zugänglich, wodurch die Zuordnung von Eigenschaften an einzelnen Bauteilen mindestens erschwert, wenn nicht sogar unmöglich gemacht wird. Um derartige Schwierigkeiten zu umgehen, werden in dieser Arbeit Strategien zur Modellbildung und Rechenprogramme zu deren Auswertung entwickelt, mit denen es bereits in der Entwurfphase möglich ist, Schwachstellen im elektrischen und mechanischen Teil von Antriebsstrukturen zu erkennen, wodurch entsprechende konstruktive Änderungen rechtzeitig und kostengünstig ergriffen werden können. Eine sorgfältige Antriebsanalyse wird ständig notwendiger, wenn die hohe Dynamik der unter 2.1 besprochenen Antriebe trotz der Nachgiebigkeit der Mechanik ausgenutzt werden soll.

Die besondere Problematik liegt in der Komplexität der gleichzeitigen Beschreibung elektrischer und mechanischer Größen, die nicht ohne weiteres durch ein einheitliches Verfahren erfolgreich durchgeführt werden kann. Gerade auch die Verwendung neuer Regelstrategien zur optimalen Ausnutzung der elektrischen Antriebe setzt eine besonders gute Kenntnis der dynamischen Eigenschaften, auch der Mechanik, voraus.

Bei der Modellbildung muß vor allem unterschieden werden zwischen dem Verhalten um einen Arbeitspunkt, was in der Regelungstechnik als Kleinsignalverhalten beschrieben wird, und dem Verhalten bei Durchfahren des möglichen gesamten Arbeitsbereichs, dem Großsignalverhalten. Das Kleinsignalverhalten dient der Beschreibung des Betriebsverhaltens während eines bahngesteuerten Bearbeitungsvorganges. Dabei können in technisch sinnvoller Weise nichtlineare Glieder durch linearisierte Glieder weitgehend ersetzt werden. Beispielsweise wird bei der NC-Maschine während der Bearbeitung vermieden, die Begrenzungen des elektrischen Antriebs zu erreichen. Bei kleinen Verfahrwegen spielt auch die Steifigkeitsänderung zum Beispiel durch die Änderung der belasteten Spindellänge keine Rolle. Nicht linearisieren läßt sich das Kleinsignalverhalten um den Geschwindigkeitsnullpunkt. Hier wirkt sich in erster Linie das nichtlineare Verhalten der Reibung gravierend aus. Zusätzlich müssen noch nichtlineare Steifigkeitsverhältnisse mit berücksichtigt werden.

Damit lassen sich unterschiedliche Aufgabenstellungen zur Simulation von Vorschubantrieben ableiten:

- Beschreibung der bearbeitenden Maschine mit Ausnahme vom Nullpunkt durch Betrachtung des linearisierten Kleinsignalverhaltens um einen Arbeitspunkt,
- Beschreibung der Maschine bei Ausnutzung ihrer Leistungsgrenzen, z.B. eines Positioniervorgangs mit Eilganggeschwindigkeit, durch Berücksichtigung von nichtlinearen Zusammenhängen.

3.1 Numerische Verfahren zur Berechnung der Eigenschaften von Vorschubantrieben

Für die Gewinnung von qualitativen und quantitativen Aussagen über das stationäre und dynamische Verhalten von neu zu entwickelnden Antriebsstrukturen wurden drei verschiedene Verfahren entwickelt und entsprechende Rechenprogramme geschaffen:

Kriterium \ Programm		VORANF	VORANZ	CSMP	RESI	VASDY
Verwendung		Bode-Diagramm: $\dot{\underline{x}} = \underline{A}\underline{x}+\underline{B}\underline{u}$ $\underline{y} = \underline{C}\underline{x}+\underline{D}\underline{u}$ im Frequenzber.	Lösung von $\dot{\underline{x}} = \underline{A}\underline{x}+\underline{B}\underline{u}$ $\underline{y} = \underline{C}\underline{x}$ im Zeitbereich	Berechnung dynamischer Prozesse im Zeitbereich	Berechnung dynamischer Prozesse im Zeitbereich	Finite-Elemente-Methode mit sechs Freiheitsgraden je Knotenpunkt
Systeme	linear	ja	ja	ja	ja	ja
	nichtlinear	nein	nein	ja	ja	nein
graphische Ausgabe		ja	ja	ja	ja	in Entwicklung
Diskretisierungsaufwand		sehr hoch	sehr hoch	hoch	hoch	hoch
numerische Stabilität		gut	gut	gut	befriedigend	gut
Rechenzeiten		niedrig - hoch	niedrig - hoch	niedrig - hoch	extrem hoch	hoch
Rechenanlage		CYBER 175	CYBER 175	AMDAHL 470/V6	PDP 11	CYBER 175

Bild 3.1: Eigenschaften der Simulationsprogramme

- Analyse eines linearen oder linearisierten zeitinvarianten Systems ausgehend von der Zustandsvariablendarstellung im Zeitbereich oder im Frequenzbereich (VORANZ, VORANF),
- Simulation linearer und nichtlinearer Systeme im Zeitbereich (CSMP, RESI),
- Berechnung des Eigenschwingungsverhaltens mechanischer Vorschubsysteme (VASDY).

Bild 3.1 zeigt eine Übersicht über die einzelnen Programme und ihre Verwendbarkeit.

3.1.1 Berechnung linearer zeitinvarianter Systeme im Zeit und Frequenzbereich

Bei diesem Programm handelt es sich um ein FORTRAN-Programm zur Analyse linearer zeitinvarianter Vorschub-Antriebsprobleme im Zeit oder Frequenzbereich (VORANZ, VORANF). Sie wurden aus bereits für andere Anwendungen konzipierten Programmen, die am Leibniz-Rechenzentrum implementiert waren, entwickelt.

Voraussetzung für die Anwendung der beiden Programme ist die Existenz des linearen Systems in Form einer Zustandsvariablen-Darstellung.

$$\underline{\dot{x}} = \underline{\underline{A}} \cdot \underline{x} + \underline{\underline{B}} \cdot \underline{u} \tag{3.1}$$

$$\underline{y} = \underline{\underline{C}} \cdot \underline{x} + \underline{\underline{D}} \cdot \underline{u} \tag{3.2}$$

Dabei sind:

$\underline{\underline{A}}$ Systemmatrix | $\underline{\underline{B}}$ Steuermatrix

$\underline{\underline{C}}$ Beobachtungsmatrix | $\underline{\underline{D}}$ Durchschaltmatrix

Im Programm VORANZ erfolgt zunächst die Lösung des Differentialgleichungssystems erster Ordnung durch ein Runge-Kutta-Verner-Verfahren fünfter und sechster Ordnung. Ist durch dieses Verfahren die Lösung des Differentialgleichungssystems gefunden, so muß sie noch in die Ausgangsgleichung eingesetzt werden. Als Systemanregung sind Sprung-, Rampen- und Sinusfunktionen vorgesehen. Die Ausgabe des Ergebnisses über der Zeit kann in numerischer Form, als Druckerplott oder Plott erfolgen. Dabei ist die Darstellung der Reaktion auf unterschiedliche Anregung und auch die Reaktion auf Strukturänderungen in einem Bild möglich, was die Transparenz der Ergebnisse wesentlich verbessert.

Die Anwendung der Laplace-Transformation auf das Zustandsgleichungssystem schafft den Übergang in den Frequenzbereich. Da eine Matrix elementweise laplacetransformiert wird, erhält man durch Anwendung der entsprechenden Regeln der Laplacetransformation folgendes Gleichungssystem:

$$\underline{x}(s) = (s\underline{\underline{E}}-\underline{\underline{A}})^{-1}\cdot\underline{\underline{B}}\cdot\underline{u}(s) \tag{3.3}$$

$$\underline{y}(s) = \underline{\underline{C}}\cdot\underline{x}(s)+\underline{\underline{D}}\cdot\underline{u}(s) \tag{3.4}$$

Eingesetzt ergibt sich

$$\underline{y}(s) = [\underline{\underline{C}}\cdot(s\underline{\underline{E}}-\underline{\underline{A}})^{-1}\cdot\underline{\underline{B}}+\underline{\underline{D}}]\cdot\underline{u}(s) \tag{3.5}$$

$$\underline{\underline{F}}(s) = \underline{\underline{C}}\cdot(s\underline{\underline{E}}-\underline{\underline{A}})^{-1}\cdot\underline{\underline{B}}+\underline{\underline{D}} \tag{3.6}$$

$\underline{\underline{F}}(s)$ ist die sogenannte Übertragungsmatrix, deren Koeffizienten Polynome in s sind. Damit läßt sich abgekürzt schreiben:

$$\underline{y}(s) = \underline{\underline{F}}(s)\cdot\underline{u}(s) \tag{3.7}$$

Bei einem System mit einer einzigen Ein- und Ausgangsgröße geht die Übertragungsfunktionsmatrix $\underline{\underline{F}}(s)$ in die Übertragungsfunktion über:

$$F(s) = \underline{C}^{T}(s\underline{\underline{E}}-\underline{\underline{A}})^{-1}\cdot\underline{B}+D \tag{3.8}$$

Voraussetzung für diese Berechnung ist, daß die Inverse zu $(s\underline{\underline{E}}-\underline{\underline{A}})$ existiert, was erfüllt ist, wenn gilt: $\det(s\underline{\underline{E}}-\underline{\underline{A}}) \neq 0$. Die Berechnung der Inversen von $(s\underline{\underline{E}}-\underline{\underline{A}})$ stellt ein numerisch diffiziles Problem dar, zu dessen Lösung der Algorithmus von Le Verrier herangezogen wird /40/. Es gilt:

$$(s\underline{\underline{E}}-\underline{\underline{A}})^{-1} = \frac{\underline{\underline{P}}_{ik}(s)}{\det(s\underline{\underline{E}}-\underline{\underline{A}})} \tag{3.9}$$

Hierbei ist die Determinante ein Polynom n-ten Grades in s. Setzt man es gleich Null, so erhält man die sog. charakteristische Gleichung der Systemmatrix $\underline{\underline{A}}$. Ihre Nullstellen nennt man die Eigenwerte von $\underline{\underline{A}}$.

$$\det(s\underline{\underline{E}}-\underline{\underline{A}})= b_0+b_1 s+b_2 s^2+\ldots+b_n s^n \tag{3.10}$$

wobei b_i, $i = 0,1,\ldots,n$ konstante Koeffizienten von $\det(s\underline{\underline{E}}-\underline{\underline{A}})$ sind. $\underline{\underline{P}}_{ik}$ ist eine Matrix, deren Koeffizienten Polynome in s sind. Diese Polynomkoeffizienten werden nach einer Rekursionsformel errechnet. Das Verfahren ist sehr sensibel gegen numerische Auslöschung. Betroffen davon sind vor allem die Polynomkoeffizienten mit hohen Exponenten. Probleme ergeben sich bei Lageregelkreisen höherer Ordnung oder bei einzelnen, weit auseinanderliegenden Eigenwerten, wie sie sich durch stark unterschiedliche elektrische und mechanische Zeitkonstanten ergeben können. In Ermangelung geeigneter anderer Algorithmen zur Berechnung der inversen Matrix von $(s\underline{\underline{E}}-\underline{\underline{A}})$ wird diese Berechnung in doppelter Genauigkeit ausgeführt. Die Lösung von realen Systemen 20. Ordnung ist damit durchwegs möglich. Entsprechend eingesetzt und umgeformt ergibt sich dann:

$$F(s) = \frac{\underline{C}^T \cdot \underline{\underline{P}}_{ik}(s) \cdot \underline{B} + D \cdot \det(s\underline{\underline{E}}-\underline{\underline{A}})}{\det(s\underline{\underline{E}}-\underline{\underline{A}})} \qquad (3.11)$$

Diese Gleichung läßt sich jetzt auch schreiben zu:

$$F(s) = \frac{a_0+a_1s+a_2s^2+\ldots a_m s^m}{b_0+b_1s+b_2s^2+\ldots b_n s^n} \qquad \text{mit } m \leq n \qquad (3.12)$$

Neben der Ausgabe der Eigenwerte des Systems, die nicht von der Gefahr der numerischen Instabilität betroffen sind, erfolgt die numerische und grafische Darstellung des Frequenzgangs in Form von Amplituden- und Phasengang des Systems.

3.1.2 Digitale Simulationsverfahren

Der Vorteil dieser Programme ist die Möglichkeit zur direkten Übernahme von Daten aus dem Blockschaltplan. Ziel dieser Programme ist die digitale und damit zeitdiskrete Simulation kontinuierlicher Prozesse, die sowohl linear als auch nichtlinear sein dürfen. Eine Gegenüberstellung dieser Technik mit früheren zeitkontinuierlichen Verfahren am Analogrechner ist in /36/ zu finden. Dabei wird vor allem auf die schwierige Handhabung, Probleme beim Normieren und Skalieren und eine schlechtere Reproduzierbarkeit von Simulationsläufen am Analogrechner verwiesen.

Naturgemäß liefern digitale Simulationsprogramme eine gute Reproduzierbarkeit und verfügen auch über eine übersichtliche Eingabeform. Allerdings sollte der

Benutzer bei Systemen von der Komplexität von Lageregelkreisen mit Nichtlinearitäten nicht völlig ohne Kenntnis der numerischen Probleme eines solchen Simulationsprogrammes arbeiten, da sich sonst sehr schnell Fehlinterpretationen der Ergebnisse ergeben können. Beide hier eingesetzten Programme erlauben die Aufbereitung des Simulationsprogramms direkt aus dem Blockschaltbild oder äquivalenter einfacher Differentialgleichungen ohne allzu spezielle Programmierkenntnisse zu verlangen. Während das regelungstechnische Simulationsprogramm RESI ein selbstentwickeltes FORTRAN-Paket ist, das den Benutzer durch die Bereitstellung von 12 Funktionsblöcken speziell bei antriebstechnischen Problemlösungen unterstützt, handelt es sich bei dem Continous System Modeling Program CSMP/S 360 um ein weitverbreitetes Simulationsprogramm, das insgesamt 34 Funktionsblöcke enthält. Beide Programme lassen die Verwendung von FORTRAN-Ausdrücken zu, womit dem Benützer die Möglichkeiten gegeben werden, nichtlineare und zeitvariante Probleme beachtlicher Komplexität zu behandeln.

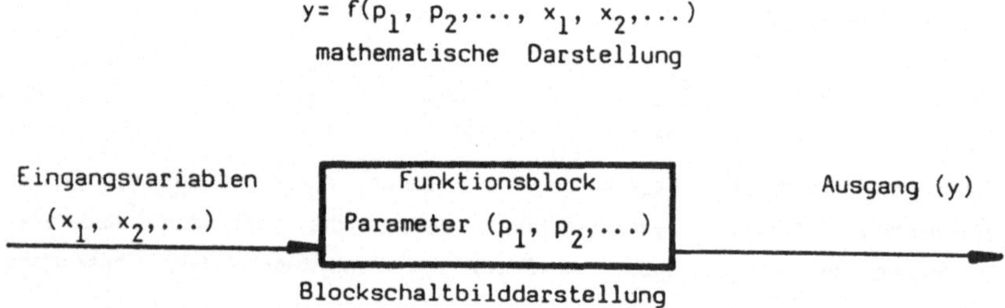

Bild 3.2: Handhabung digitaler Simulationsprogramme

Die grundsätzliche Handhabung dieser Programme gibt Bild 3.2 wieder. Ist das Problem in eine entsprechende Blockschaltbilddarstellung gebracht und liegen die Systemparameter vor, bzw. ist die mathematische Darstellung bekannt, dann läßt sich das Ausgangssignal durch einen Funktionsblock mit entsprechenden Parametern und durch das Eingangssignal beschreiben. Für den Funktionsblock muß die entsprechende Anweisung aus der Liste der Funktionsblöcke gesucht werden. Bei der Modellbildung sollte darauf geachtet werden, daß eventuell durch entsprechende Umstellung im Blockschaltbild Differentiationen vermieden werden, da die von den Programmen verwendeten Differenzierverfahren durch die numerische Auslöschung von Dezimalen betroffen werden können. Ganz generell gilt, daß numerisches Differenzieren nicht unproblematisch ist.

Von entscheidender Bedeutung für eine ökonomische Nutzung der Programme ist die sinnvolle Wahl der Integrationsschrittweite, was gleichbedeutend einer Abtastzeit Δt ist. Dazu muß das zur Anwendung kommende Integrationsverfahren bekannt sein. Während RESI nur Integrationsverfahren mit fester Schrittweite besitzt, kann der Benutzer des CSMP-Programms zwischen fünf Verfahren mit fester Schrittweite und zwei Verfahren mit variabler Schrittweite wählen. Für feste Schrittweiten kann der optimale Wert nur durch systematisches Probieren festgestellt werden. Dabei müssen Rechenzeiten und Genauigkeit gegeneinander abgewogen werden. Ein Anhaltswert kann 1/500 der kleinsten Zeitkonstante sein. Bei den Verfahren mit variabler Schrittweite (Runge-Kutta 4. Ordnung, Milne-Prädiktor-Korrektor-Verfahren 5. Ordnung) haben sich Werte von ca. 1/10 der kleinsten Zeitkonstante als ausreichend erwiesen. Bei diesen Verfahren wird das Integrationsintervall während der Ausführung unter Programmkontrolle nach Bedarf variiert. Dazu besitzen beide Prozeduren die Möglichkeit der Abschätzung des Integrationsfehlers, der mit einem vom Benutzer frei wählbaren absoluten Fehler verglichen wird. Besonders rechenzeitintensiv wirken sich Nichtlinearitäten im System aus. Wie später (Kap.: 3.4) noch festgestellt werden kann, wird auch das digitale Simulationsverfahren bei detaillierter Modellbildung sehr unübersichtlich.

Als Ergebnis erhält man die Reaktion des simulierten Systems auf ein beliebiges vorgegebenes Eingangssignal als zeitlichen Verlauf einer oder mehrerer Ausgangsgrößen. Zur Schwachstellenanalyse mit diesem Verfahren werden zweckmäßigerweise Parametervariationen herangezogen.

3.1.3 Berechnung des mechanischen Eigenschwingungsverhaltens

Das vollständige Differentialgleichungssystem zur Berechnung der Eigenfrequenzen von Mehrmassenschwingern und ihrer erzwungenen Schwingungen lautet:

$$\underline{\underline{M}}\cdot\ddot{\underline{x}}+\underline{\underline{D}}\cdot\dot{\underline{x}}+\underline{\underline{C}}\cdot\underline{x} = \underline{F}(t) \tag{3.13}$$

$\underline{\underline{M}}$ = Massenmatrix
$\underline{\underline{D}}$ = Dämpfungsmatrix
$\underline{\underline{C}}$ = Steifigkeitsmatrix
$\underline{F}(t)$ = Anregungsvektor

$\underline{F}(t)$ beschreibt die äußere Kraft einer erzwungenen Schwingung. Bei Vorschubantrieben kann die Erregung sowohl von außen als auch von innen, beispielsweise durch Inhomogenitäten des Zahnriemens, erfolgen. Als Lösung dieser Gleichungen ergeben sich Absolutamplituden, wobei jedoch die Kenntnis aller Massensteifigkeiten, Dämpfungen und Erregerkräfte Voraussetzung ist. Bei der Betrachtung freier Schwingungen ohne Fremderregung tritt keine äußere Kraft auf, so daß $\underline{F}(t) = 0$ gesetzt werden kann.

Die frei ungedämpften Schwingungen dieses linearen Systems beschreibt die Differentialgleichung:

$$\underline{\underline{M}}\cdot\ddot{\underline{x}}+\underline{\underline{C}}\cdot\underline{x} = 0 \tag{3.14}$$

Als Lösung des Eigenwertproblems erhält man die Modalmatrix $\underline{\underline{X}}$, die aus den Eigenvektoren $\underline{x}_i$, $i = 1,2,\ldots,n$ besteht und die korrespondierende Spektralmatrix $\underline{\underline{S}}$ mit den Eigenwerten $\lambda_i = \omega_i^2$ des Systems. Die Modalmatrix wird zweckmäßigerweise so normiert, daß eine der folgenden Vorschriften erfüllt wird:

$$\underline{\underline{X}}^T\cdot\underline{\underline{M}}\cdot\underline{\underline{X}} = \underline{\underline{E}} \qquad \text{Massennormierung} \tag{3.15}$$

$$\underline{\underline{X}}^T\cdot\underline{\underline{C}}\cdot\underline{\underline{X}} = \underline{\underline{E}} \qquad \text{Steifigkeitsnormierung} \tag{3.16}$$

Die so normierten Modalmatrizen $\underline{\underline{X}}$ unterscheiden sich deutlich voneinander, sind aber formal gleichwertig. Zur besseren Interpretierbarkeit der Ergebnisse erscheint es sinnvoll, die Massennormierung bei Betrachtung von Starrkörperverschiebungen und die Steifigkeitsnormierung bei Betrachtung von Eigenformen anzuwenden /51/. Diese steifigkeitsnormierten Eigenvektoren werden als Kenn-Nachgiebigkeits-Wurzeln bezeichnet. Diese Art der Normierung erlaubt einen quantitativen Vergleich der einzelnen Eigenformen eines ungedämpften Systems. Der Konstrukteur kann daraus wichtige Informationen zur gezielten Konstruktionsoptimierung gewinnen. Die Unterschiede der Kenn-Nachgiebigkeits-Wurzeln zwischen zwei Knotenpunkten entsprechen dem Anteil des dazwischen liegenden Elements an der Gesamtnachgiebigkeit.

Um die Gefahr der Anregung einer Eigenfrequenz abwägen zu können, muß Ort und Art der Anregung bekannt sein. Durch äußere Wechselmomente, im Vorschubantrieb beispielsweise Pendelmomente oder schwankende Schnittkräfte, erfolgt eine besonders starke Schwingungsanregung, falls an ihrem Angriffspunkt Schwingungsbäuche der Eigenform vorliegen. Im Gegensatz dazu wirkt sich eine innere Erregung, beispielsweise durch die Zahneingriffsstöße eines Synchronriemens, am stärksten aus, wenn zwischen den Angriffspunkten dieser Kraft große Nachgiebigkeitsunterschiede bestehen. Dies kann also durchaus auch an einem Schwingungsknoten der Fall sein.

Zur Lösung des konservativen Systems werden die entsprechenden Massen und Steifigkeiten als vorgegebene Größen benötigt. Daraus lassen sich die Eigenwerte und Eigenvektoren berechnen, die das Verhalten bereits sehr gut beschreiben, sofern das System nur sehr schwach gedämpft ist. Unter der Voraussetzung schwach gekoppelter Systeme mit geringer Dämpfung erhält man nach /51/ die dynamische Nachgiebigkeit aus der modalen Dämpfung der Eigenschwingung und den Kenn-Nachgiebigkeits-Wurzeln an der Stelle der Bewegung und des Kraftangriffpunkts:

$$N_i = \frac{N_{Eni} \cdot N_{Emi}}{2 \cdot D_i} \qquad (3.17)$$

Damit ist das Nachgiebigkeitsverhalten zwischen diesen beiden Stellen bekannt.

Bei dem Programm VASDY handelt es sich um ein speziell für die Berechnung von Vorschubantriebsstrukturen weiterentwickeltes Programm, das die Berücksichtigung aller Freiheitsgrade ermöglicht. Ihm liegt der Gedanke der Methode der Finiten Elemente zugrunde, ein kompliziertes mechanisches System in kleinere, überschaubare Elemente zu unterteilen, die an Knotenpunkten miteinander verbunden sind. Zur Berechnung von Torsionsschwingungen von Werkzeugmaschinengetrieben wurde diese Methode von /53/ angewandt und in fortführenden Arbeiten weiterentwickelt. Eine ausführliche Beschreibung der zugrunde liegenden Theorien und der Realisation ist in /71/ zu finden.

Eine rasche Idealisierung der mechanischen Struktur kann bei dem Programm VASDY durch Verwendung einer Bibliothek von Grundelementen, wie beispielsweise Wellen oder Balkenelementen, erzielt werden. Diese Grundelemente liegen in Form von Unterprogrammen vor. Diese erstellen die Steifigkeits- und Massenmatrizen aus den geometrischen Eingabedaten, die üblicherweise den Konstruktionszeichnungen entnommen werden können. Jedes Element benötigt eine spezielle Steifigkeit und eine Massenmatrix, die im Programm zu einer Gesamtsteifigkeits- und einer Gesamtmassenmatrix überlagert wird. Wie man aus der Verwendung nur einer Steifigkeits- und einer Massenmatrix erkennen kann, beschreibt diese Darstellung das konservative System. Die in VASDY implementierten Elementtypen können Bild 3.3 entnommen werden.

Eine Reihe von programmtechnischen Schwierigkeiten ergab sich bei der Implementierung des für Vorschubantriebe unbedingt erforderlichen Elements Kugelgewindespindel aufgrund der Kopplung zwischen dem Torsionsfreiheitsgrad φ und dem translatorischen Freiheitsgrad x. Auch für eine leicht überschaubare Auswertung mußten neue Wege beschritten und die Kenn-Nachgiebigkeits-Wurzeln freiheitsgradüberschreitend bezogen dargestellt werden.

Die Genauigkeit der Rechnung nimmt bis zu einer gewissen Grenze, ab der systematische Fehler überwiegen, mit der Zahl der Elemente zu /56/. Die Anzahl der zu berechnenden Eigenfrequenzen und damit die Mindestanzahl der Elemente wird von der höchsten interessierenden Frequenz bzw. von der höchsten Erregerfrequenz bestimmt. In der Praxis wird man jedoch eher mehr Elemente und damit Knotenpunkte verwenden, da der Einfluß von Wellenabsätzen, Wellenstummeln oder Biegeformen von Wellen bei höheren Frequenzen sonst nicht mehr sicher erkannt werden kann.

Das Programm VASDY zur Vorschub-Antriebs-Systemberechnung (dynamisch) liefert als Ausgabe die Eigenwerte und zugehörigen Eigenvektoren, die im Fall der Starrkörperverschiebung als Kenn-Beschleunigbarkeits-Wurzeln (massennormiert) und im Fall von Eigenschwingungen als Kenn-Nachgiebigkeits-Wurzeln (steifigkeitsnormiert) ausgegeben werden. Aus diesen Kenn-Nachgiebigkeits-Wurzeln kann der Nachgiebigkeits-Frequenzgang errechnet werden, wozu modale

Nr	Elementtyp	Eingabedaten	Anwendungsbeispiel
10	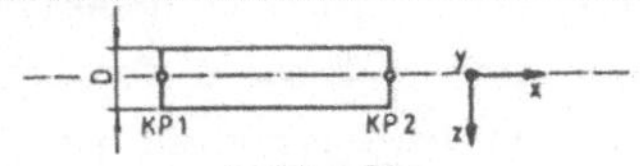 Vollwelle	D	Rotor des Motors Wellen Spindel
11	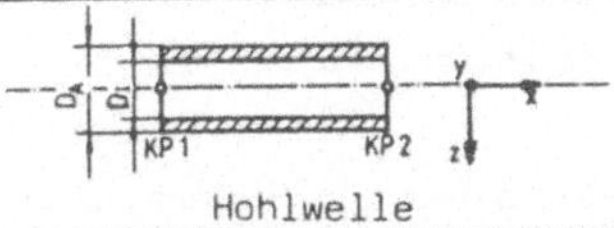 Hohlwelle	D_A, D_I	Mutterkörper
20	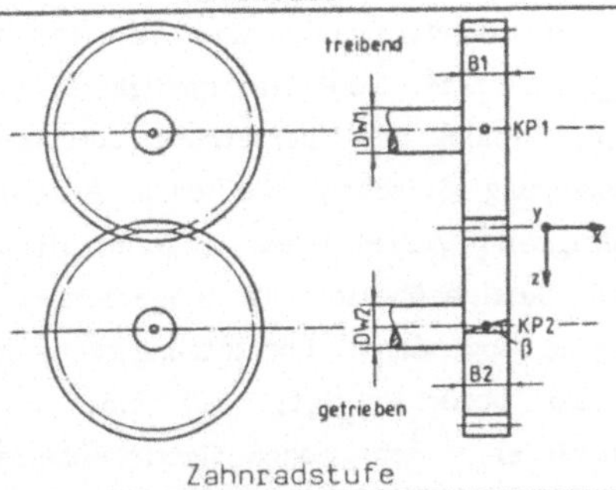 Zahnradstufe	B1, B2, DW1, DW2, c_{sZ}, β	Getriebe zwischen Motor und Spindel
26	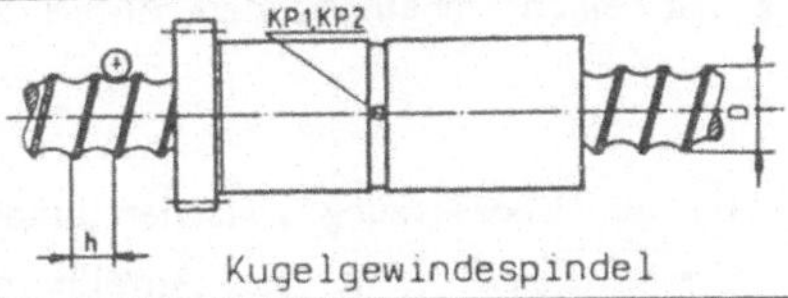 Kugelgewindespindel	F_V, i_M, l_M, d_D, D_W, h, i/e, s/d	Kugelgewindespindel im Kugelbereich
40	Federelement	c_{ax}, c_{rad}, c_{tor}, c_{bg}	Wellen-Naben-Verbindung Paßfederverbindung
45	Lagerelement	c_{ax}, c_{rad}, c_{tor}, c_{bg}	Wälzlager Tischführungen
50	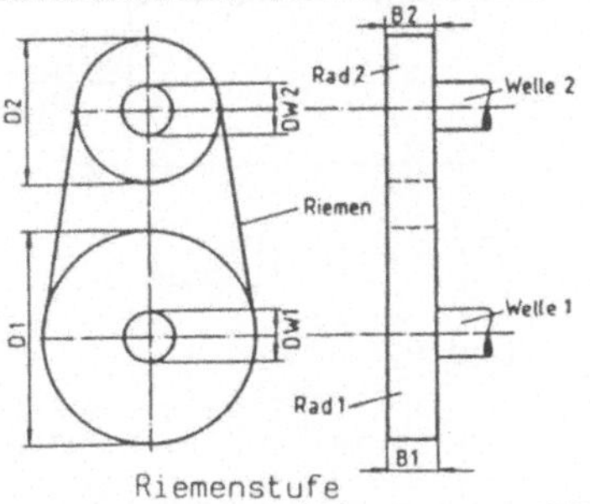 Riemenstufe	D1, D2, DW1, DW2, B1, B2, c_T	Zahnriementrieb
70	Einzelmasse	D_A, D_I, B	Tischmasse

Bild 3.3: Elementbibliothek des Programms VASDY

Dämpfungen eingesetzt werden müssen /72/. Für hochdynamische drehzahlgeregelte Vorschubantriebe stellt der Antrieb eine stark gedämpfte Torsionsfeder dar, die bei einem modalen Dämpfungsansatz zu berücksichtigen ist. Im Gegensatz dazu entspricht ein nicht drehzahlgeregelter Motor einer weichen Feder und kann mit guter Näherung als Entkopplung betrachtet werden.

Eine geeignete Darstellung der Kenn-Nachgiebigkeits-Wurzeln liefert nicht nur eine Aussage über das dynamische Verhalten, sondern auch über den Ort der Schwachstelle. Dazu werden übersetzungsreduzierte Kenn-Nachgiebigkeits-Wurzeln gebildet. Dieses Verfahren ist prinzipiell analog der Übersetzungsreduzierung von Trägheitsmomenten bei der Antriebsauslegung zu sehen, die jedem Antriebstechniker geläufig ist. Die Kenn-Nachgiebigkeits-Wurzel einer langsamlaufenden Welle wird durch Multiplikation mit der Getriebeübersetzung umgerechnet in eine auf die schnellaufende Welle bezogene sogenannte übersetzungsreduzierte Kenn-Nachgiebigkeits-Wurzel. Dadurch wird berücksichtigt, daß eine große Nachgiebigkeit beispielsweise am Motor nach einer sehr hohen Getriebeübersetzung unter Umständen am Getriebeausgang nur einen unbedeutenden Anteil zur Gesamtnachgiebigkeit beiträgt.

Eine Besonderheit der Kugelgewindespindel ist die Übersetzung zwischen einem rotatorischen und einem translatorischen Freiheitsgrad. Um die Anteile der

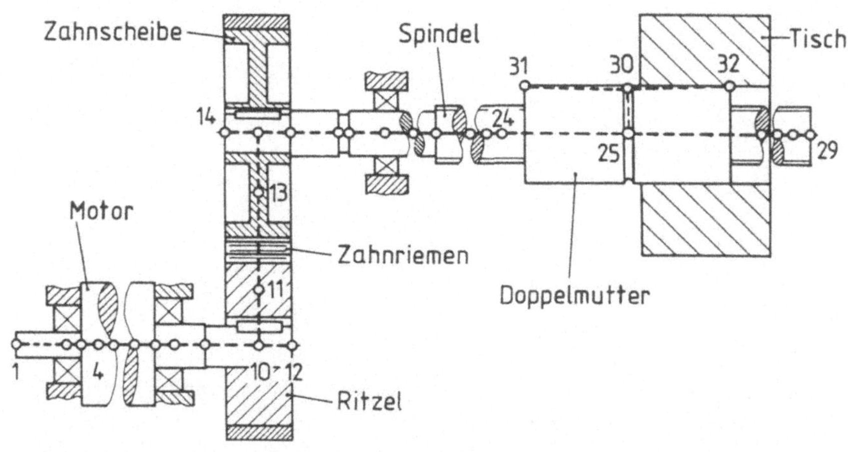

Bild 3.4: Struktur und Idealisierung eines NC-Drehmaschinen Längsvorschubs

Nachgiebigkeiten in diesen Freiheitsgraden an der Gesamtnachgiebigkeit eines Vorschubantriebs übersichtlich darzustellen, muß man die Übersetzung der φ- in die x-Koordinate wie folgt berücksichtigen:

Zweckmäßigerweise rechnet man die axiale Kenn-Nachgiebigkeits-Wurzel über die Steigung der Spindel ($2\pi/h$) um in eine auf die Spindel bezogene freiheitsgradreduzierte Kenn-Nachgiebigkeits-Wurzel. In einem weiteren Schritt werden dann alle Kenn-Nachgiebigkeits-Wurzeln übersetzungsreduziert und auf die Motorwelle bezogen. Eine gleichwertige Möglichkeit ist der umgekehrte Weg, der zur Darstellung einer auf die Tischbewegung bezogenen übersetzungsfreiheitsgradreduzierten Kenn-Nachgiebigkeits-Wurzel führt.

Eine übersichtliche graphische Darstellung der Zusammenhänge erhält man, wenn man diese reduzierten Kenn-Nachgiebigkeits-Wurzeln über den Knotenpunkt der idealisierten Struktur aufträgt. Bild 3.4 zeigt die geometrischen Daten und die verwendete Idealisierung mit 32 Knotenpunkten zur Berechnung der mechanischen Eigenschwingungen des Vorschubantriebes der Längsachse einer NC-Drehmaschine. Wird die Fesselung des Motors durch den Drehzahlregelkreis nicht berücksichtigt, ergibt sich als Besonderheit eine Starrkörperverschiebung durch die Schraubbewegung der Spindel in der Mutter.

EIGENFREQUENZEN

	a)	b)
1	53,30 Hz	- Hz
2	127,87 Hz	126,95 Hz
3	294,24 Hz	294,24 Hz
4	296,60 Hz	296,60 Hz
5	314,20 Hz	314,20 Hz
6	318,90 Hz	318,90 Hz
7	361,61 Hz	361,61 Hz
8	486,44 Hz	486,44 Hz
9	563,12 Hz	561,55 Hz
10	691,41 Hz	691,41 Hz
11	806,71 Hz	806,71 Hz
12	825,36 Hz	824,94 Hz

Bild 3.5: Eigenfrequenzen eines Drehmaschinen-Längsvorschubs a) mit und b) ohne Berücksichtigung einer Motorfesselung

Der als Torsionsfeder des Rotors einzugebende Wert ist im allgemeinen aus Messungen oder Berechnungen der Regelkreise bekannt. Man muß sich jedoch bewußt sein, daß die Dämpfung dieser "Feder" von über 30% bei der Rechnung mit einem konservativen System zu nicht ohne weiteres vernachlässigbaren Fehlern führen kann, vor allem dann, wenn mechanische und elektrische Eigenfrequenzen dicht nebeneinander liegen und damit stark gekoppelt sind.

Bild 3.5 zeigt die ersten 12 Eigenfrequenzen des Drehmaschinenantriebes mit und ohne Torsionsfesselung durch den Motor. Man erkennt die aus dieser Fesselung resultierende erste Eigenschwingung bei 53 Hz, an deren Stelle ohne Fesselung eine Starrkörperverschiebung auftritt. Es ergibt sich in diesem Fall nur eine geringfügige Beeinflussung der mechanischen Eigenfrequenzen und der zugehörigen Eigenvektoren.

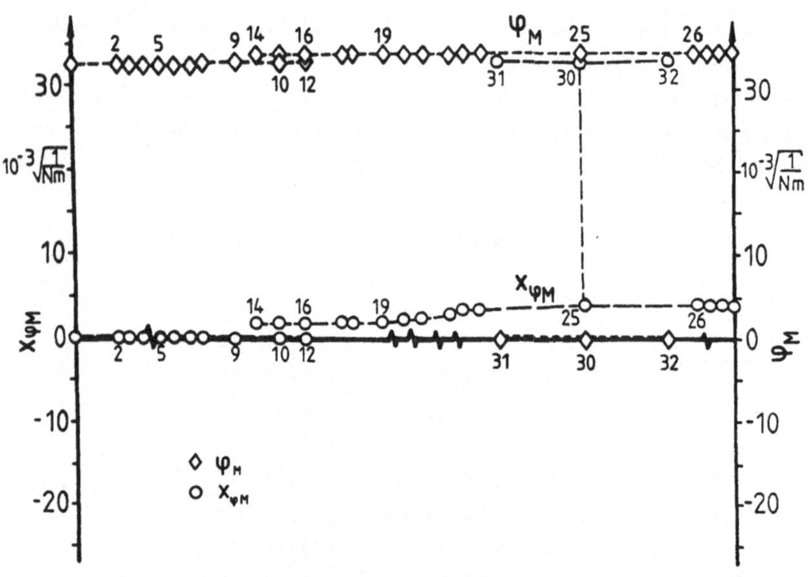

Bild 3.6: Übersetzungsfreiheitsgradreduzierte Kenn-Nachgiebigkeits-Wurzeln für die im wesentlichen auf die Fesselung durch den Motor zurückzuführende Eigenform bei 53 Hz. φ_M in der φ-Koordinate auf die Motorwelle, $x_{\varphi M}$ in der x-Koordinate übersetzungs- und freiheisgradreduziert auf die Motorwelle

Wie aus der Kenn-Nachgiebigkeits-Wurzel für die erste Torsion bei 53 Hz Bild 3.6 entnommen werden kann, findet fast die ganze Bewegung in der "Motorfeder" statt. Die Mechanik ist bei dieser Eigenfrequenz ein noch weitgehend starres Gebilde. Der Übersichtlichkeit halber wird im allgemeinen nur der dominante Freiheitsgrad einer Eigenform dargestellt, außer bei Vorhandensein einer Kugelgewindespindel. Hier werden sinnvollerweise die zwei sich entsprechenden rotatorischen und translatorischen Freiheitsgrade als übersetzungsfreiheitsgradreduzierte Kenn-Nachgiebigkeits-Wurzeln in einem Diagramm aufgetragen.

Damit können die Absolutwerte dieser reduzierten Schwingungen direkt miteinander verglichen werden. Die hohen Beträge der Differenzen der Kenn-Nachgiebigkeits-Wurzeln zwischen Knotenpunkt 25 und 30 im Kugel-Mutter-Bereich

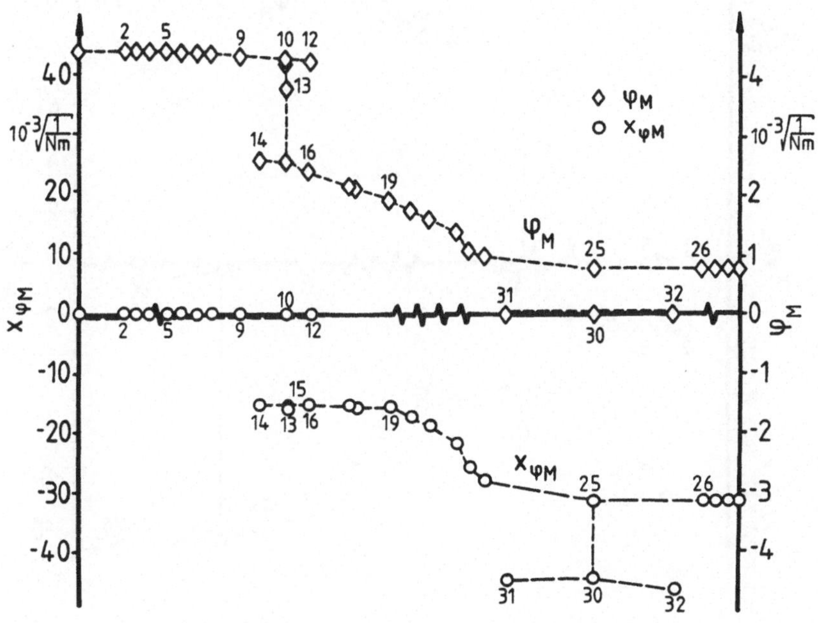

Bild 3.7: Übersetzungsfreiheitsgradreduzierte Kenn-Nachgiebig-keits-Wurzeln für die Eigenfrequenz bei 127,8 Hz. φ_M in der φ-Koordinate, $x_{\varphi M}$ in der x-Koordinate auf die Motorwelle bezogen.

sind fast ausschließlich auf die Wandlung der rotatorischen in eine translatorische Bewegung zurückzuführen. Die für Kenn-Nachgiebigkeits-Wurzeln angewendete Steifigkeitsnormierung erlaubt den Vergleich von Eigenvektorkomponenten verschiedener Eigenformen.

Die Kenn-Nachgiebigkeits-Wurzeln der Eigenfrequenz von 127 Hz zeigt Bild 3.7. Man erkennt anhand dieser Zahlenwerte, daß die größte Nachgiebigkeit aus dem Kugelmutterbereich, der Axiallagerung und der Axialverformung der Spindel des Tisches resultiert. Die Torsionsnachgiebigkeiten resultierend aus dem Zahnriemen und der Spindel sind verglichen damit gering. Die Ursache liegt in der als sehr große Übersetzung wirkenden Spindelsteigung.

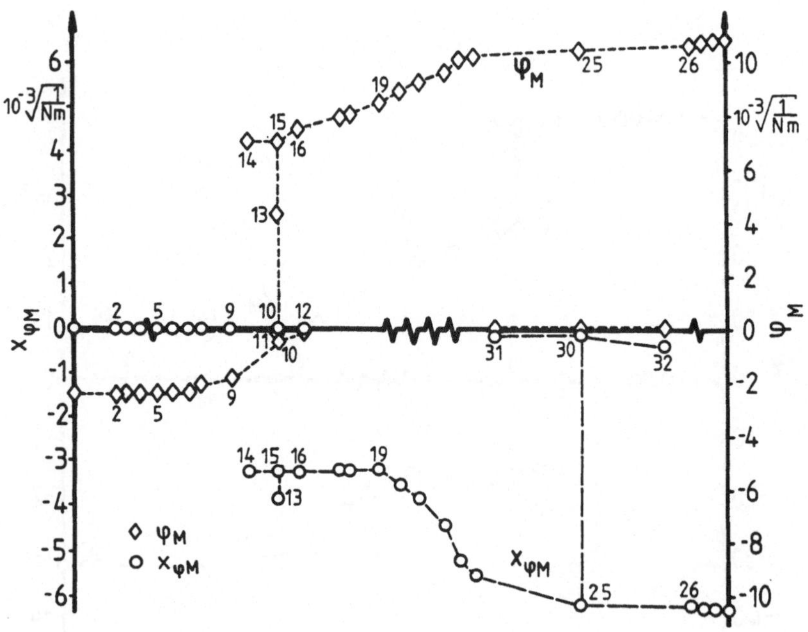

Bild 3.8: Übersetzungsfreiheitsgradreduzierte Kenn-Nachgiebigkeits-Wurzeln für die Eigenfrequenz bei 563 Hz
φ_M in der φ-Koordinate, $x_{\varphi M}$ in der x-Koordinate auf die Motorwelle bezogen

Etwas anders liegen die Verhältnisse bei der 9. Eigenschwingung - der dritten Torsion Bild 3.8. Hier erscheinen neben den axialen Nachgiebigkeiten folgende Bauteile als besonders nachgiebig: der Zahnriemen, die Paßfeder, die tordierte Spindel und der Wellenstummel des Motors.

Durch entsprechende Änderungen im Modell lassen sich sehr leicht die Einflüsse unterschiedlicher Tischpositionen ermitteln. Mit dem Tisch am Idealisierungspunkt 22 (Bild 3.4) erhält man wie erwartet eine Erhöhung der zweiten Torsionseigenfrequenz 135.7 Hz und entsprechend niedrigere Werte für die Kenn-Nachgiebigkeits-Wurzeln. Bei Annahme einer Tischposition am Idealisierungspunkt 29 (Bild 3.4) fällt diese Frequenz auf 121 Hz ab (vgl Kap.: 4.3.2).

Da es sich bei VASDY um ein 6-Freiheitsgrade-FEM-Programm handelt, werden Biege- und Torsionseigenformen ermittelt. In Bild 3.9 erkennt man die Biegeschwingung der Spindel in z-Richtung, die an ihrem freien Wellenende den größten Wert erreicht. An einem Ende stellt der Tisch mit der Mutter, am anderen Ende der Zahnriemen und die Lagerung eine Fesselung dar.

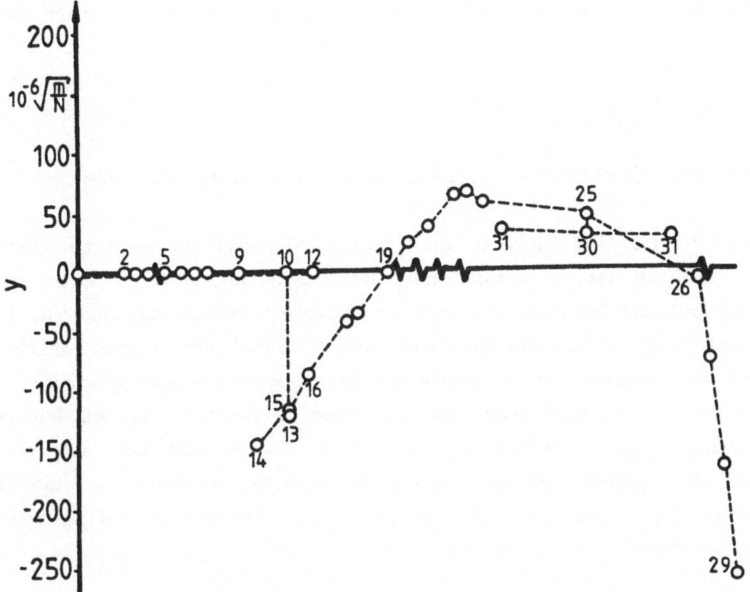

Bild 3.9: Kenn-Nachgiebigkeits-Wurzel einer Biegeschwingung bei 314 Hz in der y-Richtung

Das Programm hat sich als wertvolles Hilfsmittel zur Schwachstellenanalyse der Mechanik von Vorschubantrieben bewährt. Die Auswirkungen konstruktiver Veränderungen an mechanischen Bauteilen können mit dem Programm VASDY in kürzester Zeit analysiert werden. Dadurch ergibt sich die Möglichkeit umfangreicher Parameterstudien, deren Ergebnisse entscheidend zu einer erfolgreichen Gesamtmodellbildung beitragen können.

In einem weiteren Schritt ist prinzipiell eine Kopplung des FEM-Programms mit regelungstechnischen Programmpaketen denkbar. Dazu ist eine erhebliche Reduzierung der Freiheitsgrade sowohl aus numerischen, als auch aus praktischen Gründen erforderlich. Dieses Ziel kann ausgehend vom ursprünglichen System, bei dem die Anzahl der Freiheitsgrade im wesentlichen nur durch den Idealisierungsaufwand begrenzt ist, durch statische oder dynamische Kondensationsverfahren erreicht werden. Die dadurch erhaltenen Massen- und Steifigkeitsmatrizen können dann an andere Programme (VORANF, VORANZ) übergeben werden. Da das FEM-Programm das konservative System beschreibt, muß die Dämpfungsmatrix in gleicher Weise wie bisher aufgestellt werden. Wie eine Kondensation um einen sehr großen Faktor möglich ist und ob gegenüber der in dieser Arbeit angewandten Modellbildung (vgl. Kap. 3.3) Verbesserungen erzielt werden können, kann nur durch umfangreiche weitere Arbeiten geklärt werden.

3.2 Beschreibung elektrischer Antriebsstrukturen mit starrer Mechanik

In diesem Kapitel soll zunächst die Mechanik als starr gekoppelt berücksichtigt werden. Dadurch ist es ausreichend, die Trägheitsmomente entsprechend auf die Motorwelle zu beziehen und zum Motorträgheitsmoment zu addieren. Ferner sei darauf hingewiesen, daß in dieser Arbeit sowohl mit dimensionsbehafteten als auch mit dimensionslosen normierten Systembeschreibungen gearbeitet wird. Dies geschieht nicht willkürlich. Die normierte Darstellung trägt zur leichteren, allgemeineren regelungstechnischen Behandlung des Systems bei. Für die Betrachtung der Auswirkungen im Lageregelkreis an der Maschine wird die Transparenz der Ergebnisse am besten durch direkte Angaben in entsprechend dimensionsbehafteten Größen erreicht.

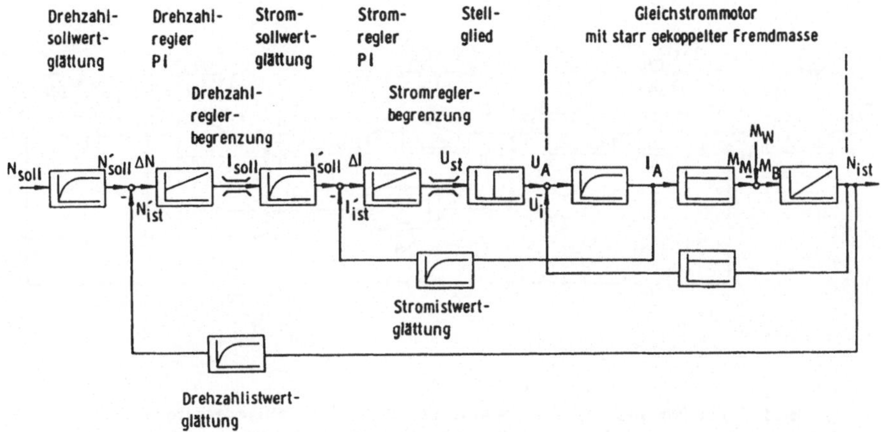

Bild 3.10: Blockschaltbild eines drehzahlgeregelten Vorschubantriebs mit unterlagertem Stromregelkreis

Bild 3.10 zeigt ein typisches Blockschaltbild für einen drehzahlgeregelten elektrischen Vorschubantrieb mit unterlagertem Stromregelkreis und Transistorsteller. Dazu wurden folgende Gleichungen herangezogen:

$$U_A - U_i = R_A \cdot I_A + L_A \cdot \frac{dI_A}{dt} \qquad U_i = k_u \cdot \Omega_M \tag{3.18}$$

$$M_M = M_W + M_B \qquad M_M = k_m \cdot I_A \qquad M_B = \Theta_{ges} \cdot \frac{d\Omega_M}{dt} \tag{3.19}$$

$$\Omega_m = 2\pi \cdot N_M \tag{3.20}$$

$$\Theta_{ges} = \Theta_M + \Theta_{Fred.} \tag{3.21}$$

$$U_A = U_{St} \cdot k_{str} \cdot e^{-\frac{t}{T_t}} \qquad k_{str} = \text{Verstärkungsfaktor} \tag{3.22}$$

Im schlechtesten Fall sind die Totzeiten gleich der Periodendauer des Transistorstellers zu setzen. Betrachtet man nur Abweichungen um einen Arbeitspunkt, so können die Begrenzungen weggelassen werden. Normiert ergibt sich Bild 3.11.

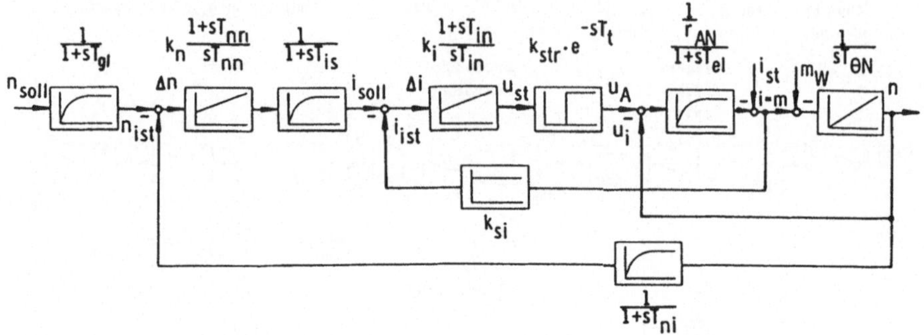

Bild 3.11: Normiertes Blockschaltbild eines drehzahlgeregelten Vorschubantriebs mit unterlagertem Stromregelkreis

Die Gleichungen für den Motor werden in der gängigen Literatur für den Fall des Widerstandsmomentes gleich Null umgeformt zu:

$$F_{WM} = \frac{n}{U_A} = \frac{1}{1+T_{\Theta N}\cdot r_{AN}\cdot s+T_{el}\cdot T_{\Theta N}\cdot r_{AN}\cdot s^2} \tag{3.23}$$

wobei $T_{\Theta N}\cdot r_{AN} = T_M$ als mechanische Zeitkonstante bezeichnet wird. Der Motor läßt sich also als PT2-Glied mit der Kennkreisfrequenz

$$\omega_{OM} = \sqrt{\frac{1}{T_{el}\cdot T_M}} \tag{3.24}$$

und der Dämpfung $$D_m = \sqrt{\frac{T_M}{4T_{el}}} \tag{3.25}$$

darstellen. Unter der Voraussetzung $D_M \geqq 1 \triangleq T_m \geqq 4T_{el}$ kann eine Zerlegung in zwei PT1-Glieder erfolgen mit den Polen:

$$s_{1/2} = -\frac{1}{2T_{el}} \pm\sqrt{\frac{1}{4T_{el}^2}-\frac{1}{T_{el}\cdot T_M}} = -\frac{1}{2T_{el}}\cdot\left[1\pm\sqrt{1-\frac{1}{D_m^2}}\right] \tag{3.26}$$

Die Wurzel läßt sich als Reihe entwickeln. Mit Abbruch nach dem zweiten Glied erhält man die Näherungslösung:

$$\sqrt{1-\frac{1}{D_m^2}} \approx 1-\frac{1}{2D_m^2} \tag{3.27}$$

$$s_1 = -\frac{1}{T_M} \qquad s_2 = -\frac{1}{T_{el}} + \frac{1}{T_M} \approx \frac{1}{T_{el}} \tag{3.28}$$

$$F_M \approx \frac{1}{1+s\cdot T_{el}} \cdot \frac{1}{1+s\cdot T_M} \tag{3.29}$$

Nähert man weiter die Totzeit des Transistorstellers durch ein PT1-Glied mit adäquater Verstärkung und mit der Totzeit als Zeitkonstante an, so lassen sich auf diese Strecke sehr leicht die bekannten Optimierungskriterien des Betrags- und des Symmetrischen Optimums anwenden. Damit erhält man für diese Regelkreise sehr rasch Optimierungsvorschriften. Das Symmetrische Optimum eignet sich besonders, da es gutes Störverhalten ergibt und ein Überschwingen bei Führungsgrößenänderung sowohl für den Drehzahl-, als auch für den Stromregelkreis durchaus gestattet ist. Für manche Fälle bietet es sich an, die Verstärkung des Regelkreises zu vergrößern, womit sich die Kennkreisfrequenz anheben läßt. Gleichzeitig muß zusätzlich eine Führungsgrößenglättung eingeführt werden, wodurch das Überschwingen gemildert wird, ohne das gute Störverhalten zu beeinflussen.

Leider ist bei modernen Vorschubantrieben die Voraussetzung $4T_{el} \leqq T_{mech}$ nur in den seltensten Fällen erfüllt, so daß die Zerlegung in Glieder mit großen und kleinen Zeitkonstanten nicht erfolgen und der Motor nur als ein PT2-Glied beschrieben werden kann. Für den Reglerentwurf solcher Regelstrecken bieten sich systematische Probierverfahren, wie beispielsweise das Frequenzkennlinien- und das Wurzelortskurvenverfahren an. Meist empfiehlt es sich, beide Verfahren nebeneinander anzuwenden, wobei das Wurzelortskurvenverfahren im allgemeinen mehr Information liefert.

Der Stromregelkreis aus Bild 3.11 läßt sich dann unter Berücksichtigung der induzierten Spannungsschleife wie folgt beschreiben, siehe Bild 3.12. Die Übertragungsfunktion für den offenen Stromregelkreis lautet:

$$-F_{io} = k_i \cdot \frac{1+s\cdot T_{in}}{s\cdot T_{in}} \cdot \frac{k_{str}}{1+s\cdot T_t} \cdot \frac{s\cdot k_{si}\cdot T_{\Theta N}}{1+s\cdot T_M + s^2\cdot T_{el}\cdot T_M} \tag{3.30}$$

Man erkennt, daß in einem solchen Regelkreis mit PI-Regler eine bleibende Regelabweichung auftreten wird. Aus dem Endwertsatz der Laplace-Transformation ergibt sich:

$$i_{(t\to\infty)} = \frac{1}{1+\frac{k_i\cdot k_{str}\cdot k_{si}\cdot T_{\Theta N}}{T_{in}}} \tag{3.31}$$

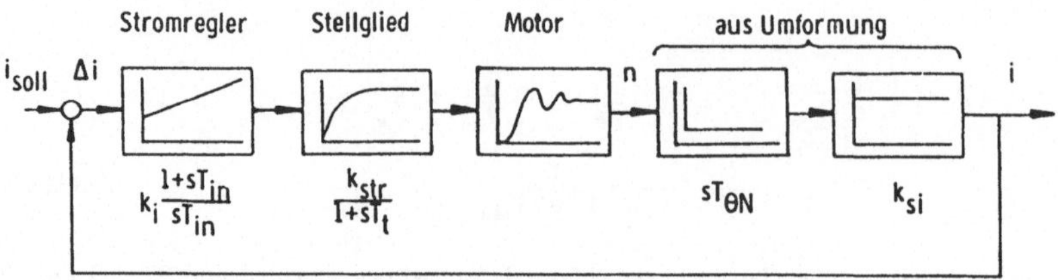

Bild 3.12: Blockschaltbild des unterlagerten Stromregelkreises

Die Regelabweichung wird geringer, je größer k_i und je kleiner T_{in} gewählt wird. Bild 3.13 zeigt den Einfluß von T_{in} auf den Verlauf der Wurzelortskurve eines Vorschubantriebs. Je nach Wahl von T_{in} kann sogar ein aperiodischer Verlauf erzielt werden. Ohne ein festes Optimierungskriterium angeben zu wollen sei darauf hingewiesen, daß es sich als recht brauchbare Einstellregel ergeben hat, die Reglerzeitkonstante auf den Wurzelschwerpunkt zu legen:

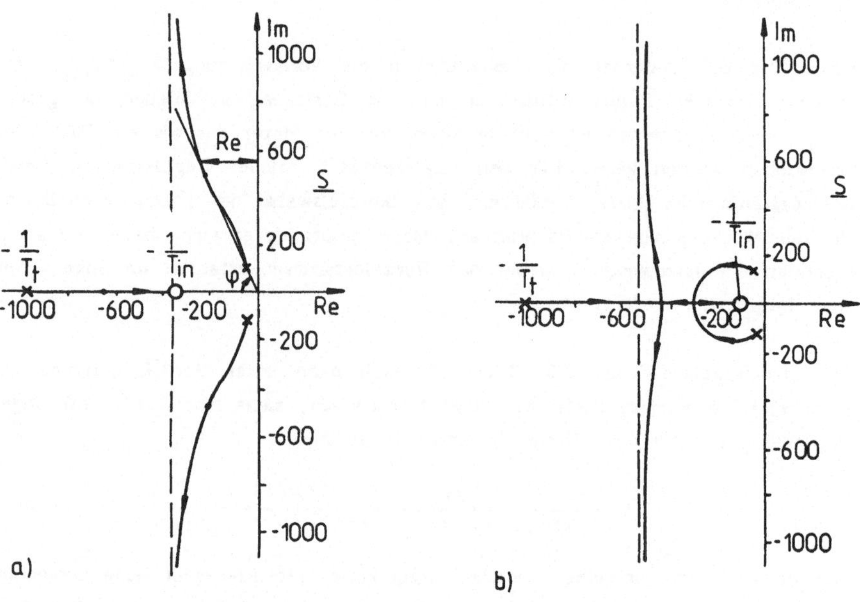

Bild 3.13: Wurzelortskurven des Stromregelkreises für
a) T_{in} = 2.7 ms und b) T_{in} = 10 ms

$$T_{in} = \frac{3T_t \cdot T_{el}}{T_{el}+T_t} \qquad (3.32)$$

Da die Nullstelle nicht allzu nahe an der imaginären Achse liegt, kann das Verhalten als PT2 Glied betrachtet werden, wofür gilt: Ausregelzeit ist proportional dem Reziprokwert des Betrags des Realteils und die Dämpfung ergibt sich aus $\cos\varphi$. Aus der Wurzelortskurve läßt sich somit das komplexe Polpaar festlegen und das dazugehörige k_i bestimmen. Das für die Praxis maximal zulässige k_i ergibt sich aus der Forderung, während des Bearbeitungsvorganges an der Maschine in keine Reglerbegrenzung zu gelangen.

Auch die Optimierung des Drehzahlregelkreises erfolgt nach den gleichen Verfahren. Ziel ist sowohl gutes Führungs-, als auch gutes Störverhalten. Die Pole und Nullstellen des geschlossenen Stromregelkreises bilden mit die Ausgangspunkte zur Konstruktion der Wurzelortskurve des Drehzahlregelkreises. Damit wird die Bedeutung der vorangegangenen Optimierung des unterlagerten Regelkreises unterstrichen. Bild 3.14 zeigt die Wurzelortskurve eines typischen Vorschubantriebs. Liegt die Reglernullstelle nahe beim Ursprung, erhält man gutes Führungsverhalten. Für kleine Drehzahlreglerverstärkungen k_n dominiert der Wurzelortskurvenast im Ursprung, für größeres k_n wird der mittlere Wur-

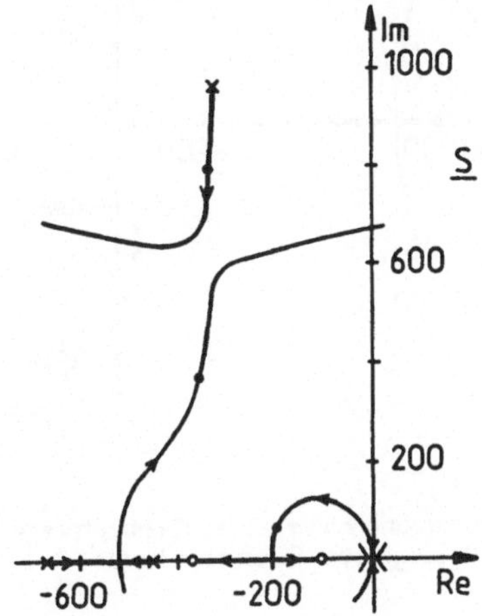

Bild 3.14: Wurzelortskurve des Drehzahlregelkreises mit unterlagerten Stromregelkreis

zelortskurvenast dominant, der bei größeren Werten zu Instabilität führt. Ändert man die Zeitkonstante des Reglers weiter zu kleineren Werten, so wird das Verhalten zunehmend durch den im Ursprung beginnenden Wurzelortskurvenast bestimmt. Man erhält zwar gutes Störverhalten, jedoch ist die maximal erzielbare Dämpfung beschränkt. Eine Verbesserung des Verhaltens läßt sich nur über eine Sollwertglättung erreichen.

Vor allem bei Antrieben mit netzgeführten Stromrrichtern wird häufig auf eine unterlagerte Stromregelung verzichtet. Auch diese Antriebe erfüllen die Bedingung $4T_{el} \leq T_{mech}$ nicht, so daß die Anwendung einfacher Optimierungskriterien wie Betragsoptimum oder Symmetrisches Optimum scheitern und man zu systematischen Probierverfahren greifen muß /62/. Bild 3.16 zeigt eine entsprechende Wurzelortskurve. Die maximal erzielbare Dämpfung ergibt sich durch die Pole der Übertragungsfunktion des Motors. Die Äste laufen sehr schnell in Richtung der imaginären Achse, so daß k_n sehr niedrig angesetzt werden muß. Es muß ein entsprechend schlechtes Führungs- und Störverhalten erwartet werden.

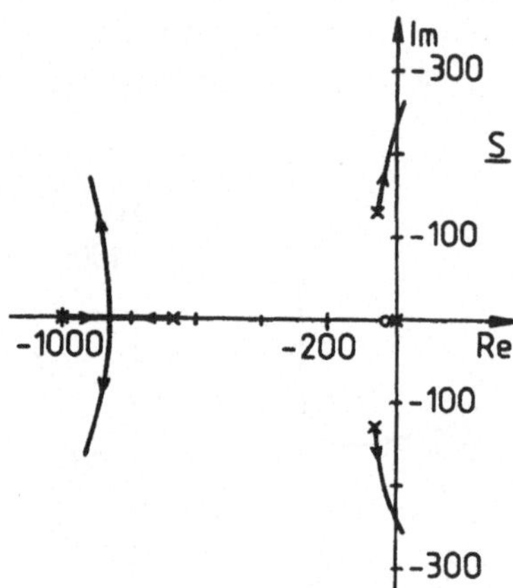

Bild 3.16: Wurzelortskurve eines Drehzahlregelkreises ohne unterlagerten Stromregelkreis

Die Idealisierung von Gleichstromantrieben mit Transistor- oder Thyristorsteller, ausgehend von den Herstellerangaben unter den gemachten Voraussetzungen, führen zu durchwegs sehr guten Ergebnissen. Für bürstenlose Gleichstrommotoren läßt sich die Regelstrecke in völlig analoger Weise wie für konventionelle Gleichstrommotoren aufstellen und berechnen. Man berücksichtigt dabei, daß zwei Wicklungsstränge gleichzeitig Strom führen und setzt die Summe der Stranginduktivitäten und Strangwiderstände ein. Oft ist dies bereits bei den Herstellerangaben berücksichtigt, so daß die Rechnung in gewohnter Weise erfolgen kann. Für Synchronantriebe lassen sich entsprechende Ersatzgrößen berechnen, wodurch sich analoge Verhältnisse ergeben (vgl.: 2.1.2.2). Bei Asynchronmaschinen mit Entkopplungsnetzwerk ist die Realisation der Entkopplung maßgebend für die Beschreibung der Strecke zwischen Drehzahlreglerausgang und Istdrehzahl. Als Näherung kann hier ein PT1-Glied und ein I-Glied für die Trägheitskonstante angesetzt werden. Dabei ist man im allgemeinen auf entsprechende Herstellerangaben oder eigene Versuche angewiesen /75/.

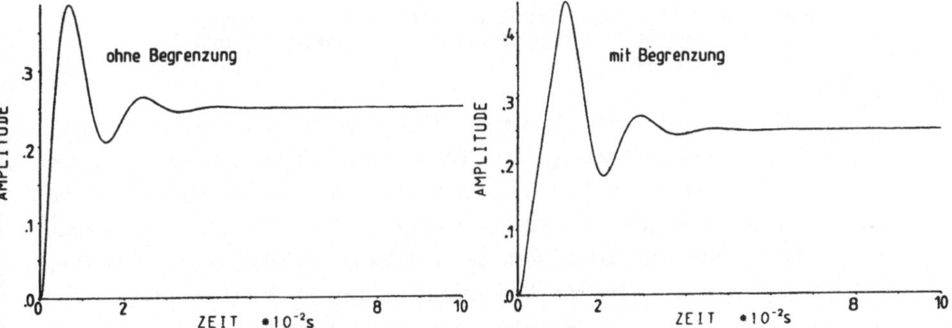

Bild 3.17: Antwort auf einen Führungssprung des Drehzahlregelkreises mit und ohne Berücksichtigung der Reglerbegrenzungen

Als Beispiel für den Drehzahlregelkreis dient wieder der Längsvorschub einer Drehmaschine. Direkt aus dem Blockschaltbild läßt sich der Befehlssatz für das digitale Simulationsprogramm aufstellen. Bild 3.17 zeigt den zeitlichen Verlauf des Drehzahlistwerts bei einem Führungssprung. Dabei wurde einmal der lineare, im anderen Fall der nichtlineare Regelkreis mit Reglerbegrenzung für Drehzahl- und Stromregelkreis berechnet. Man erkennt die verzögernde Wirkung dieser physikalischen Grenzen. In diesem Programm ist also eine Studie der Auswirkungen von Nichtlinearitäten und damit eine Betrachtung sowohl des Groß-, als auch des Kleinsignalverhaltens im Zeitbereich rasch möglich. Zur

$$\underline{\dot{x}} = \begin{pmatrix} 0 & \frac{1}{T_{\Theta N}} & 0 & 0 & 0 & 0 & 0 & 0 \\ -\frac{1}{r_{AN}T_{el}} & -\frac{1}{T_{el}} & \frac{1}{r_{AN}T_{el}} & 0 & 0 & 0 & 0 & 0 \\ 0 & -\frac{k_{str}k_i k_{si}}{T_t} & -\frac{1}{T_t} & \frac{k_{str}k_i}{T_t} & \frac{k_{str}k_i}{T_t} & 0 & 0 & 0 \\ 0 & -\frac{k_{si}}{T_{in}} & 0 & 0 & \frac{1}{T_{in}} & 0 & 0 & 0 \\ 0 & 0 & 0 & 0 & -\frac{1}{T_{is}} & \frac{k_n}{T_{is}} & -\frac{k_n}{T_{is}} & \frac{k_n}{T_{is}} \\ 0 & 0 & 0 & 0 & 0 & 0 & -\frac{1}{T_{nn}} & \frac{1}{T_{nn}} \\ \frac{1}{T_{ni}} & 0 & 0 & 0 & 0 & 0 & -\frac{1}{T_{ni}} & 0 \\ 0 & 0 & 0 & 0 & 0 & 0 & 0 & -\frac{1}{T_{gl}} \end{pmatrix} \cdot \underline{x} + \begin{pmatrix} 0 \\ 0 \\ 0 \\ 0 \\ 0 \\ 0 \\ 0 \\ \frac{1}{T_{gl}} \end{pmatrix} \cdot \underline{u}$$

$$y = (1, 0, 0, 0, 0, 0, 0, 0)^T \cdot \underline{x}$$

Bild 3.18: Zustandsdifferentialgleichungen zur Beschreibung des Drehzahlregelkreises mit unterlagerter Stromregelung

Durchführung des Reglerentwurfs ist der Schritt in den Frequenzbereich nötig. Dies erfordert die Aufstellung der Zustandsdifferentialgleichungen ausgehend von den Blockschaltbildern Bild 3.10 und 3.11. In Matrizenschreibweise dargestellt, ergibt sich folgendes Gleichungssystem Bild 3.18. Durch Verwendung des Programms VORANF erhält man das zugehörige Bodediagramm dieses Drehzahlregelkreises. Als zusätzliche Information werden die Koeffizienten der äquivalenten Zähler- und Nennerpolynome sowie die Pole und Nullstellen des Kreises ausgedruckt. Die Eingabedaten liefern bei Verarbeitung mit dem Programm VORANZ die Reaktion des Regelkreises auf zeitlich veränderliche Größen. Der Übergang vom Führungs- zum Störverhalten kann durch Umbesetzung des Steuervektors erfolgen. Mit

$$\underline{B}^T = \left(-\frac{1}{T_{\Theta N}}, 0, 0, 0, 0, 0, 0, 0 \right) \tag{3.33}$$

erhält man die Reaktion des Systems auf ein eingeleitetes Widerstandsmoment (Bild 3.19). Von Interesse ist beispielsweise die Auswirkung von Drehmomentschwankungen, die ihre Ursache im Motor selbst oder in externen Vorgängen haben können, auf die Drehzahl. Entsprechende Anwendungsfälle ergeben sich aus den Überlegungen bei der Herleitung der stationären Eigenschaften der Antriebe (vgl. Kap. 2.1).

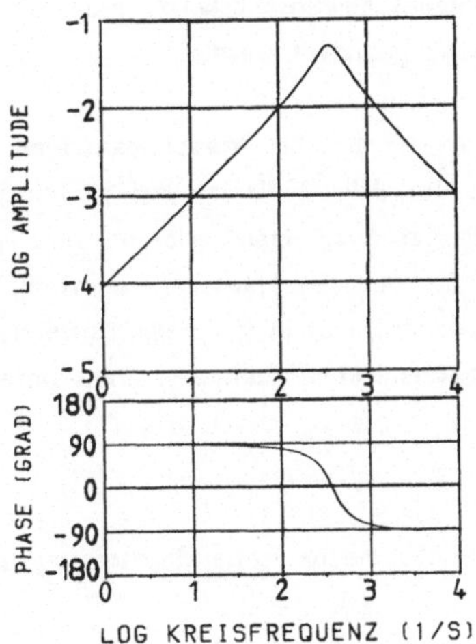

Bild 3.19: Störfrequenzgang des drehzahlgeregelten Antriebs

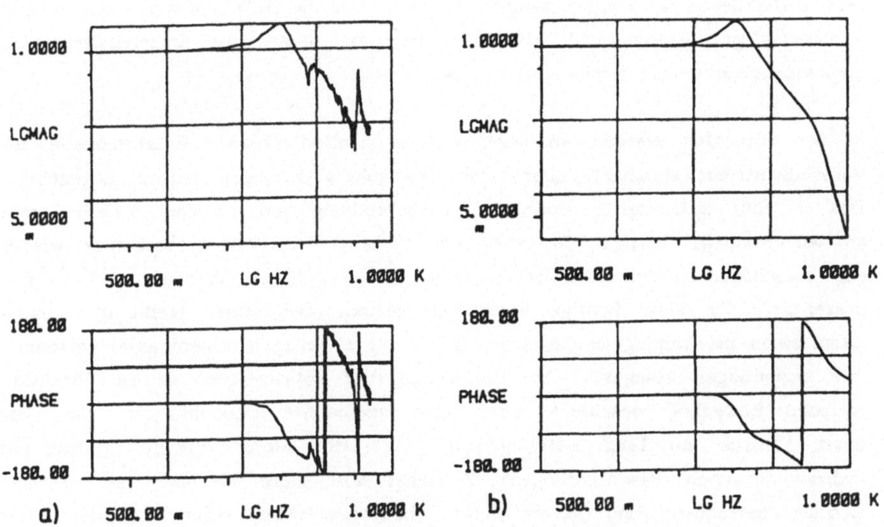

Bild 3.20: Vergleich des a) gemessenen und b) gerechneten Führungsfrequenzgangs eines drehzahlgeregelten bürstenlosen Antriebs (Typ 8, Bild 4.13)

Falls ein anderes Ausgangssignal gewünscht wird, muß der Ausgangs- oder Beobachtungsvektor $\underline{C}$ entsprechend geändert werden.

Auf diese Art lassen sich elektrische Vorschubantriebe sehr gut rechnerisch nachbilden und optimieren. Im Bild 3.20 ist der rechnerisch und meßtechnisch ermittelte Frequenzgang dargestellt. Man erkennt hier gleichzeitig eine mechanische Eigenfrequenz, die bei der Messung deutlich in Erscheinung tritt. Daraus leitet sich unmittelbar ab, daß in gewissen Anwendungsfällen eine Berücksichtigung der elastischen mechanischen Elemente nicht unterlassen werden darf.

3.3 Mathematische Modelle für mechanische Übertragungsglieder von Vorschubantrieben

Soll die Schwingungsfähigkeit eines mechanischen Systems in die Betrachtung des Gesamtverhaltens einer geregelten Antriebsstruktur integriert werden, ist es nötig, ein möglichst einfaches Modell zu konzipieren, das trotzdem alle real vorhandenen schwingungsfähigen Bauteile und deren Kopplungen ausreichend berücksichtigt. Grenzen für die Diskretisierung setzen die Speicherkapazität, die rasch zunehmende Rechenzeit und numerische Schwierigkeiten.

In der Literatur werden an verschiedenen Stellen /26,87/ Ersatzmodelle für Vorschubantriebe skizziert, aber keine Bewegungsgleichungen explizit angegeben. Das in /84/ aufgestellte Modell zur Beschreibung von Vorschubantrieben geht an der Realität heutiger NC-Maschinen vorbei. Als Beispiel soll hier wieder der Vorschubantrieb der NC-Drehmaschine dienen. Dieser Antrieb kann als repräsentativ für viele heutige Strukturen gelten. Der Motor treibt über einen Zahnriemen die Kugelgewindespindel. Diese ist einseitig in einem axial verspannten Doppellager gelagert. Die Umformung der rotatorischen in eine translatorische Bewegung geschieht durch eine verspannte Doppelmutter, die über einen Flansch am Tisch befestigt ist. Der Tisch dieses Antriebs gleitet auf hydrodynamischen Flachführungen. Zunächst soll diese Mechanik als lineares Gebilde betrachtet und später durch Nichtlinearitäten ergänzt werden. Der drehzahlgeregelte Motor wird für dieses Modell durch eine Feder mit Dämpfung und das Trägheitsmoment des Motors ersetzt.

3.3.1 Aufstellen eines linearen mechanischen Ersatzmodells

Wie bereits in 3.1.3 dargestellt, kann mit relativ komfortablen Mitteln durch das Programm VASDY eine Schwachstellenanalyse auf der Grundlage der FEM-Methode durchgeführt werden. Betrachtet man die ersten beiden durch dieses Programm erhaltenen Kenn-Nachgiebigkeits-Wurzeln, die aufgrund des Zusammenwirkens der mechanischen Struktur mit dem Drehzahlregelkreis die Tischbewegung am stärksten beeinflussen, so lassen sich die nachgiebigen Bauteile durch Betrachten der Differenz der übersetzungsfreiheitsgradreduzierten Kenn-Nachgiebigkeits-Wurzeln zwischen den einzelnen Knotenpunkten erkennen.

Aus den Kenntnissen von Kapitel 3.1.3 und den quantitativen Angaben aus den Bildern 3.7 und 3.8 heraus läßt sich folgendes Ersatzmodell mit 6 Freiheitsgraden entwickeln (Bild 3.21). Die Massen und Trägheitsmomente können relativ genau bestimmt werden, wobei jedoch keine Kontinuumseigenschaften berücksichtigt werden können. Die Steifigkeiten c_2 bis c_6 ergeben sich aus den Gleichungen des vorangegangenen Kapitels. Die Steifigkeit c_5 errechnet sich aus der Reihenschaltung aller axialen Steifigkeiten, die zunächst getrennt ermittelt werden müssen. Die Torsionssteifigkeit c_1 mit zugehörender Dämpfung d_1 repräsentiert den Drehzahlregelkreis und dient zur Fesselung des Ersatzmodells. c_1 und d_1 können aus den Daten des Regelkreises ermittelt werden. Sie entfallen, sobald das mechanische Modell mit dem elektrischen Modell gekoppelt wird.

Die Festlegung der Dämpfungskoeffizienten d_2-d_6 ist äußerst problematisch und muß durch Angabe des Lehr'schen Dämpfungsmaßes erfolgen.

$$d = 2D \cdot \sqrt{c \cdot m} \qquad (3.34)$$

Die Schwierigkeit besteht unter anderem darin, daß am gemessenen System nur modale Dämpfungen ermittelt werden können. Anhaltspunkte für entsprechende Dämpfungswerte von Einzelelementen sind in /26/ zu finden. Die im vorliegenden Modell eingesetzten Werte ergeben sich aus den untersten Grenzen der dort angegebenen Größen oder stützen sich auf eigene Meßwerte. Ihr Einfluß kann mittels Parametervariation festgestellt werden.

Sind für das Ersatzmodell alle zahlenmäßigen Angaben vorhanden, dann verbleibt die Aufgabe, die Bewegungsgleichungen explizit aufzustellen. Dabei handelt

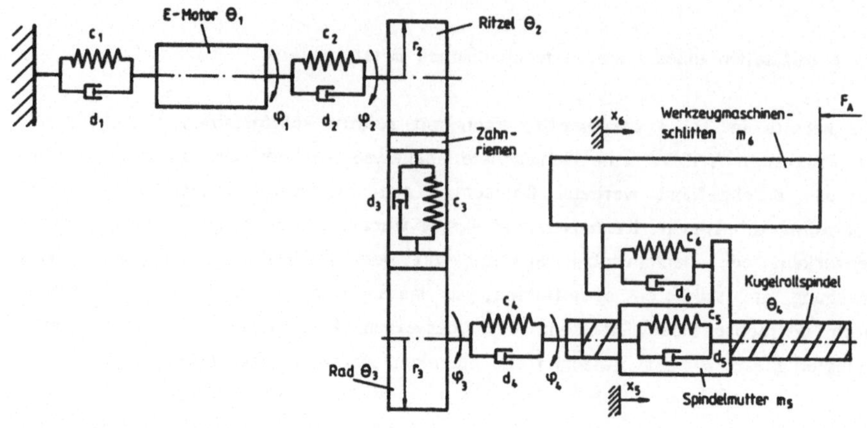

Masse/ Koppelelement	Erläuterungen	Einheit
c_1	Torsionsfederkonstante; resultiert aus der Wirkung des Magnetfeldes zwischen Ankerwicklung und Stator des Elektromotors	Nm
c_2	Torsionsfederkonstante der Paßfederverbindung zwischen Motorwelle und Ritzel	Nm
c_3	Federkonstante des Zahnriemens	N/m
c_4	Torsionsfederkonstante; resultierend aus der Paßfederverbindung zwischen Rad und Spindel, sowie der Torsionssteifigkeit der Spindel selbst	Nm
c_5	Federkonstante, die sich zusammensetzt aus der Axialsteifigkeit der Lagerung der Spindel, der Steifigkeit in axialer Richtung von Spindel und Mutterkörper, sowie der Axialsteifigkeit im Kugel/Mutterbereich	N/m
c_6	Federkonstante der Befestigungselemente Mutter/Tisch (= Mutterumbauteile)	N/m
$d_1 \ldots d_6$	analog $c_1 \ldots c_6$	
Θ_1	Ankerträgheitsmoment des Elektromotors	kgm^2
Θ_2	Massenträgheitsmoment des Ritzels	kgm^2
Θ_3	Massenträgheitsmoment des Rades	kgm^2
Θ_4	Massenträgheitsmoment der Kugelrollspindel	kgm^2
m_5	Masse der Spindelmutter	kg
m_6	Masse des Werkzeugmaschinentisches	kg

Bild 3.21: 6-Massen-Ersatzmodell für einen Vorschubantrieb

es sich stets um Mehr-Massensysteme, bestehend aus starren Massenelementen, die untereinander über gekoppelte Elemente verbunden sind. Die Kopplungen lassen sich mit den ermittelten Steifigkeitswerten c_i und Dämpfungswerten d_i beschreiben. Außerdem kann an jeder Masse eine äußere Kraft F_i angreifen. Es ergibt sich damit die Bewegungsgleichung in vektorieller Form:

$$\underline{\underline{M}} \cdot \ddot{\underline{q}} + \underline{\underline{D}} \cdot \dot{\underline{q}} + \underline{\underline{C}} \cdot \underline{q} = \underline{F} \tag{3.35}$$

Im Bild 3.21 des Ersatzmodells müssen noch die verallgemeinerten Koordinaten für die Rechnung festgelegt werden, die den interessierenden Freiheitsgraden der Massen entsprechen. Für unser Beispiel ergeben sich 4 rotatorische und 2 translatorische Koordinaten. Zur Herleitung der einzelnen Gleichungen bieten sich die Methoden nach Newton/Euler oder Lagrange an. Diese führen beide sehr schnell zu nur mühsam handhabbaren Gleichungssystemen. Mit Hilfe der Kraftverschiebungs-Methode und in Anlehnung an /38/ wird nachfolgend eine Systematik zur relativ einfachen Aufstellung der Bewegungsgleichungen, vom nichtverzweigten Mehrmassenmodell ausgehend, angegeben. Dazu wird jeder Feder ein Strukturvektor $\underline{w}_i$ zugeordnet, der den geometrischen Zusammenhang zwischen der Federverformung s_i und dem Lagevektor $\underline{q}$ beschreibt und somit die gleiche Ordnung wie $\underline{q}$ haben muß.

$$F_i = c_i \cdot s_i \qquad s_i = \underline{w}_i^T \cdot \underline{q} \tag{3.36}$$

Der Lagevektor $\underline{q}$ enthält alle vereinbarten allgemeinen Koordinaten. In unserem Beispiel:

$$\underline{q} = [\varphi_1, \varphi_2, \varphi_3, \varphi_4, x_5, x_6]^T \tag{3.37}$$

Für jedes Federelement ergibt sich ein Strukturvektor $\underline{w}_i$. Er beschreibt den geometrischen Zusammenhang zwischen den an der Kopplung beteiligten verallgemeinerten Koordinaten. Dazu werden die durch eine auf die Feder wirkende Kraft bzw. Moment entstehenden fiktiven Verformungen betrachtet. Dabei ist zu beachten, daß der Strukturvektor einer Feder zugeordnet ist, die entweder durch eine rotatorische oder eine translatorische Steifigkeit beschrieben werden kann. Damit ergibt sich eine entsprechende fiktive Verschiebung oder Verdrehung, die gegebenenfalls durch Berücksichtigung der geometrischen Verhältnisse auf die betrachteten lokalen Koordinaten umgerechnet werden muß.

Diese abstrakte Formulierung soll an drei Beispielen aus Bild 3.21 erläutert werden:

a) Torsionselement - Feder c_2

Bei diesem einfachen Fall läßt sich die Auslenkung des Torsionselementes durch die Betrachtung der beiden an den Angriffspunkten vorhandenen Winkelkoordinaten φ_1 und φ_2 beschreiben. Damit ergibt sich unter Berücksichtigung des oben dargestellten Lagevektors q der Strukturvektor zu: $\underline{w}_2 = (1,-1,0,0,0,0)^T$.

b) Translatorisches Element - Zahnriemen c_3

Hier beschreibt die Federsteifigkeit einen translatorischen Weg. Da die Koordinaten der Angriffspunkte Winkelkoordinaten sind, muß der Verschiebeweg über die Radien in die entsprechenden Drehwinkel umgerechnet werden. Es ergibt sich: $\underline{w}_3 = (0,R_2,-R_3,0,0,0)^T$.

c) Übergang von Rotation auf Translation - Kugelgewindespindeln

Die Feder c_5 ist als axiale Federsteifigkeit im Kugelmutterbereich definiert. An ihren Angriffspunkten befindet sich die rotatorische Koordinate φ_4 und die translatorische Koordinate x_5. Die fiktive Verschiebung kann direkt in die translatorische Koordinate übernommen werden, für die rotatorische Koordinate muß eine Umrechnung der Verschiebung in eine Drehung anhand der geometrischen Verhältnisse erfolgen, was in diesem Fall über die Steigung geschehen muß: $\underline{w}_5 = (0,0,0,\ h/2\pi\ ,-1,0)^T$. Für das Vorzeichen der zu x_5 gehörenden Strukturkomponente ist die Steigungsrichtung zu beachten.

Die Gesamtsteifigkeits- und Gesamtdämpfungsmatrizen ergeben sich aus der Summe der einzelnen Matrizen:

$$\underline{\underline{C}} = \sum_{i=1}^{m} \underline{\underline{C}}_i \qquad \underline{\underline{D}} = \sum_{i=1}^{m} \underline{\underline{D}}_i \tag{3.38}$$

$$\underline{\underline{C}}_i = c_i \cdot \underline{w}_i \cdot \underline{w}_i^T \qquad \underline{\underline{D}}_i = d_i \cdot \underline{w}_i \cdot \underline{w}_i^T \tag{3.39}$$

Die Massenmatrix ergibt sich als Diagonalmatrix entsprechend den Vektoren der verallgemeinerten Koordinaten.

$$\underline{\underline{M}} = \mathrm{diag}[\Theta_1, \Theta_2, \Theta_3, \Theta_4, m_5, m_6] \tag{3.40}$$

Für das Beispiel lauten die Strukturvektoren zusammengefaßt:

$$\underline{w}_1 = (\ 1,\ 0,\ 0,\ 0,\ 0,\ 0)^T$$
$$\underline{w}_2 = (\ 1, -1,\ 0,\ 0,\ 0,\ 0)^T$$
$$\underline{w}_3 = (\ 0, R_2, -R_3, 0,\ 0,\ 0)^T$$
$$\underline{w}_4 = (\ 0,\ 0,\ 1, -1,\ 0,\ 0)^T$$
$$\underline{w}_5 = (\ 0,\ 0,\ 0, \frac{h}{2\pi}, -1,\ 0)^T$$
$$\underline{w}_6 = (\ 0,\ 0,\ 0,\ 0,\ 1, -1)^T$$

Eingesetzt ergibt sich die Bewegungsgleichung nach Bild 3.22.

$$\begin{bmatrix} \Theta_1 & 0 & 0 & 0 & 0 & 0 \\ 0 & \Theta_2 & 0 & 0 & 0 & 0 \\ 0 & 0 & \Theta_3 & 0 & 0 & 0 \\ 0 & 0 & 0 & \Theta_4 & 0 & 0 \\ 0 & 0 & 0 & 0 & m_5 & 0 \\ 0 & 0 & 0 & 0 & 0 & m_6 \end{bmatrix} \cdot \begin{bmatrix} \ddot{\varphi}_1 \\ \ddot{\varphi}_2 \\ \ddot{\varphi}_3 \\ \ddot{\varphi}_4 \\ \ddot{x}_5 \\ \ddot{x}_6 \end{bmatrix} + \begin{bmatrix} d_1+d_2 & -d_2 & 0 & 0 & 0 & 0 \\ -d_2 & d_2+d_3r_2^2 & -d_3r_2r_3 & 0 & 0 & 0 \\ 0 & -d_3r_2r_3 & d_3r_3^2+d_4 & -d_4 & 0 & 0 \\ 0 & 0 & -d_4 & d_4+d_5h^2/4/\pi^2 & -d_5h/2/\pi & 0 \\ 0 & 0 & 0 & -d_5h/2/\pi & d_5+d_6 & -d_6 \\ 0 & 0 & 0 & 0 & -d_6 & d_6 \end{bmatrix} \cdot \begin{bmatrix} \dot{\varphi}_1 \\ \dot{\varphi}_2 \\ \dot{\varphi}_3 \\ \dot{\varphi}_4 \\ \dot{x}_5 \\ \dot{x}_6 \end{bmatrix}$$

$$+ \begin{bmatrix} c_1+c_2 & -c_2 & 0 & 0 & 0 & 0 \\ -c_2 & c_2+c_3r_2^2 & -c_3r_2r_3 & 0 & 0 & 0 \\ 0 & -c_3r_2r_3 & c_3r_3^2+c_4 & -c_4 & 0 & 0 \\ 0 & 0 & -c_4 & c_4+c_5h^2/4/\pi^2 & -c_5h/2/\pi & 0 \\ 0 & 0 & 0 & -c_5h/2/\pi & c_5+c_6 & -c_6 \\ 0 & 0 & 0 & 0 & -c_6 & c_6 \end{bmatrix} \cdot \begin{bmatrix} \varphi_1 \\ \varphi_2 \\ \varphi_3 \\ \varphi_4 \\ x_5 \\ x_6 \end{bmatrix} = \begin{bmatrix} 0 \\ 0 \\ 0 \\ 0 \\ 0 \\ F_a \end{bmatrix}$$

Bild 3.22: Bewegungsgleichungen für das mechanische Vorschubantriebsmodell (Bild 3.21)

Zur weiteren Berechnung dieses Systems im Zustandsraum müssen die m gewöhnlichen linearen Differentialgleichungen zweiter Ordnung mit konstanten Koeffizienten umgeformt werden in ein äquivalentes System von 2m linearen Differentialgleichungen erster Ordnung. Dazu wird der Zustandsvektor angesetzt zu:

$$\underline{x}(t) = \begin{bmatrix} \underline{q}(t) \\ \dot{\underline{q}}(t) \end{bmatrix} \tag{3.41}$$

$$\dot{\underline{x}} = \begin{bmatrix} \underline{\underline{0}} & \underline{\underline{E}} \\ -\underline{\underline{M}}^{-1}\underline{\underline{C}} & -\underline{\underline{M}}^{-1}\underline{\underline{D}} \end{bmatrix} \cdot \underline{x} + \begin{bmatrix} \underline{0} \\ \underline{\underline{M}}^{-1} \end{bmatrix} \cdot \begin{bmatrix} \underline{0} \\ \underline{F} \end{bmatrix} \tag{3.42}$$

$$\underline{y} = [0,0,0,0,0,1,0,0,0,0,0,0]^T \cdot \underline{x} \tag{3.43}$$

wobei angenommen wird, daß x_6 die interessierende Koordinate als Ausgangsgröße ist. Mit Hilfe des Programms VORANF erhält man für den Vorschubantrieb folgendes Bodediagramm (Bild 3.23).

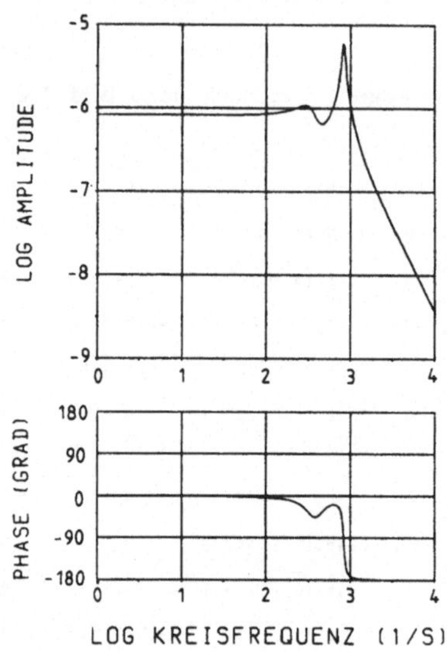

Bild 3.23: Bodediagramm des 6-Massenschwinger-Ersatzmodells des Vorschubantriebs

3.3.2 Betrachtung nichtlinearer Systeme im Zeitbereich

Die Betrachtung nichtlinearer Systeme im Zeitbereich setzt die Verwendung der digitalen Simulationsprogramme RESI oder CSMP voraus. Für die Eingabe dieser Programme wird ein Blockschaltbild des zu betrachtenden Modells benötigt. Ausgangspunkt dazu sind wieder die Bewegungsgleichungen des linearen Systems, von denen ausgehend sich das Blockschaltbild zeichnen läßt (Bild 3.24).

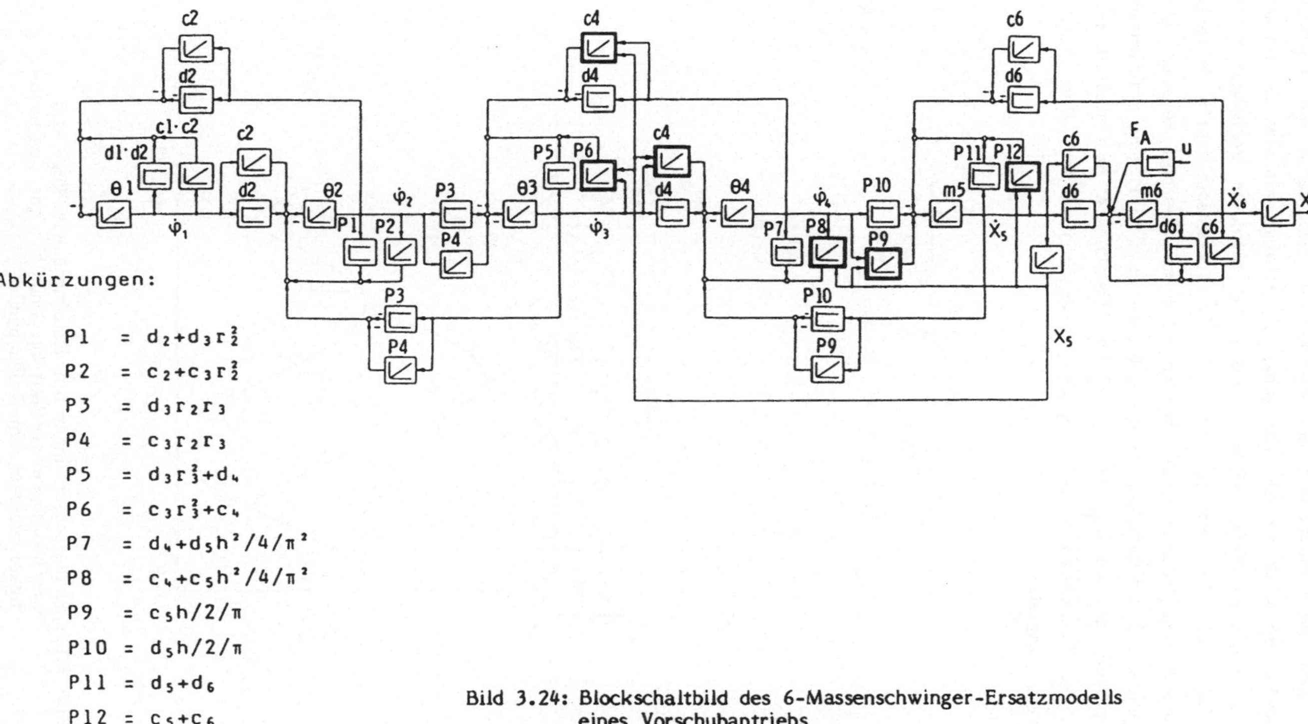

Abkürzungen:

P1 = $d_2+d_3r_2^2$

P2 = $c_2+c_3r_2^2$

P3 = $d_3r_2r_3$

P4 = $c_3r_2r_3$

P5 = $d_3r_3^2+d_4$

P6 = $c_3r_3^2+c_4$

P7 = $d_4+d_5h^2/4/\pi^2$

P8 = $c_4+c_5h^2/4/\pi^2$

P9 = $c_5h/2/\pi$

P10 = $d_5h/2/\pi$

P11 = d_5+d_6

P12 = c_5+c_6

Bild 3.24: Blockschaltbild des 6-Massenschwinger-Ersatzmodells eines Vorschubantriebs

Möchte man die Veränderung der Spindelsteifigkeit durch die Tischbewegung mitberücksichtigen, so ist der Übergang von verallgemeinerten zu tatsächlichen lokalen Koordinaten nötig. Damit werden die absoluten Positionen festgelegt, und es läßt sich die Axialsteifigkeit und die Torsionssteifigkeit der Spindel in Abhängigkeit der Motorposition angeben. Für das Beispiel bedeutet dies: Im gewählten Koordinatenursprung ergibt sich eine axiale und eine rotatorisch wirksame Spindellänge von L_{sp} und L_{spT}. Für abweichende Absolutkoordinatenwerte x_5 muß der formelmäßige Zusammenhang angegeben werden. Damit ergibt sich in unserem Beispiel:

$$c_4' = \frac{G \cdot \pi \cdot d^4}{32 \cdot l_{spT}} = \frac{G \cdot \pi \cdot d^4}{32} \cdot \left[\frac{1}{L_{spT} + x_5}\right] \quad (3.45)$$

$$c_5' = \frac{E \cdot A}{l_{sp}} = E \cdot A \cdot \left[\frac{1}{L_{sp} + x_5}\right] \quad (3.46)$$

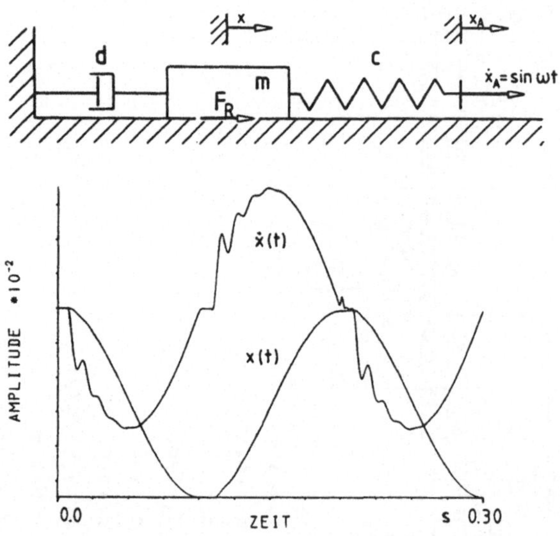

Bild 3.25: Einmassenschwinger mit Reibung sowie Weg- und Geschwindigkeitsverlauf bei sinusförmiger Geschwindigkeitsvorgabe am Anlenkpunkt

Die im linearen Blockschaltbild erhaltenen Konstanten c_4, c_5 muß man durch entsprechende nichtlineare Blöcke c_4' und c_5' ersetzen, die als zusätzliche Eingangsgröße den Wert x_5 erhalten. (Bild 3.24).

Eine weitere nichtlineare Funktion, die besonders zu berücksichtigen ist, stellt die Tischreibung dar. Eine Möglichkeit hierzu ist die Verwendung eines Hysteresegliedes. Damit läßt sich zwar die Umkehrspanne in das System einbauen, muß aber explizit angegeben werden, also evtl. aus Messungen bekannt sein. Die Verwendung eines solchen Gliedes ist nur sinnvoll, wenn mit starr gekoppelten Massen gerechnet wird. Im Fall einer elastischen Kopplung ist aber gerade die Umkehrspanne eine gesuchte Größe, die durch ein nichtlineares Modell erhalten werden kann. Betrachtet man die in Kap. 2.2.3 gemachten Ansätze und Vereinfachungen, so erkennt man, daß die Simulation der Tischreibung unvollständig ist, solange der Übergang vom Haften zum Gleiten und umgekehrt nicht geeignet beschrieben wird. Dazu sind abhängig von $\dot{x}$ unterschiedliche Gleichungen notwendig. In der Simulation wird aufgrund der zeitdiskreten Rechnung die Geschwindigkeit $\dot{x}$ den Wert Null nie exakt erreichen. Deswegen ist eine Schranke anzugeben, die als Geschwindigkeit "0" definiert wird. Ist die Geschwindigkeit etwa Null, so muß erst die Haftreibung überwunden werden, bis eine Beschleunigung erfolgen kann. Damit läßt sich die Wirkung der Reibung wie folgt darstellen:

$$-F_R = \begin{cases} |F_{Gl}| \cdot \operatorname{sign} \dot{x} & \text{für } |\dot{x}| > \varepsilon \qquad \varepsilon \approx 0 \\ \sum F & \text{für } |F_{HR}| > \sum F \wedge |\dot{x}| < \varepsilon \end{cases} \tag{3.47}$$

$\sum F \mathrel{\hat{=}}$ Summe aller außer F_R am Körper angreifenden Kräfte

Durch diese Darstellung läßt sich mit der Simulation die elastische Umkehrspanne direkt ermitteln. Im Bild 3.25 kann man die Wirkung der so berücksichtigten Reibung am Beispiel eines Einmassenschwingers verfolgen. Die Anwendung an einem Vorschubantrieb zeigt Bild 4.46.

3.4 Beschreibung elektrischer Antriebsstrukturen mit schwingungsfähiger Mechanik

Das Zusammenfügen des Drehzahlregelkreises mit dem Mehrmassenschwinger läßt sich in der Blockschaltbilddarstellung leicht vollziehen, wenn der Regelkreis in entnormierter Form vorliegt. In jedem Modell werden zunächst die zur näherungsweisen Berücksichtigung des anderen Modells eingeführten Glieder geändert. Im Drehzahlregelkreis wird das reduzierte Gesamtträgheitsmoment durch das Motorträgheitsmoment ersetzt und im 6-Massenschwingermodell die den Drehzahlregelkreis annähernde Federkonstante c1 und die zugehörige Dämpfung d1 gestrichen. Dann können die Blockschaltbilder des elektrischen Teils (Bild 3.10) und des mechanischen Teils (Bild 3.24) direkt so übereinander gelegt werden, daß der letzte und der erste Block zur Deckung gebracht werden. In diesen Blöcken steht das Gesamtträgheitsmoment bzw. das Motorträgheitsmoment. Zur weiteren Simulation muß an dieser Stelle das Motorträgheitsmoment herangezogen werden, da die restlichen Massen im mechanischen Modell berücksichtigt sind. Die Kopplung eines normierten Drehzahlregelkreises mit einem nicht normierten Mehrmassenmodell ist auf gleiche Weise möglich, wenn an Schnittstellen entsprechende Glieder zur Entnormierung eingeführt werden. Im Bild 3.26 ist dem Drehzahlregelkreis noch ein Lageregelkreis mit P-Regler überlagert. Für die Lageistwerterfassung sind drei in der Praxis übliche Rückführungen vorgesehen: Indirekte Lagemessung durch rotatorische Geber auf der Motorwelle oder der Spindel, direkte Lagemessung am Tisch. Die entsprechende digitale Simulation ist, insbesondere wenn auch Nichtlinearitäten berücksichtigt werden sollen, sehr zeitintensiv. Deswegen ist es unumgänglich, Parameterstudien an kleineren Modellen durchzuführen und Berechnungen der Gesamtstruktur auf das notwendigste zu beschränken.

In ähnlicher Weise können auch die Zustandsvariablendarstellungen des Gesamtsystems durch systematisches Vorgehen aus den einzelnen Differentialgleichungssystemen gebildet werden. Dazu muß als erstes geprüft werden, wieviele Zustandsvariablen beider Systeme identisch sind. Der Rang der neuen Matrizen bzw. Vektoren ergibt sich dann aus der Summe der Ränge der Einzelmatrizen abzüglich der gemeinsamen Zustandsgrößen. Danach werden in beiden Systemen die Konstanten verändert, die bisher stellvertretend die Eigenschaften des anderen Systems beschrieben haben, also für den Drehzahlregelkreis wieder das Trägheitsmoment und im Mehrmassenmodell die den drehzahlgeregelten Motor repräsentierenden Konstanten c1 und d1. Hauptschwierigkeit ist jetzt die Er-

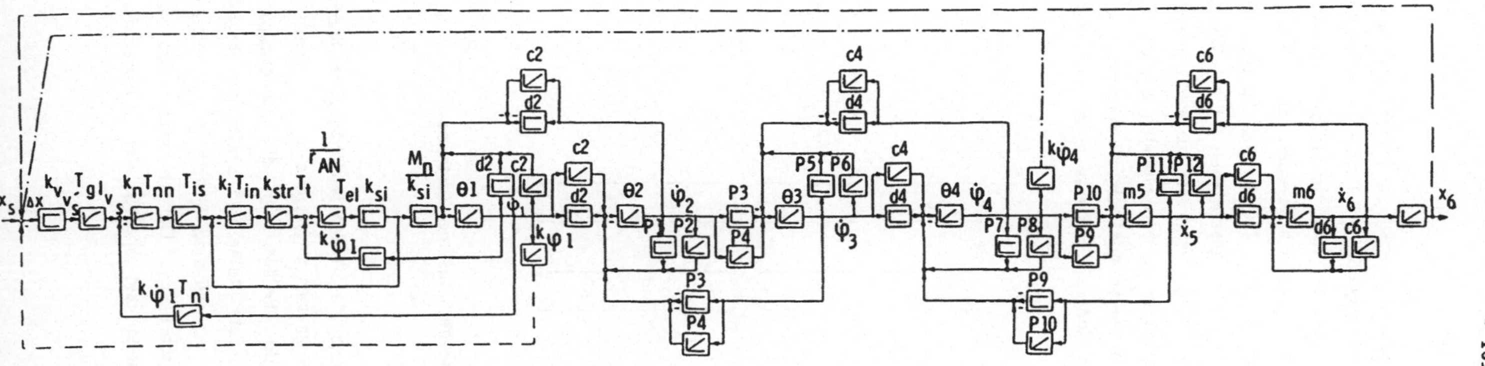

Abkürzungen:

P1 $= d_2+d_3r_2^2$

P2 $= c_2+c_3r_2^2$

P3 $= d_3r_2r_3$

P4 $= c_3r_2r_3$

P5 $= d_3r_3^2+d_4$

P6 $= c_3r_3^2+c_4$

P7 $= d_4+d_5h^2/4/\pi^2$

P8 $= c_4+c_5h^2/4/\pi^2$

P9 $= c_5h/2/\pi$

P10 $= d_5h/2/\pi$

P11 $= d_5+d_6$

P12 $= c_5+c_6$

—— Indirekte Lagemessung an der Motorwelle

—·— Indirekte Lagemessung an der Kugelgewindespindel

– – direkte Lagemessung am Tisch

Bild 3.26: Skizze des zusammengesetzten Lageregelkreises aus den Blockschaltbildern von Bild 3.10 und 3.24

stellung der gemeinsamen Steuermatrix. Zunächst werden in einer Teilmatrix die den Matrizen gemeinsamen Zustandsgrößen zugehörigen Reihen und Spalten gestrichen und die Teilmatrizen so zusammengefügt, daß die Einzeldiagonalen aneinander gesetzt die Gesamtdiagonale bilden. Danach werden die zunächst gestrichenen Elemente einer Teilsystemmatrix in die Zeilen und Spalten der entsprechenden Zustandsvariablen des neuen Systems geschrieben. Eine Veränderung der nichtreduzierten Teilmatrix erfolgt nur, wenn die zu reduzierende Teilmatrix Elemente besitzt, die gleichzeitig einer zu streichenden Spalte und Reihe angehören. Der Steuervektor wird sich meist aus den Komponenten des einen und der Ausgangsvektor aus denen des anderen Systems zusammensetzen (Bild 3.27).

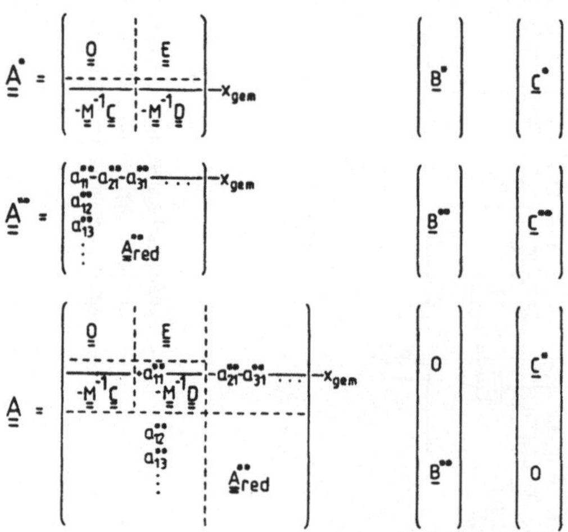

Bild 3.27: Matrizenkombination für eine gemeinsame Zustandsvariable

Die Steuermatrix des Drehzahlregelkreises und des 6-Massenschwingers haben eine Zustandsvariable gemeinsam: x_1 des Regelkreises entspricht x_7 des Schwingers, das ist der Drehwinkel der Motorwelle. Beläßt man die Steuermatrix des Mehrmassensystems $\underline{\underline{A}}^*$, so muß man die erste Reihe und Spalte der Regelkreissteuermatrix $\underline{\underline{A}}^{**}$ streichen und kann die verbleibende Matrix $\underline{\underline{A}}^{**}_{red}$ seitlich versetzt unter die Massensteuermatrix $\underline{\underline{A}}^*$ schreiben. Danach setzt man die gestrichenen Reihen und Spalten in die Reihen und Spalten der entsprechen-

$$
\underline{\dot{x}} = \left(\begin{array}{ccccccccccccccccccc}
0 & 0 & 0 & 0 & 0 & 0 & 1 & 0 & 0 & 0 & 0 & 0 & 0 & 0 & 0 & 0 & 0 & 0 & 0 \\
0 & 0 & 0 & 0 & 0 & 0 & 0 & 1 & 0 & 0 & 0 & 0 & 0 & 0 & 0 & 0 & 0 & 0 & 0 \\
0 & 0 & 0 & 0 & 0 & 0 & 0 & 0 & 1 & 0 & 0 & 0 & 0 & 0 & 0 & 0 & 0 & 0 & 0 \\
0 & 0 & 0 & 0 & 0 & 0 & 0 & 0 & 0 & 1 & 0 & 0 & 0 & 0 & 0 & 0 & 0 & 0 & 0 \\
0 & 0 & 0 & 0 & 0 & 0 & 0 & 0 & 0 & 0 & 1 & 0 & 0 & 0 & 0 & 0 & 0 & 0 & 0 \\
0 & 0 & 0 & 0 & 0 & 0 & 0 & 0 & 0 & 0 & 0 & 1 & 0 & 0 & 0 & 0 & 0 & 0 & 0 \\
-\frac{c2}{\theta 1} & \frac{c2}{\theta 1} & 0 & 0 & 0 & 0 & -\frac{d2}{\theta 1} & \frac{d2}{\theta 1} & 0 & 0 & 0 & 0 & \frac{M_N}{\theta 1} & 0 & 0 & 0 & 0 & 0 & 0 \\
\frac{c2}{\theta 2} & -\frac{P2}{\theta 2} & \frac{P4}{\theta 2} & 0 & 0 & 0 & \frac{d2}{\theta 2} & -\frac{P1}{\theta 2} & \frac{P3}{\theta 2} & 0 & 0 & 0 & 0 & 0 & 0 & 0 & 0 & 0 & 0 \\
0 & \frac{P4}{\theta 3} & -\frac{P6}{\theta 3} & \frac{c4}{\theta 3} & 0 & 0 & 0 & \frac{P3}{\theta 3} & -\frac{P5}{\theta 3} & \frac{d4}{\theta 3} & 0 & 0 & 0 & 0 & 0 & 0 & 0 & 0 & 0 \\
0 & 0 & \frac{c4}{\theta 4} & -\frac{P8}{\theta 4} & \frac{P9}{\theta 4} & 0 & 0 & 0 & \frac{d4}{\theta 4} & -\frac{P7}{\theta 4} & \frac{P10}{\theta 4} & 0 & 0 & 0 & 0 & 0 & 0 & 0 & 0 \\
0 & 0 & 0 & \frac{P9}{m5} & -\frac{P12}{m5} & \frac{c6}{m5} & 0 & 0 & 0 & \frac{P10}{m5} & -\frac{P11}{m5} & \frac{d6}{m5} & 0 & 0 & 0 & 0 & 0 & 0 & 0 \\
0 & 0 & 0 & 0 & \frac{c6}{m6} & \frac{c6}{m6} & 0 & 0 & 0 & 0 & \frac{d6}{m6} & \frac{d6}{m6} & 0 & 0 & 0 & 0 & 0 & 0 & 0 \\
0 & 0 & 0 & 0 & 0 & 0 & -\frac{1}{r_{AN} T_{el}} & 0 & 0 & 0 & 0 & 0 & -\frac{1}{T_{el}} & \frac{1}{r_{AN} T_{el}} & 0 & 0 & 0 & 0 & 0 \\
0 & 0 & 0 & 0 & 0 & 0 & 0 & 0 & 0 & 0 & 0 & 0 & -\frac{k_{str} k_i k_{si}}{T_t} & -\frac{1}{T_t} & \frac{k_{str} k_i}{T_t} & \frac{k_{str} k_i}{T_t} & 0 & 0 & 0 \\
0 & 0 & 0 & 0 & 0 & 0 & 0 & 0 & 0 & 0 & 0 & 0 & -\frac{k_{si}}{T_{in}} & 0 & 0 & \frac{1}{T_{in}} & 0 & 0 & 0 \\
0 & 0 & 0 & 0 & 0 & 0 & 0 & 0 & 0 & 0 & 0 & 0 & 0 & 0 & 0 & -\frac{1}{T_{is}} & \frac{k_n}{T_{is}} & -\frac{k_n}{T_{is}} & \frac{k_n}{T_{is}} \\
0 & 0 & 0 & 0 & 0 & 0 & 0 & 0 & 0 & 0 & 0 & 0 & 0 & 0 & 0 & 0 & 0 & -\frac{1}{T_{nn}} & \frac{1}{T_{nn}} \\
0 & 0 & 0 & 0 & 0 & 0 & \frac{k_{\varphi i}}{T_{ni}} & 0 & 0 & 0 & 0 & 0 & 0 & 0 & 0 & 0 & 0 & -\frac{1}{T_{ni}} & 0 \\
\left(-\frac{k_A k_{\varphi i} k_v}{T_{gl}}\right) & 0 & 0 & \left(-\frac{k_A k_{\varphi i} k_v}{T_{gl}}\right) & 0 & \left(-\frac{k_A k_v}{T_{gl}}\right) & 0 & 0 & 0 & 0 & 0 & 0 & 0 & 0 & 0 & 0 & 0 & 0 & -\frac{1}{T_{gl}}
\end{array}\right) \cdot \underline{x} + \left(\begin{array}{c}
0 \\ 0 \\ 0 \\ 0 \\ 0 \\ 0 \\ 0 \\ 0 \\ 0 \\ 0 \\ 0 \\ 0 \\ 0 \\ 0 \\ 0 \\ 0 \\ 0 \\ 0 \\ \left(\frac{k_A k_v}{T_{gl}}\right)
\end{array}\right) \cdot \underline{u}
$$

Rückführung für Lageregelkreis von: Motorwelle Spindel Tischweg

$$y = (0, 0, 0, 0, 0, 1, 0, 0, 0, 0, 0, 0, 0, 0, 0, 0, 0, 0, 0)^T \cdot \underline{x}$$

Bild 3.28: Zustandsvariablendarstellung des Lageregelkreises mit 6-Massen-Ersatzmodell für den drehzahlgeregelten Vorschubantrieb

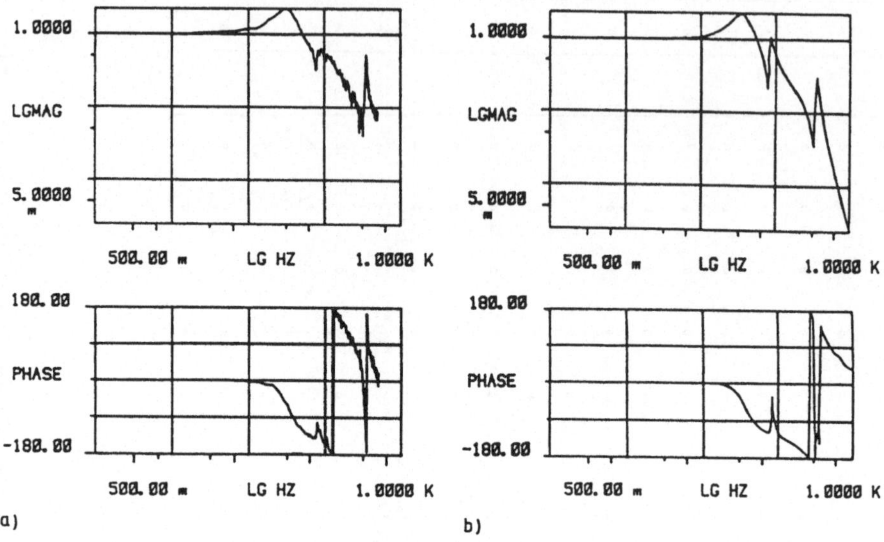

Bild 3.29: Unter Berücksichtigung der schwingungsfähigen Mechanik a) gemessener und b) errechneter Frequenzgang eines bürstenlosen Antriebs am Drehmaschinen-Versuchstisch

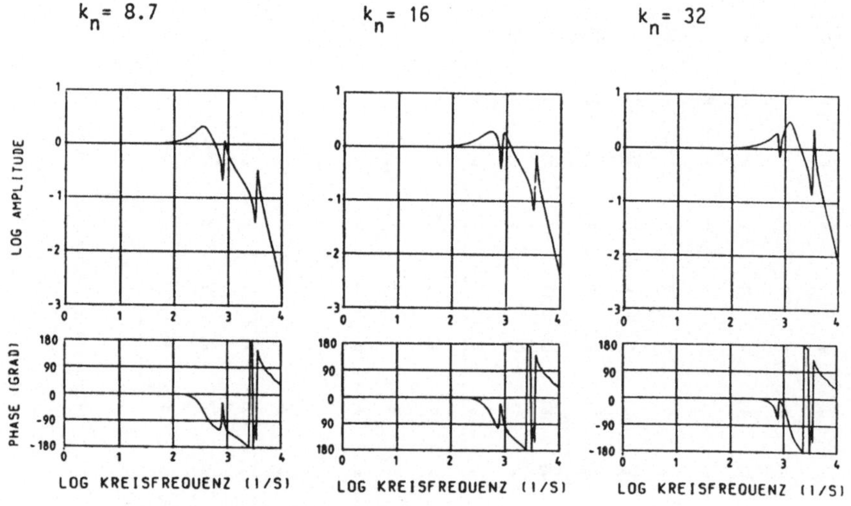

Bild 3.30: Bodediagramm des Drehzahlregelkreises mit schwingungsfähiger Mechanik mit k_n= 8,7; 16; 32

den Zustandsvariablen in diesem Fall x_7 ein und erhält damit für den Drehzahlregelkreis mit Mehrmassenschwinger die in Bild 3.28 dargestellte Matrix und Vektoren.

Die in Bild 3.29 abgebildeten Bodediagramme ermöglichen den Vergleich zwischen dem am Versuchsstand gemessenen und dem unter Berücksichtigung einer schwingungsfähigen Mechanik errechneten Verhalten eines bürstenlosen drehzahlgeregelten Vorschubantriebs. Der Vergleich mit den Führungsfrequenzgängen von Bild 3.20 läßt den erzielten Fortschritt in der Qualität der Berechnung durch die neu entwickelte Methodik deutlich erkennen.

Im Bild 3.30 ist der Drehzahlregelkreis mit elastisch gekoppelten Massen mit unterschiedlicher Verstärkung des Drehzahlreglers dargestellt. Durch die Drehzahlreglerverstärkung wird die erste und zweite mechanische Eigenfrequenz in kritische Bereiche gehoben, eine Tatsache, die ohne elastisch gekoppelte Masse nicht zu erkennen wäre.

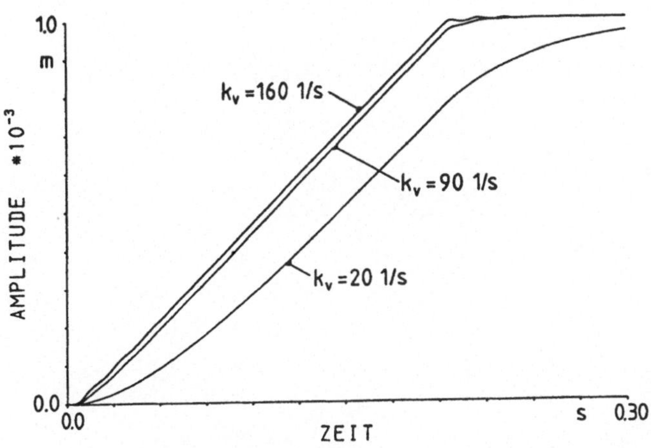

Bild 3.31: Positioniervorgang des lagegeregelten Vorschubantriebs bei rampenförmiger Sollwertvorgabe k_v= 20, 90, 160 1/s

Als Beispiel für einen geschlossenen Lageregelkreis zeigt Bild 3.31 Positioniervorgänge bei unterschiedlicher Verstärkung des dem Drehzahlregelkreis überlagerten P-Lagereglers.

Somit stehen den unterschiedlichen Aufgabenstellungen angepaßte Möglichkeiten zur Verfügung, die dynamischen Eigenschaften elektrischer Vorschubantriebe bis hin zum Lageregelkreis theoretisch zu ermitteln.

4 Experimentelle Untersuchungen

Zur Bestätigung der theoretischen Ergebnisse und Beschaffung fehlender Eingabedaten waren umfangreiche experimentelle Untersuchungen notwendig. Als besonderes Problem ist die Trennung der elektrischen von den mechanischen Eigenschaften anzusehen. Um möglichst gute Vergleichsmöglichkeiten von Meßergebnissen prinzipiell unterschiedlicher Antriebe zu erzielen, wurden Motoren eines gleichen Drehzahlbereiches (0- 2000 1/min) und mit Dauerdrehmomenten zwischen 10 und 14 Nm ausgewählt. Technisch bedingt stand fast immer nur ein Motor mit einem zugehörigen Leistungsteil zur Verfügung. Dadurch variieren stets mehrere Parameter gleichzeitig (Motor, Leistungselektronik, Meßsystem, Reglereinstellung), so daß zur Auswertung eine stark detaillierte Betrachtungsweise notwendig ist und der direkte zahlenmäßige Vergleich erschwert wird.

4.1 Versuchsstände

Die Aufgabenstellung erfordert eine Dreiteilung der experimentellen Untersuchungen. Ein Motorenprüfstand dient der Betrachtung der Eigenschaften elektrischer Antriebe unter weitgehender Isolierung mechanischer Einflüsse. An einem Zahnriemenprüfstand werden die charakteristischen Daten dieses Bauelements ermittelt. Das Zusammenwirken aller elektrischer und mechanischer Baugruppen ergibt sich aus den Untersuchungen am Längsvorschub einer CNC-Drehmaschine.

4.1.1 Motorenprüfstand

Eine Skizze dieses Versuchsstandes zeigt Bild 4.1. In der Grundversion wird der Prüfling über eine torsionssteife Ausgleichskupplung entweder direkt oder über eine Drehmoment-Meßnabe mit einem Lastmotor gekoppelt. Dieser besteht aus einem konventionellen Gleichstrommotor und einem stromgeregelten Transistorsteller, der für Dauerbremsbetrieb ausgerüstet ist. Durch umfangreiche Automatisierungsmaßnahmen kann eine zügige Versuchsdurchführung, eine einheitliche Dokumentation und hohe Betriebssicherheit erreicht werden. Ein Rechner ist über einen IEC-Bus mit Meßgeräten, Drucker, Plotter und Diskettenlaufwerk verbunden. Über einen I/O-Controller wird sowohl der Prüfling als auch der Lastmotor angesteuert. Dazu werden die Freigabesignale ausgegeben und die Bereitmeldungen empfangen. Über einen D/A-Wandler werden die Sollwerte vorgegeben und über A/D-Wandler die Spannung der Tachogeneratoren,

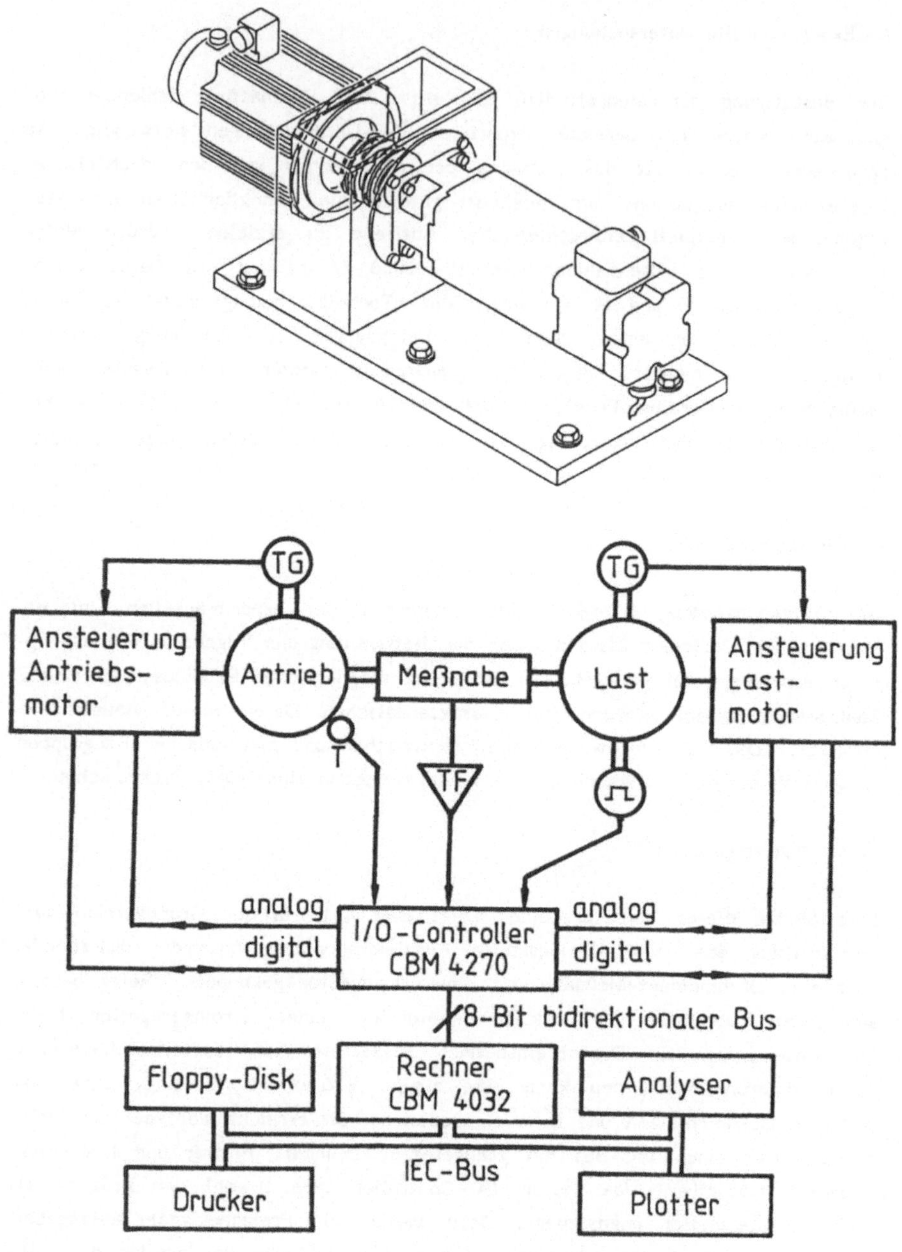

Bild 4.1: Aufbau des Motorprüfstands

den Strömen proportionale Spannungen oder die Signale des Temperaturmeßgerätes erfaßt. Zur Messung der Ströme werden drei hochwertige Meßzangen eingesetzt. Umfangreiche Verriegelungsmaßnahmen, die teils hardware-, teils softwaremäßig ausgeführt sind, verhindern unzulässige Betriebszustände.

An dem Versuchsstand können sowohl statische als auch dynamische Messungen durchgeführt werden. Dabei ist zu beachten, daß die Fremdmassen Kupplung, Lastmotor und ggf. Meßnabe mit zusätzlicher Kupplung weit über dem Eigenträgheitsmoment des Prüflings liegen können. Im einzelnen werden folgende Messungen durchgeführt:

- Messung des Temperaturverhaltens und des Dauerdrehmomentes bei unterschiedlichen Drehzahlen.

Dazu werden jedem Motor drei Temperaturfühler aufgeklebt. Die Messungen finden in einem nicht klimatisierten Industrieraum statt. Schwankungen der Umgebungsbedingungen können deswegen nicht vermieden werden. Zur Kontrolle wird die Umgebungstemperatur mit aufgezeichnet. Der Motor ist nicht wärmeisoliert angebracht, so daß wie an einer Werkzeugmaschine eine Wärmeabgabe über seinen Flansch an den Tisch stattfindet. Die Belastung der Motoren erfolgt über einen stromgeregelten Gleichstrommotor, der über eine Drehmoment-Meßnabe angekoppelt ist. Dieser Aufbau stellt ein sehr nachgiebiges Gebilde dar, das leicht zum Schwingen neigt. In vielen Fällen wurde deswegen auf den Einbau der Drehmoment-Meßnabe verzichtet. Der Zusammenhang zwischen Drehmoment, Strom und Stromsollwertvorgabe wurde zuvor durch umfangreiche Eichmessungen festgestellt und im Rechner abgelegt. Um Fehlmessungen zu vermeiden, werden die Ströme beider Motoren während der Messungen überwacht. Für Kontrollzwecke kann an den Prüfling eine Scheibe montiert werden, an derem äußeren Rand ein Seil angebracht wird, das durch ein Gewicht eine konstante Momentenbelastung zuläßt. Sofern die Drehzahl klein genug ist, können die Beschleunigungsvorgänge bei notwendiger Drehrichtungsumkehr vernachlässigt werden.

- Bestimmung der Gleichmäßigkeit des Drehmomentenverlaufes bei unterschiedlichen Arbeitspunkten.

In Anlehnung an die Norm DIN 45665 wurde mit Geschwindigkeitsaufnehmern die Schwingstärke der Motoren gemessen. Dabei ist folgendes zu beachten:

1. Die Messung erfolgt im Leerlauf. Dadurch werden im wesentlichen nur mechanische Anregungen etwa durch Unwucht oder durch die Lager erfaßt. Magnetische und elektrische Anregungen treten nur hintergründig in Erscheinung.
2. Die Maschinen sollen im tiefabgestimmten Zustand gemessen werden. Geht man von einer zu messenden Grundfrequenz, die sich aus der Drehzahl n ableitet aus, so ergibt sich die unterste Drehzahl, für die noch von einem tiefabgestimmten System ausgegangen werden kann, in Abhängigkeit des erreichbaren Federweges x zu:

$$n \geq \frac{2}{\pi} \cdot \sqrt{\frac{g}{x}} \qquad (4.1)$$

Messungen nach dieser Norm führen deswegen zu keinem die Antriebe in gewünschter Weise charakterisierenden Ergebnis.

Betreibt man am Versuchstand einen Motor drehzahlgeregelt, den anderen stromgeregelt, so läßt sich prinzipiell durch die Drehmoment-Meßnabe der Momentenverlauf dieses Verbandes erfassen. Da die Drehmomentenwelligkeit des Prüflings im drehzahlgeregelten Betrieb von Interesse ist, empfiehlt es sich, diesen drehzahlgeregelt und den Lastmotor stromgeregelt zu betreiben, wobei die Abgabe eines absolut konstanten Moments durch den Lastmotor gewährleistet sein muß. Darüber hinaus müssen noch mechanische Resonanzerscheinungen am Prüfstand bei der Auswertung des Drehmomentenverlaufs mitberücksichtigt werden.

Eine Analyse der Ursachen der Pendelmomente erfordert die Transformation des zeitlichen Verlaufs in den Frequenzbereich. Enthält das Zeitsignal immer die gleichen Spektralanteile, so können durch Mitteln nacheinander gewonnener Linearspektren die periodischen von den nichtperiodischen Anteilen herausgefiltert werden. In unserem Fall sind die Frequenzen der interessierenden Signale ganzzahlige Vielfache der Umdrehungsgeschwindigkeit. Da diese selbst variiert, ergeben sich auch entsprechende Frequenzverschiebungen. Diese könnten eliminiert werden, wenn es möglich wäre, die Abtastfrequenz des Analysators mit der Umdrehungsgeschwindigkeit zu synchronisieren, wozu die verfügbaren Geräte nicht eingerichtet sind. Eine Verbesserung der Ergebnisse kann erreicht werden, wenn der Startzeitpunkt der Messungen jeweils an den gleichen Rotorpositionen liegt. Dadurch ist offensichtlich der zeitliche Verlauf der Meßgrößen im jeweiligen Meßzeitraum weitgehend identisch. In manchen Fällen muß auf eine automatische Mittelung völlig verzichtet werden.

Vor allem bei höheren Drehzahlen und niedrigen Lastmomenten liefert die Meßnabe sehr unbefriedigende Ergebnisse. Es bietet sich deswegen an, sie durch einen in tangentialer Richtung auf der Motorwelle angebrachten Beschleunigungsaufnehmer zu substituieren. Die Signale des Aufnehmers werden durch eine telemetrische Meßdatenübertragungseinrichtung berührungslos von der rotierenden Welle aus an die Meßgeräte übertragen. Die Energie zur Versorgung von Sender, Verstärker und Aufnehmer wird induktiv eingespeist. Das gesuchte Beschleunigungsmoment erhält man dann zu:

$$M_B = \frac{\Theta \cdot b}{r} \tag{4.2}$$

Es ist jedoch zu beachten, daß der Aufnehmer nicht nur rotatorische, sondern auch translatorische Bewegungen miterfaßt. Für die Auswertung des Linearspektrums ist dies ohne Bedeutung, solange keine gesuchten Frequenzanteile davon überlagert werden.

Beim Messen der Drehzahlschwankungen mit dem Tachosignal ist zu berücksichtigen, daß gerade auch das Tachosignal selbst periodischen Schwankungen unterliegt. Will man sicher zwischen Drehzahlschwankungen und Signalschwankungen aufgrund des Tachos selbst unterscheiden, muß man Vergleichsmessungen mit unterschiedlichen Tachos durchführen. Dadurch kann man auch zu Aussagen über den Tachogenerator selbst gelangen. Vor allem bei größeren Drehzahlschwankungen erhält man direkte quantitative Aussagen über die Drehzahlabweichungen.

- Betrachtung des Führungsverhaltens an unterschiedlichen Arbeitspunkten.

Dazu werden unterschiedliche Lastpunkte eingestellt und der Motor mit kleinen Drehzahlsprüngen bei unterschiedlichen Grunddrehzahlen beaufschlagt. Bei linearem Verhalten über den gesamten Drehzahlbereich müssen sich lastabhängig identische An- und Ausregelzeiten ergeben.

In gleicher Weise werden von Drehzahl Null ausgehend Führungssprünge unterschiedlicher Höhe ausgegeben und die An- und Ausregelzeiten sowie die Größe des Überschwingens bestimmt. Für die charakteristischen Zeiten beim Beschleunigungs- und beim Bremsvorgang ergeben sich aufgrund der Wirkung der Reibkraft unterschiedliche Werte. Für große Sprünge befinden sich die Antriebe die meiste Zeit in der Reglerbegrenzung. Aus der Änderung der Anregelzeit mit der Sprunghöhe bzw. der Belastung können Rückschlüsse auf das maximale Beschleunigungsvermögen gemacht werden. Ergänzend dazu können noch Drehzahlsprünge durch den Nullpunkt hindurch betrachtet werden.

Die Messung von Führungsfrequenzgängen an verschiedenen Arbeitspunkten dient der Betrachtung des dynamischen Kleinsignalverhaltens der Antriebe. Für diese Messung muß sichergestellt werden, daß der Antrieb in keine Reglerbegrenzung gerät.

- Betrachtung des Störverhaltens an unterschiedlichen Arbeitspunkten.

Durch Vorgabe von Stromsollwertsprüngen auf den Lastmotor ist es möglich, den drehzahlgeregelten Prüfling angenähert mit Momentenstößen zu beaufschlagen und den entsprechenden Ausregelvorgang durch Aufzeichnung der Drehzahlschwankung zu betrachten. Damit erhält man eine Aussage über die Drehzahlsteifigkeit des Antriebs.

4.1.2 NC-Drehmaschinentisch als Versuchsstand

Um die elektrischen Antriebe unter praxisnahen Bedingungen beurteilen zu können und die Überlegungen zur Berücksichtigung schwingungsfähiger mechanischer Elemente meßtechnisch untermauern zu können, wurde der Längsvorschub einer NC-Drehmaschine verwendet. Es steht zum einen die komplette Maschine mit numerischer Steuerung zur Verfügung, zum anderen das Bett einer Maschine gleichen Typs mit identischen mechanischen Vorschüben. Dieser reine Versuchstisch zeichnet sich durch eine gute Zugänglichkeit aus. Wie bereits bei der Modellbildung erwähnt wurde, besteht der mechanische Vorschub aus einem Zahnriemengetriebe mit einer Übersetzung 1 : 1,25 und einer Kugelgewindespindel mit Doppelmutter und einem Spindeldurchmesser von 32 mm und 10 mm Steigung. Der Tisch gleitet auf hydrodynamischen Flachführungen. Gemessen werden an diesem Versuchsstand im wesentlichen Frequenzgänge des gesamten Antriebs, unterschiedliche Bewegungsabläufe und Positioniervorgänge. Als Meßgrößen werden Beschleunigungen, Geschwindigkeiten und Tischwege aufgezeichnet.

4.1.3 Zahnriemenversuchsstand

Der in Bild 4.2 dargestellte Versuchsstand wurde für die experimentelle Ermittlung der statischen und dynamischen Eigenschaften eines Zahnriementriebs konzipiert. Die Trumkraft wird durch Gewichte erzeugt, die über einen Seilzug und eine Umlenkrolle mit dem längsbeweglichen Schlitten verbunden sind, der zugleich als Lagerung einer Zahnscheibe dient. Die zweite Zahnscheibenlagerung liegt im ortsfesten Lagerbock. Zur Schlittenlagerung wird eine in Linearkugellagern gleitende Stangenführung verwendet. Durch Kegelhülsen in den Lagerböcken kann der Achsabstand bei gegebener Vorspannung fixiert werden, ohne diese zu verändern. Mit dem Versuchsstand können in Vorschubantrieben gängige Zahnriemen der Teilung 8 mm und 14 mm bis zu 600 mm Achsabstand untersucht werden.

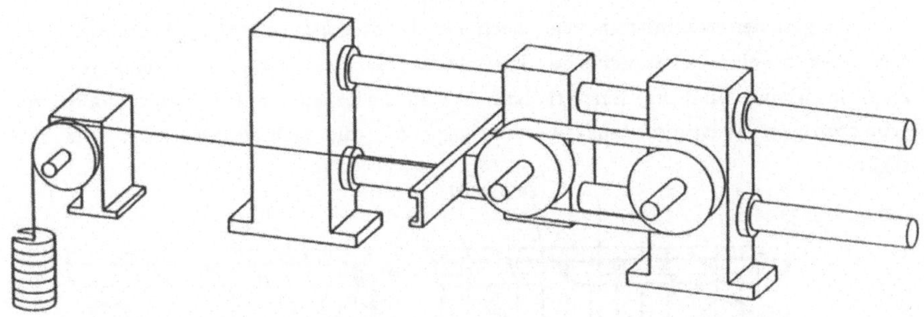

Bild 4.2: Zahnriemenversuchsstand

Bei statischen Messungen wird eine Zahnscheibe blockiert, die andere bleibt frei beweglich, um unterschiedliche Zugkräfte in den Riementrums ausgleichen zu können. Auch der Schlitten bleibt ungeklemmt. Es werden Längenänderungen im Riementrum bzw. am Riemenzahn als Funktion der variablen Trumkraft gemessen. Die eingehende Untersuchung diverser Meßmittel zeigte, daß zur Messung der Längenänderung sinnvollerweise nur folgende Verfahren eingesetzt werden können:

- Ein mit Meßspitzen auf das obere Riementrum gesetzter Mikrokator. Dabei ist darauf zu achten, daß dieser waagerecht und exakt in Riemenrichtung aufgelegt wird.

- Zwei Mikroskope mit Meßokular. Als Meßmarkierung werden dünne Alustreifen auf den Riemen geklebt. Die Längenänderung des Riementrums zwischen den Markierungen kann dann durch Differenzbildung der im Mikroskop angezeigten Wegstücke gewonnen werden.

Als ungeeignet haben sich Tausendstel- oder gar Hundertstel-Meßuhren erwiesen.

Die Zugsteifigkeit des Zahnriementrums ergibt sich dann zu:

$$s_T = \frac{\Delta F}{\Delta l} \cdot l_o \qquad (4.3)$$

Dabei ist ΔF die Kraftänderung, welche die Längenänderung Δl des Trumstücks mit der Länge l_o bewirkt.

Mit den gleichen Meßmitteln kann auch die Zahnfederkonstante c_z bestimmt werden. Durch eine entsprechende Vorrichtung wird sichergestellt, daß nur ein Zahn je Riementrum im Eingriff ist. Dessen Federkonstante c_z wird analog zur Trumsteifigkeit bestimmt aus der Weglänge Δl, die sich entsprechend Bild 4.3 ergibt.

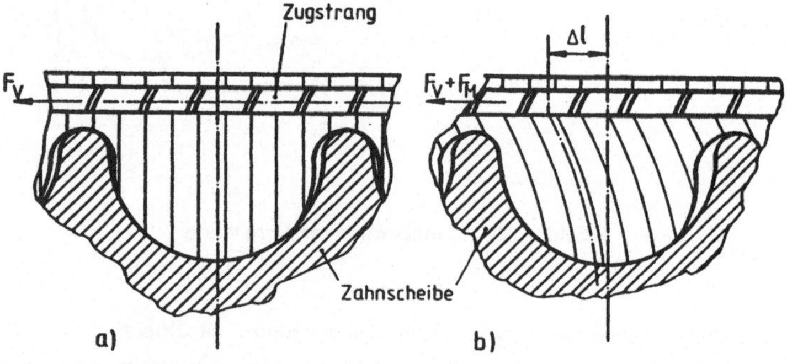

Bild 4.3: Bestimmung der Federkonstante eines Riemenzahns
a) unverformter Zahn (F_V=Vorspannkraft)
b) unter Belastung verformter Zahn (F_V+F_M; F_M=Meßkraft)

Für dynamische Messungen am nicht umlaufenden Riemen kann der bisher beschriebene Aufbau prinzipiell beibehalten werden. An der freibeweglichen Scheibe wird zusätzlich ein linearer elektrodynamischer Schwingungserreger angebracht, mit dem eine definierte Kraft in den Riemen eingeleitet werden kann /52/. Mit einem Beschleunigungsaufnehmer kann dann der Beschleunigungsfrequenzgang dieser Anordnung bestimmt werden.

Um dynamische Messungen auch bei umlaufendem Riemen aufzeichnen zu können, muß eine der Wellen torsionssteif mit einem Torsionserreger verbunden werden. Dieser ermöglicht die Erregung mit definierten Momenten. Auf der zweiten Welle lassen sich unterschiedliche Schwungmassen montieren, ggf. kann auch eine Bremse angebracht werden. Als Meßwertgeber können Beschleunigungsaufnehmer dienen, die auf den Zahnscheiben in tangentialer Richtung angebracht werden. In den Wellen integrierte Telemetrieeinheiten erlauben sowohl die induktive Speisung der Meßsysteme als auch die berührungslose Meßdatenübertragung von den rotierenden Wellen. Die verschiedenen Anordnungen der Erreger zeigt Bild 4.4. Die Weiterverarbeitung der Meßsignale erfolgt wie bei allen dynamischen Meßungen mittels eines Strukturanalysators.

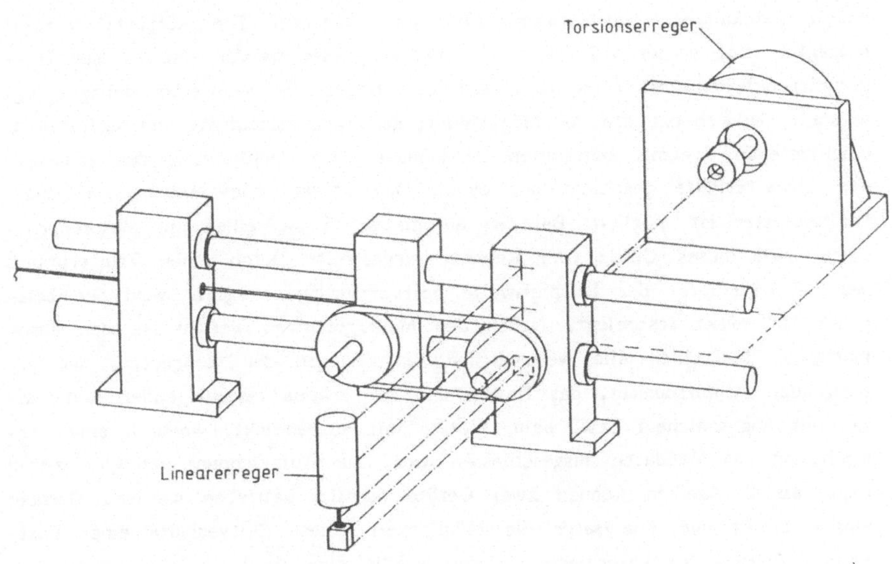

Bild 4.4: Zahnriemenversuchsstand für dynamische Messungen

4.2 Meßtechnik

Für die richtige Beurteilung der Antriebe kommt der Meßtechnik eine zentrale Bedeutung zu. Die hohe Dynamik der Antriebe und die Komplexität des teilweise nichtlinearen Systems sowie die hohe Genauigkeit erfordern eine außergewöhnlich aufwendige Meßtechnik. Die Fülle der erwarteten Meßdaten legt die Verwendung von rechnergesteuerten Geräten nahe, wodurch eine rasche Meßwertverarbeitung, eine verläßliche Auswertung und eine einheitliche Dokumentation möglich ist.

4.2.1 Erfassung von Zeitverläufen

Sieht man von wenigen Ausnahmen ab, so werden fast alle Zeitverläufe mit einem zweikanaligen Strukturanalysator aufgezeichnet. Die kürzeste Meßzeit beträgt 5 ms, in der 512 Werte je Kanal eingelesen werden können. Der Triggerzeitpunkt kann dabei vor oder nach dem Beginn der Meßwerterfassung gelegt werden. Dadurch hat man die Möglichkeit, den Signalverlauf vor und nach einem eingetretenen Ereignis betrachten zu können. Die Archivierung der gemessenen Signalverläufe geschieht auf einem Magnetband. Die Ausgabe auf einen Digitalplotter ist möglich. Bei den automatischen Meßreihen am Motorenprüfstand wird dieses Gerät vom Rechner eingestellt. Durch einen Triggerimpuls des D/A-Wandlers, der beispielsweise Sollwertsprünge vorgibt, wird der Zeitpunkt "0" exakt festgelegt. Neben den Meßergebnissen werden bei den automatischen Meßreihen alle wesentlichen Einstellungen der Meßgeräte, der betreffenden Arbeitspunkte, das Datum und ein jeweils festzulegender Kommentar mit abgespeichert bzw. beim Plotten mit ausgedruckt, wodurch eine Verwechslung von Meßdaten ausgeschlossen wird. Zur Aufzeichnung von gleichzeitig mehr als 2 Kanälen können zwei Geräte parallel betrieben werden. Darüber hinaus bietet der Analysator die Möglichkeit, diese Zeitverläufe einer Fast-Fourier-Analyse zu unterziehen. Damit erhält man rasch das Linearspektrum des Signals.

4.2.2 Frequenzgangmessung

Mit dem gleichen Analysator ist auch die Aufzeichnung von Frequenzgängen möglich. Dazu wird der Quotient aus Kreuzleistungs- und Eingangsleistungsspektrum gebildet /79/. Die ermittelte Transferfunktion wird als Bodediagramm, Ortskurve oder eine äquivalente Darstellung ausgegeben. Voraussetzung zur korrekten Messung ist, daß das Eingangs- und das Ausgangssignal im betrachteten Frequenzbereich auch entsprechende Frequenzanteile enthalten. Ferner wird Linearität und Zeitinvarianz der Meßstrecke vorausgesetzt. Um zu einer Aussage über die Zuverlässigkeit der Messung zu gelangen, wird die Kohärenzfunktion betrachtet. Sie ist ein Maß für die Kausalität zwischen Eingangs- und Ausgangssignal. Die Vertrauensgrenze bei Frequenzgangmessungen ergibt sich aus der Betrachtung von Kohärenzfunktion und Anzahl der Mittelungen. Bild 4.5 zeigt den Zusammenhang zwischen dem Wert der Kohärenzfunktion und der Anzahl der Mittelungen. Im allgemeinen wird die Kohärenz gering, wenn sich, bedingt durch eine niedrige Eingangsleistung die Ausgangsleistung nur schwach von der Störung abhebt, der Zusammenhang zwischen Ein- und Ausgangssignal nichtlinear ist oder das Ausgangssignal Energieanteile enthält, die im Eingangssignal nicht enthalten sind.

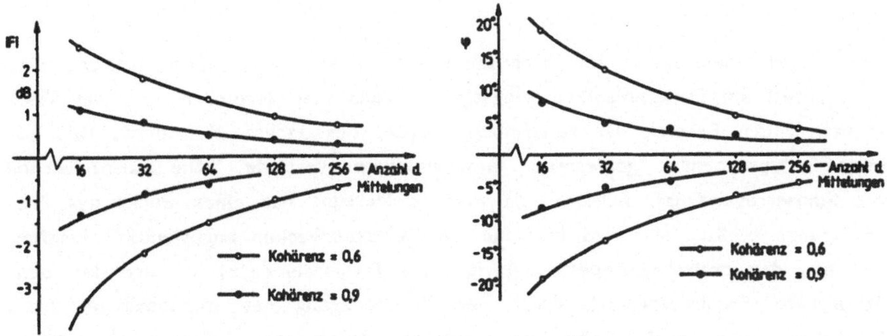

Bild 4.5: Mögliche Abweichung von Amplitude und Phase in Abhängigkeit von der Mittelung und der Kohärenzfunktion für eine Vertrauensgrenze von 90% nach /65/

Trotzdem darf der Kohärenzfunktion nicht uneingeschränkt vertraut werden. In Bild 4.6 sind drei unterschiedliche Führungsfrequenzgänge eines Drehzahlregelkreises dargestellt. Geändert wurde jeweils nur die Amplitude des erregenden Rauschsignals des Drehzahlsollwerts. Die Kohärenz ist in allen Fällen zufriedenstellend, läßt aber die Fehlmessung nicht ohne weiteres erkennen. Ursache der veränderten Transferfunktion ist das Erreichen der Reglerbegrenzung bei größeren Sollwertänderungen. Solche Effekte lassen sich am besten durch Betrachtung sinusförmiger Ein- und damit auch Ausgangssignale studieren.

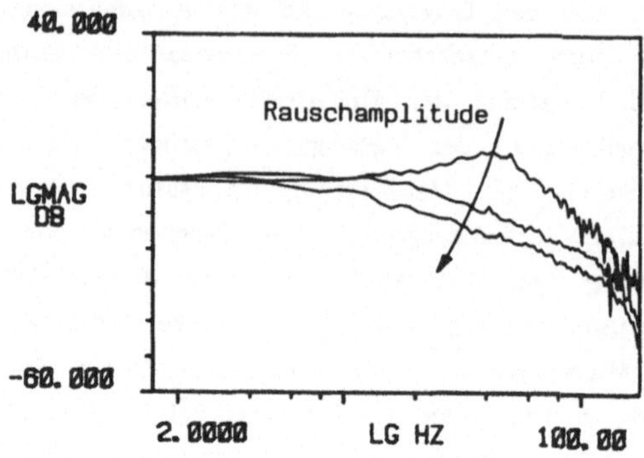

Bild 4.6: Einfluß der Höhe des Rauschsignals auf die Korrektheit der gemessenen Führungsübertragungsfunktion eines Drehzahlregelkreises

Erregt man einen Motor am Tisch durch ein sinusförmiges Signal mit und ohne Gleichanteil am Drehzahlsollwerteingang, so kann man erreichen, daß der Tisch einmal in den Bereich der Haftreibung gerät, das andere Mal nicht. Bild 4.7 zeigt entsprechende gemessene Geschwindigkeitsverläufe. Die Identifikation mit Sinuserregung ist mühsam, da man je Messung nur einen Punkt des Frequenzgangs erhält, sie wird hier nur zu Kontrollzwecken angewendet. Verwendet man den drehzahlgeregelten Antrieb als Torsionserreger, so wird der identifizierbare Frequenzbereich durch den Frequenzgang des Antriebes begrenzt. Betrachtet man mechanische Schwingungen und möchte beispielsweise Nachgiebigkeitsfrequenzgänge aufzeichnen, so kann das Rauschsignal zur Erregung des drehzahlgeregelten Antriebes dienen. Als Meßgröße für den Eingang des Systems muß aber der dem Moment proportionale Strom des Motors, bzw. bei bürstenlosen Antrieben eine entsprechende Meßgröße verwendet werden.

Für die Schwingungsmessung an mechanischen Bauteilen eines Vorschubantriebs müssen einige Besonderheiten berücksichtigt werden. Aufgrund der Tischbewegung verändert sich das System selbst. Um trotzdem zu aussagefähigen Messungen zu gelangen, ist der Meßweg entsprechend einzuschränken. Will man eine größere Anzahl von Mittelungen ausführen, so kann es nötig werden, den Tisch vor jeder Messung wieder in die gleiche Position zu bringen. Außerdem muß eine gewisse Mindestgeschwindigkeit eingehalten werden, damit das Gebiet der Haftreibung und damit der Einfluß grober Nichtlinearitäten vermieden wird.

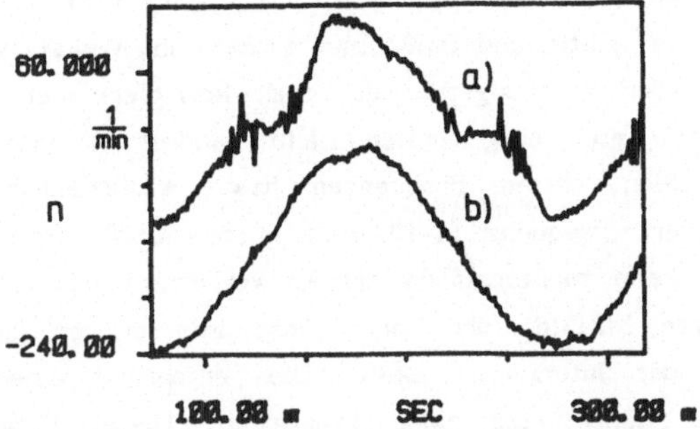

Bild 4.7: Auswirkung der Haftreibung auf die Motordrehzahl
a) Motordrehzahl bei sinusförmiger Drehzahlsollwertvorgabe um Null
b) Motordrehzahl bei sinusförmiger Drehzahlsollwertvorgabe mit gleicher Amplitude, aber ohne Nulldurchgang

Gerade an der Forderung einer konstanten Geschwindigkeit scheitert die Möglichkeit einer anderen motorseitigen Erregungsart über einen elektrodynamischen Linearerreger oder durch die Impact-Methode. Diese Erregungsarten könnten tischseitig angewandt werden, dem steht jedoch die hohe Übersetzungswirkung der Kugelgewindespindel entgegen.

4.2.3 Lasermeßtechnik zur Weg-, Geschwindigkeits- und Schwingungsmessung

Laserinterferometer werden heute überwiegend zur Messung der Positioniergenauigkeit von numerisch gesteuerten Maschinen eingesetzt. Dabei handelt es sich um statisch-statistische Messungen. Gemessen wird die relative Wegänderung zwischen Werkstück und Werkzeug. Im Rahmen dieser Arbeit war neben dem statischen vor allem das dynamische Verhalten der Vorschubantriebe von Interesse. Käufliche Systeme bieten dafür keine Meßmöglichkeiten. Deswegen wurde unter Verwendung eines konventionellen Laserinterferometers ein für dynamische Messungen geeignetes System entwickelt.

Kernstück jedes Laserinterferometers ist die Laserröhre. Bei dem verwendeten Laser handelt es sich um einen sogenannten Zweifrequenz-He-Ne-Laser. Das in dieser Röhre durch stimulierte Emmission gewonnene Laserlicht hat eine

Wellenlänge im sichtbaren Bereich bei $\lambda = 0{,}632991399\ \mu m$ /1/. Dieser Wert ist nur im Vakuum gültig und muß beim Einsatz in Werkstatt oder Labor durch Berücksichtigung der Brechungszahl der Luft korrigiert werden /74/. Bei dem vom verwendeten Laser ausgesandten Licht handelt es sich um zwei zirkular polarisierte Strahlen, deren Frequenzen bzw. Wellenlängen nahe beisammen liegen. Die Differenzfrequenz f1-f2 liegt in der Größenordnung von 1,8 MHz. Diese Frequenz kann meßtechnisch erfaßt werden, indem man die Strahlen in linear polarisierte Strahlen überführt, diese interferieren läßt und die Hell-Dunkel-Wechsel der Interferenz zählt. Dies entspricht einer optischen Differenzbildung, der Zählvorgang einer Integration. Dieser Vorgang wird nur mit einem Teil der Strahlen ausgeführt. Der andere Teil wird einem externen Interferometer zugeführt. Dort wird ein Strahl in dem Interferometer intern reflektiert, der Meßstrahl selbst aber einem externen Reflektor zugeleitet. Nach ihrer Reflektion werden beide Strahlen zur Interferenz gebracht und man erhält dadurch wieder eine optische Differenzbildung. Bewegt sich nun beispielsweise der Reflektor, so kommt es für einen Strahl zu einer Dopplerverschiebung gemäß der Formel

$$f = f' \cdot \sqrt{\frac{c \mp v}{c \pm v}} \tag{4.4}$$

Benutzt man die erste Differenz als Referenz und betrachtet die zweite als Meßdifferenz, so erhält man nach Subtraktion dieser Differenzen ein Maß für die Geschwindigkeit, bzw. durch Integration über der Zeit, für den Weg.

$$\int_0^T (f_1 - f_2)\,dt - \int_0^T (f_1 - \Delta f_1 - f_2)\,dt = \int_0^T \Delta f_1\,dt \tag{4.5}$$

Dies wird realisiert durch Zählen der Hell-Dunkel-Wechsel der beiden Interferenzsignale in gleichen Zeitabschnitten und anschließender Subtraktion der Zählerstände. Werden Minima und Maxima der Helligkeit ausgewertet, so erhält man die Anzahl von Verschiebungsinkrementen als ganzzahlige Vielfache von $\lambda/4$ und damit einen Weg.

Wählt man die Integrationszeit hinreichend klein, so sind dynamische zeitdiskrete Messungen möglich. Dazu muß der Zähler, in dem die Anzahl der $\lambda/4$ Doppler-Verschiebungen steht, rasch in einen Speicher ausgelesen werden, ohne dabei den Zählvorgang zu behindern.

Bei der Realisation wurde auf ein für statisch-statistische Messungen verbreitetes Laserinterferometer zurückgegriffen. Die zeitdiskrete Erfassung der Hell-Dunkel-Wechsel und die Subtraktion der Zählerstände finden mit so hoher Geschwindigkeit statt, daß sie auch für dynamische Messungen geeignet sind. Über ein im Rahmen dieser Arbeit speziell entwickeltes Interface werden diese Zählerstände mit einer maximalen Frequenz von 4,16 kHz ausgelesen und abgespeichert /50/.

Die gerätetechnische Realisation ist im Bild 4.8 zu sehen. Im oberen Bildteil sind die auch für stationäre Messungen erforderlichen Komponenten eines Lasers zu erkennen. Statisch-statistische Messungen können deswegen weiterhin ohne Einschränkung durchgeführt werden. Das Laserdisplay dient der Versorgung der Laserkanone und der Ermittlung der Zählerstände. Von dem von einem Rechner steuerbaren Synthesizer wird die Taktfrequenz für die gewünschte Abtastzeit festgelegt, mit der das Auslesen des Zählers erfolgt. Der Rechner übernimmt nicht nur die Steuerung der Abläufe und die später folgende Auswertung, sondern sein RAM dient auch als schneller Speicher für die Meßwerte. Je Meßwert müssen 5 Byte Speicherplatz zur Verfügung gestellt werden. Dadurch wird der für Programme zur Verfügung stehende Speicherplatz eingeschränkt. Es ist deswegen notwendig, eine Overlay-Technik anzuwenden, bei der nur jeweils die aktuellen Programmmodule im Speicher stehen. Gleichzeitig wird durch diese Technik die Software auch transparenter. Nach dem Abschluß eines Meßzyklus werden die Meßwerte auf einer Diskette abgelegt.

Auch die Kompensationseinheit des Standardgeräts wird weiter zur Korrektur der Laserwellenlänge in Abhängigkeit der Umgebungsbedingungen benutzt. Während für stationäre Messungen jeder Meßwert kompensiert werden muß, ist es für schnelle dynamische Messungen ausreichend, einen Kompensationswert, beispielsweise vor oder nach der Messung, zu erfassen und damit alle Meßwerte zu kompensieren. Wichtig ist, die Umgebungsbedingungen so konstant zu belassen, daß sich die großen Zeitkonstanten von ca. 15 min. der Kompensationseinheit nicht als fatale Fehlerquelle auswirken können. Nach /25/ ergibt eine Meßunsicherheit der Kompensationseinrichtung bei der Ermittlung der Lufttemperatur von +/- 0,3^{0}C, des Luftdrucks von +/- 1,3 hPa und der Luftfeuchte von +/-20% eine Meßunsicherheit des Laserinterferometers von 10^{-6} m. Konsequenterweise werden diese Größen möglichst nahe bei der Meßstrecke erfaßt. Weicht die Zusammensetzung der Luft stark von normalen Bedingungen ab, so können sich weitere Verschiebungen des Brechungsindex ergeben /85/.

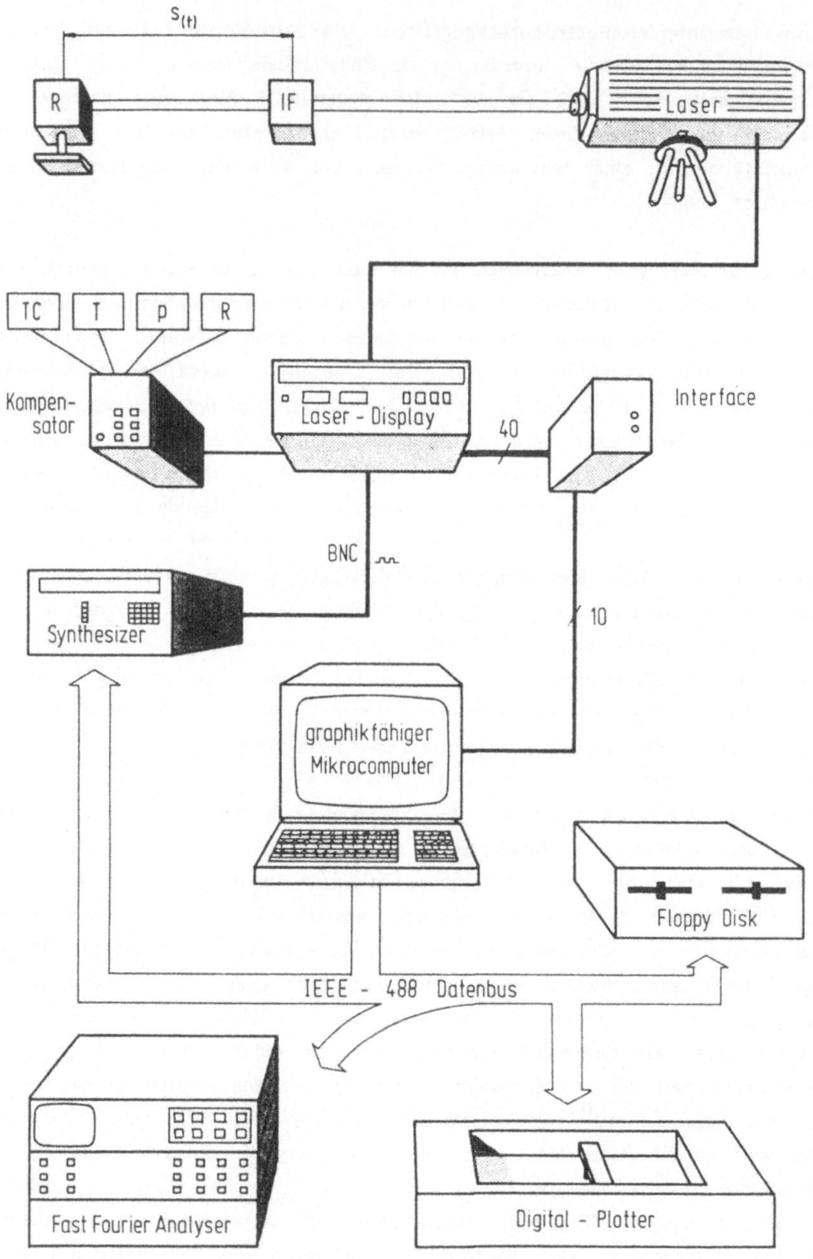

Bild 4.8: Konfiguration des dynamischen Lagemeßsystems

Die Meßdaten können ausgedruckt oder graphisch am Bildschirm oder am Plotter ausgegeben werden. Dabei kann wahlweise Weg über der Zeit, Geschwindigkeit über der Zeit oder Geschwindigkeit über dem Weg ermittelt werden. Durch einen Zoom ist es möglich, einen Ausschnitt der Meßwerte besonders detailliert hervorzuheben. Als weitere Möglichkeit können die Meßdaten über den IEC-Bus in einen Spektralanalysator übergeben werden, in dem eine Fast-Fourier-Transformation rasch durchgeführt wird.

Besondere Anforderungen ergeben sich auch an die optischen Komponenten. Der von den statischen Messungen bekannte Aufbau ist für dynamische Zwecke nur verwendbar, wenn es gelingt, ihn ausreichend starr mit den zu messenden Maschinenteilen zu verbinden und wenn die relativ große Masse der optischen Bauteile das dynamische Verhalten nicht beeinflußt. Dies kann oft gewährleistet werden, wenn das Interferometer am Tisch und der Reflektor an der Stelle des Werkzeuges befestigt werden kann. Die Einrichtprozedur dieses konventionellen Aufbaus ist unkompliziert. Die hierbei entstehenden Meßfehler durch Kippen oder Fehlausrichtung werden in /59/ ausführlich diskutiert. Soll die Bewegung zwischen Ständer und Tisch oder zwischen Bett und Tisch gemessen werden, ergibt sich das Problem, daß nur auf dem Tisch eine steife Befestigung schwererer Komponenten gewährleistet werden kann. Deswegen wurden andere Meßaufbauten in Betracht gezogen (Bild 4.9), bei denen der relativ voluminöse Tripelspiegel durch einen Planspiegel ersetzt werden kann. Verbindet man diesen Spiegel in geeigneter Weise mit einem Magneten, so läßt er sich sehr leicht an vielen Stellen zuverlässig befestigen. Dies ist zweifellos die bequemste Lösung, wenn entsprechend ebene Flächen an einer Maschine vorhanden sind. Die Aufbauten 2 und 3 scheiden für die vorhandene Meßanordnung aus. Ursache sind die hohen Verluste, vor allem bedingt durch den Geradheitsadapter. Für Aufbau 2 wurden 95% Strahlverlust gemessen. Dies liegt hart an der Grenze der Verluste, die vom System toleriert werden und erlaubt keinen stabilen Betrieb. Der verwendete Laser hat eine Lichtleistung von 0,163 mW, eine höhere Ausgangsleistung könnte Abhilfe schaffen. Der Vorteil der Aufbauten mit Geradheitsadapter liegt in der kleinen möglichen Bauform für Spiegel und Interferometer. Damit eignet er sich besonders zur Messung an sehr kleinen Bauteilen. Die Planspiegel können ggf. durch kleine zentrierte Tripelspiegel ersetzt werden, wodurch sich der Ausrichtvorgang ganz erheblich vereinfacht. Bei den Aufbauten 4,5,6 nach Bild 4.9 besteht gegenüber der Standardkonfiguration lediglich ein Gewichtsvorteil durch Verwendung eines Planspiegels für eine Seite. Die Interferometeraufbauten dagegen sind umfangreicher.

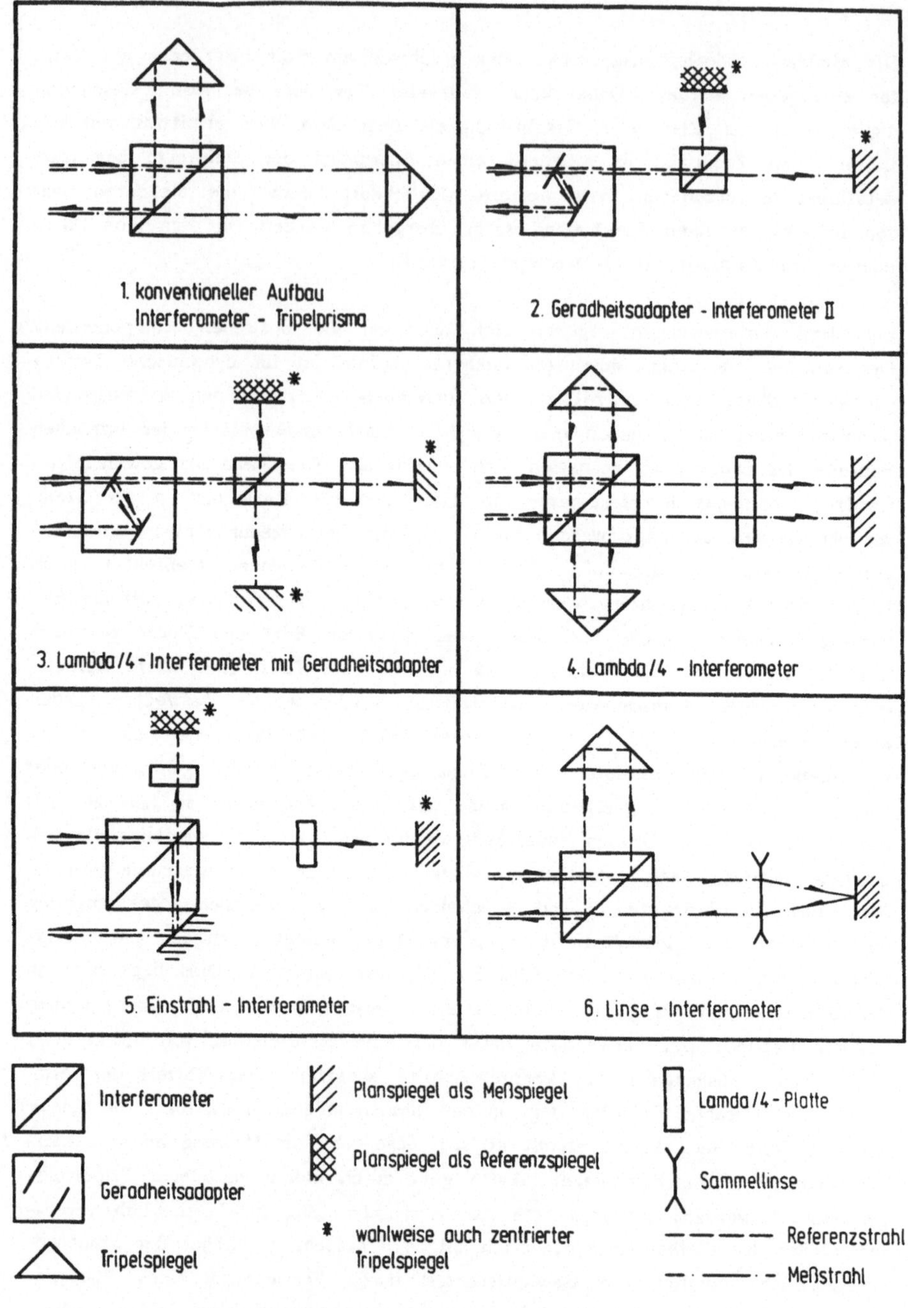

Bild 4.9: Zusammenstellung optischer Komponenten für dynamische Weg- und Geschwindigkeitsmeßungen mit DYLAM

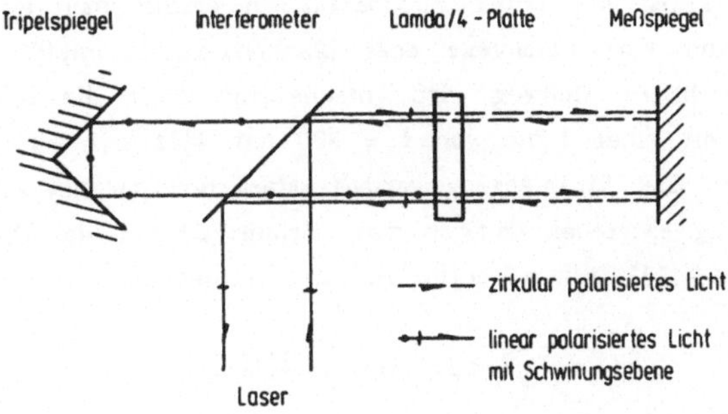

Bild 4.10: Strahlengang des λ/4 Interferometers

Für dynamische Messungen an Vorschubantrieben hat sich das λ/4 Interferometer bestens bewährt. Die λ/4-Platte ist ein doppelbrechender Kristall. Sie führt zirkularpolarisiertes Licht in linear polarisiertes Licht über und umgekehrt. Bei doppeltem Durchgang ergibt sich damit eine Phasenverschiebung um 180^0, was einer Drehung der Polarisationsrichtung um 90^0 entspricht. Dadurch wird für den Meßstrahl ein Verlauf wie im Bild 4.10 gezeigt erreicht. Man erkennt, daß der Strahl die Meßstrecke zweimal in jeder Richtung durchläuft. Deswegen ergibt sich eine Verdopplung der Auflösung des Meßsystems - ein weiterer Vorteil dieser Anordnung. An den Planspiegel selbst müssen hohe Anforderungen gestellt werden, seine Ebenheit soll besser als λ/8 betragen, wenn die Oberflächenbeschaffenheit des Spiegels das Meßergebnis nicht beeinflussen darf. Diese Anordnung ist wesentlich schwieriger auszurichten. Der Meßweg ist begrenzt durch eine minimale Spiegelkippung und durch die Ausrichtung des Laserstrahls relativ zur Meßachse. In der Praxis ergaben sich dadurch bei Weglängen bis 2 m keinerlei Einschränkungen. Die Bauteile erwiesen sich als leicht zu applizieren. Eine Verkürzung der zum Ausrichten notwendigen Zeiten bringt das Einstrahlinterferometer. Bei Verwendung eines Planspiegels kommt man mit kleineren Spiegeln aus, was bei der geforderten Ebenheit von Bedeutung ist. Eine Verdopplung der Auflösung ist bei dieser Anordnung trotz der verwendeten λ/4-Platte nicht gegeben, da der Strahl die Meßstrecke nur einmal je Richtung durchläuft.

Zur Messung kleiner Schwingungsamplituden eignet sich der Aufbau nach Bild 4.9-6. Aufgrund der Fokussierung des Lichts können sehr kleine Spiegel zum

Einsatz kommen, selbst mit polierten Oberflächen erzielt man gute Ergebnisse. Als Linse kann eine bikonvexe oder plankonvexe Sammellinse verwendet werden. Der erreichbare Meßweg wird entscheidend durch die Brennweite der Linse bestimmt. Mit einer Linse von f = 200 mm läßt sich ein Meßweg von +/-2mm realisieren. Der Strahlengang verläuft stark nichtparallel zur Meßachse. Bei der Wegmessung entstehen dadurch zwei Fehler: a' und die Differenz zwischen s und a (Bild 4.11). Für a' ergibt sich der Zusammenhang:

$$a' = \frac{b \cdot s}{f} \cdot \sin\left(\arctan\frac{b \cdot s}{f^2}\right) \tag{4.6}$$

Für eine gegebene Brennweite von f = 200 mm ergibt sich beim Strahlabstand von b = 12,7 mm und einem maximal möglichen Verfahrweg von 2 mm ein Fehler kleiner $\lambda/4$, der somit vernachlässigt werden kann. Die Wegstrecke s ergibt sich aus:

$$s = a \cdot \cos\left(\arctan\frac{b}{2f}\right) \tag{4.7}$$

Da der gemessene Weg a in Abhängigkeit von bekannten Größen immer größer ist als der tatsächliche Weg s, handelt es sich um einen kompensierbaren Fehler. Unter den bereits vorher genannten Werten beträgt der Fehler ca. 1 µm. Deswegen ist eine Korrektur unerläßlich.

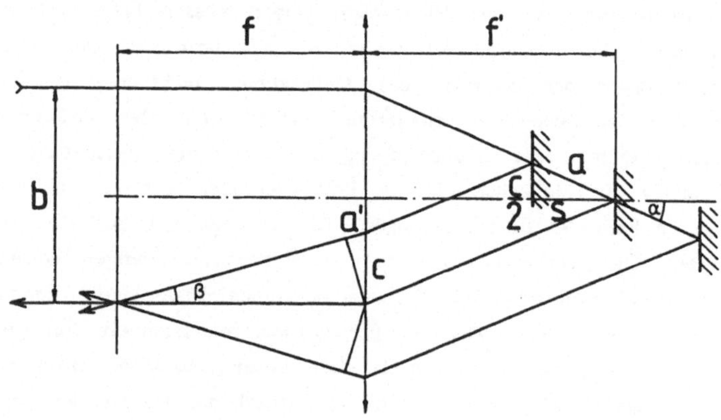

Bild 4.11: Strahlenverlauf bei Schwingungsmessungen mit einer Linse im Strahlengang

Mit der Linse befindet sich eine zusätzliche Komponente im Meßaufbau, für deren Anbringung gesorgt werden muß. Eine Montage am Interferometer selbst ist prinzipiell möglich, zwingt aber dazu, daß entweder das Meßobjekt in den Brennpunkt der Linse gebracht oder das ganze Interferometer entsprechend verschoben werden muß. In der Regel wird die Linse unabhängig installiert. Zur Kompensation der Wellenlänge des Laserlichts in Abhängigkeit der Umgebungsbedingungen wird nur der gemessene Weg berücksichtigt. Deswegen gilt die Regel, daß die Reset-Position bei möglichst geringer Entfernung zwischen Interferometer und Reflektor ermittelt werden muß. Da die Linse zwischen diesen Bauteilen angebracht werden muß, und gleichzeitig die Brennweite sehr groß gegenüber dem Meßweg ist, kann diese Forderung nicht erfüllt werden. Dies führt nur zu Fehlern, wenn die Meßzeiträume so groß sind, daß sich geänderte Umgebungsbedingungen bemerkbar machen. Für schnelle Schwingungsmessungen ist es bedeutungslos.

Wegaufnehmer gelten allgemein als ungeeignet zur Aufzeichnug höherfrequenter Signale. Der Vergleich ergibt, daß die Empfindlichkeit des Laserinterferometers bis ca. 400 Hz deutlich höher als die gängiger Beschleunigungsaufnehmer ist (Annahme: Empfindlichkeit 10 mV/g, mögliche Verstärkung 100).

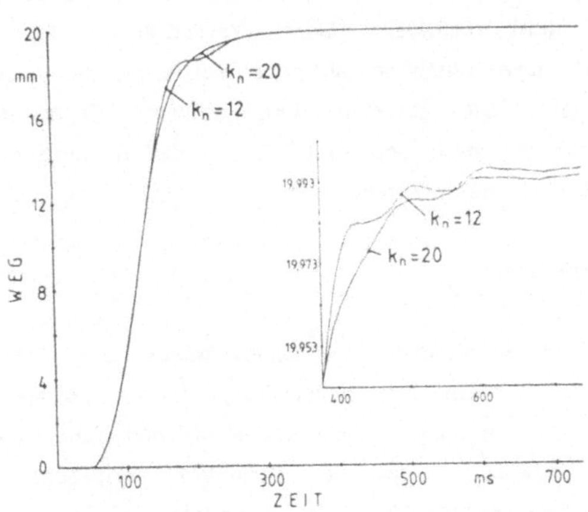

Bild 4.12: Positioniervorgang einer NC-Drehmaschine bei unterschiedlicher Drehzahlreglerverstärkung gemessen mit dem Laserinterferometer DYLAM

Wie sich zeigt, erlaubt das Laserinterferometer DYLAM die Aufzeichnung von Schwingungen und vor allem von Positioniervorgängen mit bisher nicht gewohnter Genauigkeit und Komfort. Dies bestätigen die Anwendungsbeispiele in den Kapiteln 4.3.2, 5.2 und Bild 4.12.

4.3 Versuchsergebnisse

Es wurden 16 verschiedene Motor-Verstärker-Kombinationen untersucht, wie sie für Vorschubantriebe moderner NC-Systeme verwendet werden (Bild 4.13).

Ein besonderer Schwerpunkt dieser Untersuchungen lag auf den modernsten hochdynamischen Antrieben (Typ 4 bis 16). Unter identischen Voraussetzungen wurden am Motorprüfstand und an NC-Maschinen Vertreter aller bürstenlosen Antriebe und Gleichstrommotoren mit Transistorsteller untersucht. Dazu wurden zur groben Charakterisierung von Motor und Verstärker zunächst die induzierten Spannungen und die Ströme bei unterschiedlicher Belastung und unterschiedlicher Drehzahl aufgezeichnet. Von jedem Antrieb wurden Führungs- und Störsprungantworten und Frequenzgänge aufgezeichnet und ausgewertet. Aufgrund der unterschiedlichen Trägheitsmomente beider Versuchsstände wurden am Motorenprüfstand und am Versuchstisch die Regler jeweils neu optimiert. Die Stromregelkreise wurden nicht verändert. Durch Variation der Tischmassen und der Tischposition wurden ihre Einflüsse auf das Verhalten des Gesamtsystems experimentell untersucht. Die getrennt durchgeführten Zahnriemenversuche liefern statische Steifigkeitswerte und Einblicke in das dynamische Verhalten dieses relativ neuen Maschinenelementes.

4.3.1 Elektrische Antriebe

Für die Versuche war es wichtig, die Eigenschaften der Antriebe so zu isolieren, daß sie nicht nur als rein herstellerspezifisch, sondern als kennzeichnend für eine spezielle Realisationsform gelten können. Die Ursachen und Wirkungen werden so diskutiert, daß der Praktiker entsprechende Hinweise zur Auswahl geeigneter Antriebe für NC-Systeme findet.

Motortyp	Nr		Θ 10^{-3}kgm²	T_m ms	M_0 Nm	n_{max} 1/min	Verstärker	Erregung
konventioneller Gleichstrommotor	1	S	5	9,75	15,6	6000	3-puls kreisstrombehaftet	fremderregt
	2	S	10	7,8	8	2000	2-puls kreisstromfrei	permanent erregt
	3	S	7,5	8,1	6,3	2000	3-puls kreisstromfrei	
	4	M D	8,5	5,6	14	2000	Pulsbreitenmodulierter Transistorsteller	
	5	M F D	8,5	5,6	14	2000	Pulsfolgemodulierter Transistorsteller	
	6	F	4,2	7,2	8	2000		
bürstenloser Gleichstrommotor	7	F	2,1	2,5	8,8	2000	Pulsbreitenmodulation mit Transistoren	Selten-Erd-Magnete
	8	M F D	3,5	1,94	14	2000		
	9	M D	6,1	10	10,5	2000		Ferrit-Magnete
	10	M F D	5,3	6,9	10,4	2000		
	11	F	3,6	7,8	7,2	2000		
	12	F	5,88	7,7	7	3000	Pulsbreitenmodulation mit GTO	
	13	M F D	11,5	6,9	14	2000		
Synchronmotor	14	M D	0,35	0,6	5,5	1000	Pulsbreitenmodulierter Transistorsteller	Selten-Erd-Magnete
	15	M D	1	0,53	12	3000		
Asynchronmotor	16	M D	2,5		8	2500	Transistorsteller mit digitalem Entkopplungsnetzwerk	

M=Motorprüfstand; F=Fräsmaschine; D=Drehmaschine; S=Sonstiges

Bild 4.13: Experimentell untersuchte Antriebskonfigurationen

4.3.1.1 Konventionelle Gleichstromantriebe

Aufgrund ihrer dynamischen Eigenschaften können eigentlich nur Transistorsteller mit permanent erregten Gleichstrommotoren direkt mit den bürstenlosen Antrieben verglichen werden. Thyristorstellerantriebe sind nur der Vollständigkeit halber mit betrachtet worden. Um sich ein Urteil über das abgegebene Moment zu machen, werden induzierte Spannung und Ankerströme der Gleichstrommaschinen herangezogen.

- stationäres Verhalten von Thyristorantrieben

Bis auf höherfrequentes Rauschen erhält man eine konstante Gleichspannung als induzierte Spannung einer permanenterregten Gleichstrommaschine. Wie Bild 4.14 zeigt, liegen die Amplituden des Rauschsignals unter 1% des Gleichanteils. Bei Speisung mit idealem Gleichstrom kann somit ein völlig konstantes Moment erwartet werden. Tatsächlich waren im Versuch keine meßbaren Drehzahlschwankungen mehr erkennbar. Die Gleichmäßigkeit der Drehbewegung ist also ausschließlich von dem durch das Speisegerät erzeugten Strom abhängig.

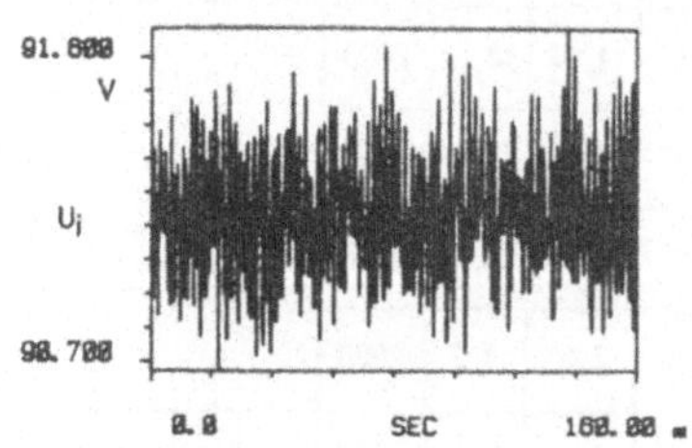

Bild 4.14: Induzierte Spannungen am konventionellen Gleichstrommotor bei n=1000 1/min

Bild 4.15 zeigt die Motorströme bei Speisung durch netzgeführte Stromrichter und Belastung des Motors mit etwa einem Drittel der Nennlast. Dabei handelt es sich um eine zweipulsige kreisstromfreie und eine dreipulsige kreisstromfreie Mittelpunktschaltung (Typ 2,3). Da die Stromformen den berechneten Verläufen entsprechen, erhält man auch im Linearspektrum die erwarteten dominanten Komponenten ganzzahliger Vielfacher der Netzfrequenz.

$$f = p \cdot f_{Netz} \tag{4.8}$$

Der Effektivwert der ersten Oberschwingung kann, wie Bild 4.16 zu entnehmen ist, dabei in der gleichen Größenordnung, ja sogar über dem Wert des Gleichanteils liegen (vgl.:2.1.1.3). Auffallend bei Betrachten der Spektren sind relativ hohe Anteile von 50 Hz Schwingungen mit zugehörigen Oberwellen. Bei genauer Betrachtung der Ströme stellt man fest, daß nicht jede durchgelassene Stromwelle gleich ist, wohl aber jede einem bestimmten Ventilzweig zu-

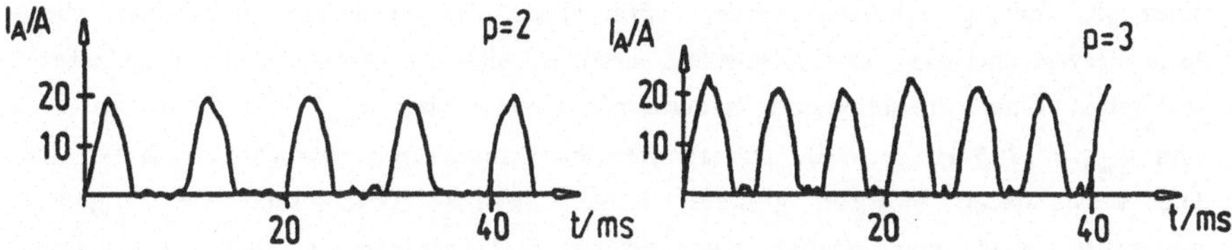

Bild 4.15: Motorströme eines zweipulsigen und eines dreipulsigen kreisstromfreien Stromrichters in Mittelpunktschaltung bei 1/3 ihrer Nennlast

zuordnende Stromwelle, wodurch sich eine Periodizität von 50 Hz erklären läßt. Als Ursache für dieses Phänomen kommt sowohl eine Unsymmetrie der in einem Zweig liegenden Bauelemente, als auch entsprechende Abweichungen bei der Generierung der Zündimpulse in Frage.

Entsprechend der Höhe der Stromoberschwingungen können am Motor Drehzahlpendelungen nachgewiesen werden. Diese Anteile erkennt man in den Sprungantworten der Antriebe wieder. Dadurch wird die praxisübliche Optimierung durch Vorgabe kleiner Sprünge erschwert.

- dynamisches Verhalten von Thyristorantrieben

Betrachtet man das dynamische Verhalten der Antriebe, so muß als erstes erwähnt werden, daß aufgrund der Totzeiten der zwei- und dreipulsigen Schaltung kein unterlagerter Stromregelkreis eingesetzt wird. Entsprechend den vorangegangenen theoretischen Überlegungen mußten die Verstärkungen der Dreh-

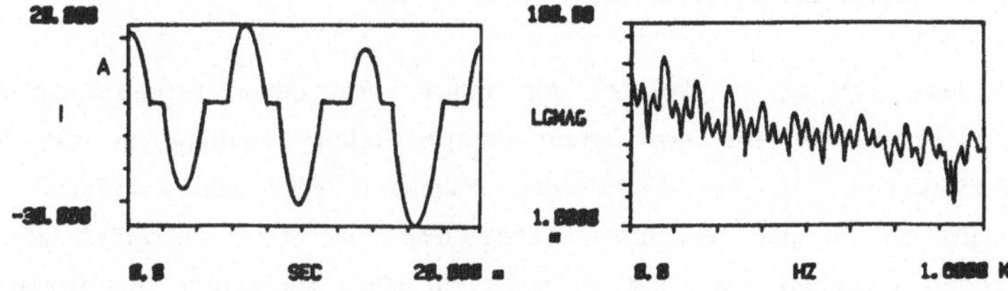

Bild 4.16: Motorstrom I und zugehöriges Linearspektrum einer dreipulsigen kreisstrombehafteten Mittelpunktschaltung

zahlregler gering gehalten werden. Für einen Zweipulsantrieb und einen ebenfalls kreisstromfreien Dreipulsantrieb ergaben sich im Versuch mit unbelasteten Antrieben ohne Fremdmassen Resonanzfrequenzen bei f_{res} = 9,5 Hz (p = 2) und f_{res} = 19,5 Hz (p = 3). Die ermittelten Dämpfungen betrugen ca. D = 40%. Die verwendeten Motoren gleicher Bauart besaßen unterschiedliche Trägheitsmomente, aber eine gleiche mechanische Zeitkonstante, so daß vergleichbare Voraussetzungen gegeben waren. Wesentlich günstigere dynamische Eigenschaften zeigt ein kreisstrombehafteter dreipulsiger Stromrichter (Typ 1), allerdings wurde als Motortyp ein fremderregter Gleichstrommotor mit wesentlich anderen Motordaten verwendet, so daß sich ein direkter zahlenmäßiger Vergleich verbietet. Wie mehrere Messungen an dreipulsigen Antrieben ergaben, liegt die Totzeit auch im Lückbereich im Mittel von 40 Messungen bei $T_t/2$. Ebenso wurde die maximale Totzeit von T_t = 1/pf bestätigt.

- stationäres Verhalten von Transistorsteller-Gleichstromantrieben

Transistorsteller zeigen erwartungsgemäß beträchtlich bessere Eigenschaften. Geprägt wird das Verhalten wesentlich durch die Realisation des Verstärkers. Im Bild 4.17 sind drei typische Stromverläufe eines Antriebes mit Pulsbreitenmodulation (Typ 4) dargestellt. Die Taktfrequenz berägt ca. 2 kHz. Das mittlere Bild entspricht dem Maschinennennstrom. Dem Gleichanteil ist ein entsprechender Wechselanteil überlagert, der sich, wie man sieht, bereits ohne zusätzliche Glättungsmaßnahmen in Grenzen hält (vgl.: 2.1.1.2). Für den Fall des idealen Leerlaufs erkennt man, daß der Motorstrom im untersuchten Objekt nicht durch sperrende Transistoren zur Ruhe gesetzt wird, sondern der Mittelwert durch abwechlungsweises Zünden der Diagonalzweige Null wird. In diesen Fällen halbiert sich die Grundfrequenz der Stromoberschwingung, wobei aber extrem niedrige Stromspitzenwerte erreicht werden, so daß keine Auswirkung auf die Drehzahl befürchtet werden muß.

Generell läßt sich sagen, daß bei der damit verbundenen Erniedrigung der auftretenden Frequenzanteile des Drehmomentes keine Probleme an der Maschine zu erwarten sind, da die Amplituden insgesamt sehr klein sind. Ihr Vorhandensein konnte an der Maschine nachgewiesen werden, die Möglichkeit quantifizierender Angaben war jedoch aufgrund der minimalen Signalgrößen nicht möglich. Im Umkehrschluß ergibt sich daraus, daß der untersuchte Antrieb mit ca. 2 kHz Taktfrequenz ausgezeichnete Gleichlaufeigenschaften hat. Wie man durch Vergleich im Bild 4.17 sehen kann, nimmt bei der Plusbreitenmo-

M_W = 0 Nm M_W = 14 Nm M_W = 28 Nm

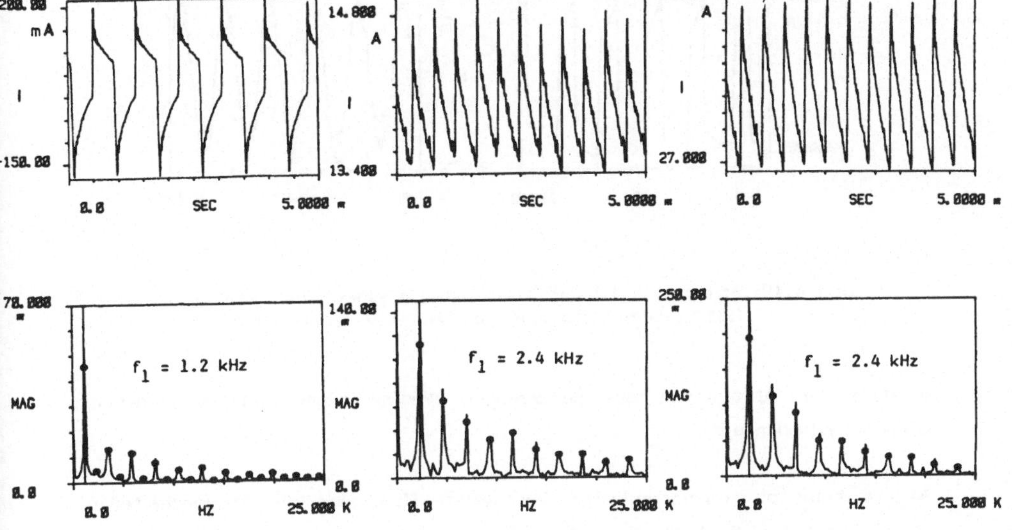

Bild 4.17: Motorströme I und darunter zugehörige Linearspektren bei Speisung mit pulsbreitenmoduliertem Verstärker und einer Last von M_W=0, 14, 28 Nm

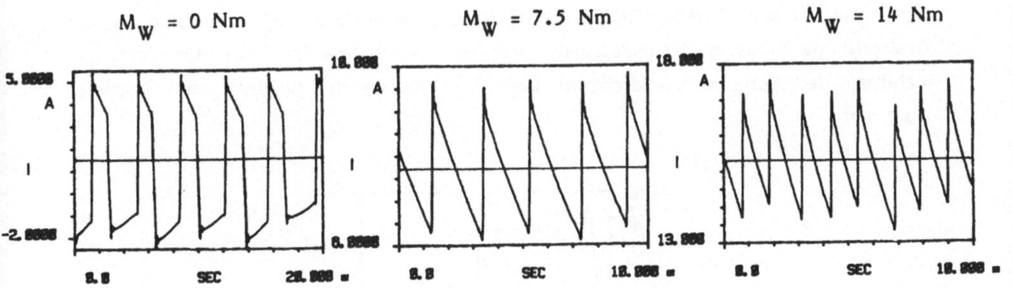

Bild 4.18: Motorströme I bei Speisung mit pulsfolgemoduliertem Verstärker und einer Last von M_W=0, 7.5, 14 Nm

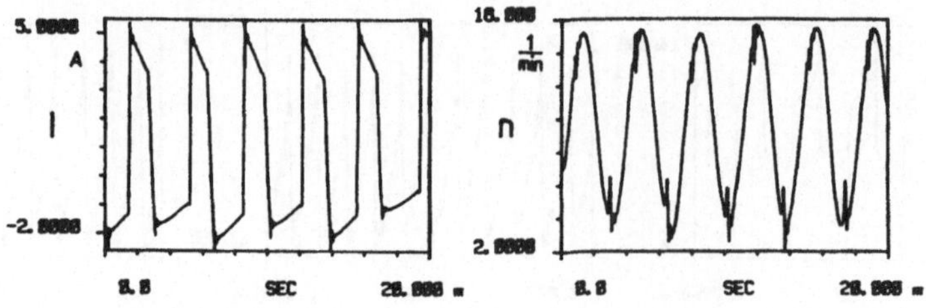

Bild 4.19: Stromverlauf I und Tachosignal n eines pulsfolgemodulierten Gleichstromantriebs bei n=10 1/min, M_W=0 Nm

dulation der Absolutwert des pulsierenden Wechselstromes mit abnehmendem Gleichanteil ebenfalls ab.

Anders beim pulsfolgemodulierten Verstärker: Hier sind die Stromscheitelwerte im wesentlichen konstant. Statt dessen ergeben sich beim Untersuchungsobjekt variable Frequenzen zwischen 500 Hz und 4kHz. Da der gesamte Stellbereich natürlich größer sein muß, kann die Bedingung T_e = konstant nicht völlig eingehalten werden, und es ergeben sich Stromverläufe nach Bild 4.18. Genauso wie bei dem Pulsbreitenmodulationsverfahren ergibt sich auch hier für den Strommittelwert Null eine Verringerung der auftretenden Frequenz. Sie liegt damit bei 250 Hz. Entsprechend der mindestens teilweise relativ niedrigen Taktfrequenz treten merkbare Pendelmomentanteile auf, die sich in der Drehzahl durchaus noch auswirken, wie Bild 4.19 beweist. Bei der dort gewählten niedrigen Leerlaufdrehzahl liegen zweifellos die ungünstigsten Verhältnisse vor.

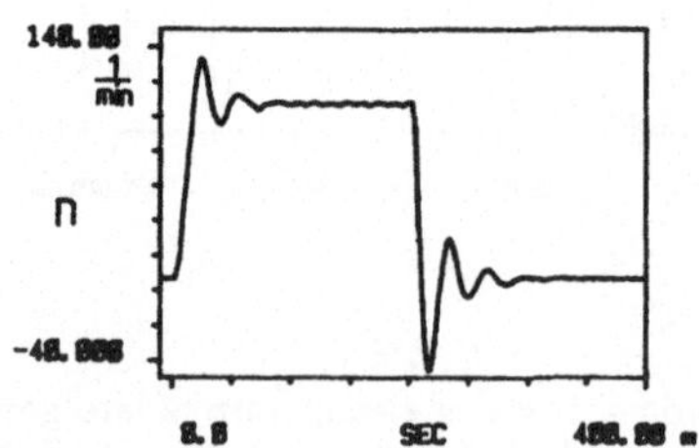

Bild 4.20: Sprungantwort des Motors Typ 5 bei n=100 1/min; M_W=14 Nm

- dynamisches Verhalten von Transistorsteller-Gleichstromantrieben

Betrachtet man Drehzahlsprünge von 100 l/min bei unterschiedlichen Grunddrehzahlen und Belastungen, so fällt auf, daß die Sprungantworten je nach Richtung der Geschwindigkeitsänderung unterschiedlich verlaufen (Bild 4.20). Bei zunehmender Belastung erhält man unabhängig von der Grunddrehzahl längere Anregelzeiten für die Beschleunigungsvorgänge, wogegen die Anregelzeiten für die Verzögerungsvorgänge im Bereich der Meßgenauigkeit konstant bleiben (Bild 4.21). Ursache ist das Ansprechen der Reglerbegrenzungen nur bei den Beschleunigungsvorgängen. Die größte Fehlerquelle bei der Bestimmung der Anregelzeiten ist die exakte Wahl des Anfangszeitpunkts des Sprungs, wozu die Aufzeichnung der Anregung zweckmäßig ist. Die Bestimmung des Überschwingers ist im allgemeinen unproblematisch. Die Bestimmung einer Ausregelzeit als den Zeitpunkt des Nichtmehrverlassens eines Bandes von 1% der Sprungdrehzahl um den Drehzahlendwert ist gelegentlich nicht exakt möglich, da die Signalstörungen bereits einen erheblichen Einfluß ausüben können. In diesen Fällen wurden Abschätzungen getroffen. Die Auswertung wurde durch Cursorfunktion am Meßgerät erheblich erleichtert. Kritische Bereiche können darüber hinaus gedehnt dargestellt werden, so daß sich die Auswertung weiter verbessern läßt.

TYP 5

n	T_{an} ⌐ in ms		T_{an} ⌙ in ms	
1/min	M=7Nm	M=14Nm	M=7Nm	M=14Nm
0	14,5	18,6	10,2	10
10	14,4	18,5	11,3	10,8
100	15	18,2	10,1	11,1
500	14	18,5	8,7	10
1000	14,2	18,4	9,5	10,8
1500	14,8	18,2	10,1	9,4
1800	15	19,4	9,3	8,9

Bild 4.21: Tabelle der arbeitspunktabhängigen Anregelzeiten für Drehzahlsprünge von 100 l/min des Motors Typ 5

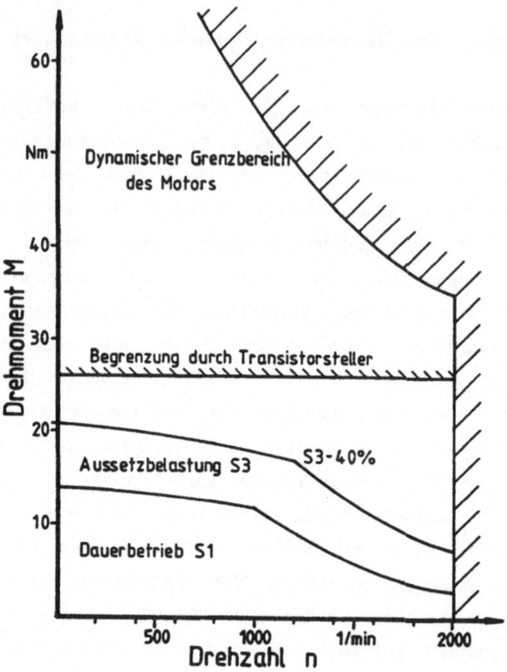

Bild 4.22: Drehmoment-Drehzahlkennlinie des Motors Typ 5 nach Unterlagen des Herstellers

Bei größeren Drehzahlsprüngen nimmt die Anregelzeit annähernd proportional mit der Drehzahländerung zu. Dies beruht auf der Tatsache, daß in diesen Fällen während der meisten Zeit mit konstantem, maximalem Motormoment verfahren wird. Da der Zeitraum bis zum Erreichen des maximalen Motormoments anteilig immer geringer wird, ist sogar mit einem unterproportionalen Anstieg von T_{an} zu rechnen. Demgegenüber ist im allgemeinen bei bürstenbehafteten Gleichstrommotoren eine Reduktion des Motormomentes bei höheren Drehzahlen aufgrund der Kommutierungsgrenzkurve zu erwarten. Bild 4.22 zeigt die Kennlinienbereiche des verwendeten Motors für Dauerbetrieb und für kurzfristige Belastung. Das speisende Gerät ließ maximal eine kurzfristige Belastung in Höhe des 1,8-fachen Dauerstillstandsdrehmoment zu. Dadurch erreichte der Motor nie eine drehzahlabhängige Strombegrenzung. Würde der Motor dagegen mit einem anderen Transistorsteller noch stärker überlastet, käme die oberste Kommutierungsgrenzkurve sehr wohl zu ihrer Wirkung und das Moment müßte entsprechend reduziert werden.

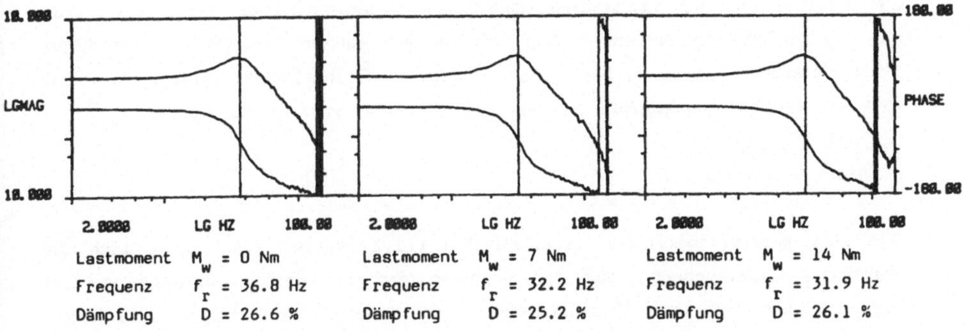

Bild 4.23: Führungsfrequenzgänge des Motors Typ 5 für unterschiedliche Drehzahlen

Die Resonanzfrequenz für den unbelasten Motor ergab sich drehzahlabhängig zwischen 36 Hz und 41 Hz (Bild 4.23). Bei zunehmender Belastung fiel die Resonanzfrequenz leicht ab und betrug noch ca. 32 Hz. Als Ursache für die geringfügigen Veränderungen sind herstellerspezifische Eingriffe in die Regelung zu nennen. Um die Abhängigkeit der dynamischen Eigenschaften vom angekoppelten Fremdträgheitsmoment zu demonstrieren, ist in Bild 4.24 der Frequenzgang des Motors ohne zusätzliches Trägheitsmoment dargestellt. Wie der Vergleich mit Bild 4.23 zeigt, ergibt sich bei gleicher Reglereinstellung eine deutliche Erhöhung der kennzeichnenden Frequenz.

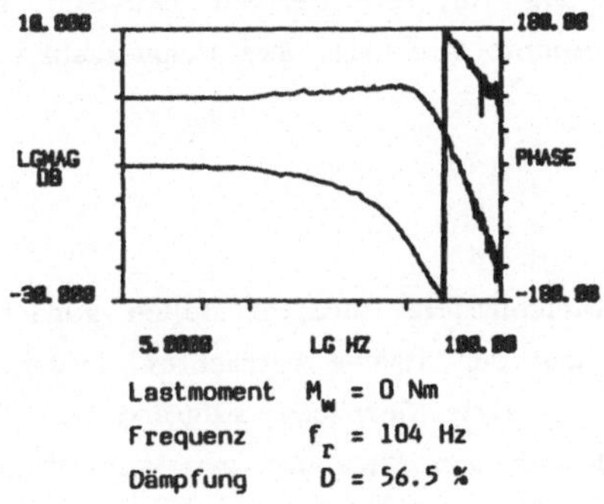

Bild 4.24: Frequenzgang des Motors Typ 5 alleine bei gleicher Reglereinstellung wie Bild 4.23

Zur Bestimmung der Drehzahlsteifigkeit des Gesamtantriebes wurde der Motor mit Laststößen von seinem halben und seinem ganzen Dauerstillstandsdrehmoment belastet. Dabei ergaben sich maximale Drehzahlabweichungen von ca. 13 bzw. 26 Umdrehungen/min bei Anregelzeiten von etwa 20 ms.

- Zusammenfassung

Wie sich bereits theoretisch in Kapitel 2.1.1.2 ergeben hat, zeigt auch die praktische Untersuchung, daß der permanenterregte Gleichstrommotor im Zusammenwirken mit dem Transistorsteller ein äußerst hochwertiger dynamischer Antrieb ist. Dabei ist dem pulsbreitenmodulierten Verstärker gegenüber dem pulsfolgemodulierten Typ aufgrund der günstigeren Drehmomentenwelligkeit der Vorzug zu geben.

4.3.1.2 Bürstenlose Gleichstrommotoren

Insgesamt wurden vier verschiedene Motoren dieses Typs, die von drei verschiedenen Verstärkern gespeist wurden, untersucht. Die angegebenen Dauerdrehmomente schwanken zwischen 10,5 Nm und 14 Nm, die Trägheitsmomente zwischen 0,0035 kgm^2 und 0,0116 kgm^2. Ein Antrieb war mit Magnetmaterial aus Seltenen-Erden ausgestattet. Dadurch ergibt sich ein besonders niedriges Trägheitsmoment und eine relativ kleine Baugröße. Entsprechend der unterschiedlichen Volumina der Antriebe ergaben sich auch andere thermische Zeitkonstanten. Die Werte hierfür schwanken zwischen 40 min und 100 min für die thermische Zeitkonstante. Die Antriebe besaßen entweder eine geschrägte oder aber mindestens eine gesehnte Wicklung. Ihre Polpaarzahl p betrug 3, die Nenndrehzahl 2000 1/min.

- stationäres Verhalten

Zur Beurteilung der Gleichlaufeigenschaften sollen zunächst die Verläufe der induzierten Spannungen und der Ströme betrachtet werden. Wie erwartet (vgl.: 2.1.2.1), weicht die induzierte Spannung aufgrund von konstruktiv notwendigen räumlichen Verteilungen von Wicklung und Magnetfeld ganz erheblich von der Idealform eines trapezförmigen Verlaufes ab. Bild 4.25 zeigt die Strangspannung von 3 unterschiedlichen Motortypen gemessen bei gleicher Drehzahl. Die Spannungen lassen sich mehr oder weniger gut durch einen trapezförmigen

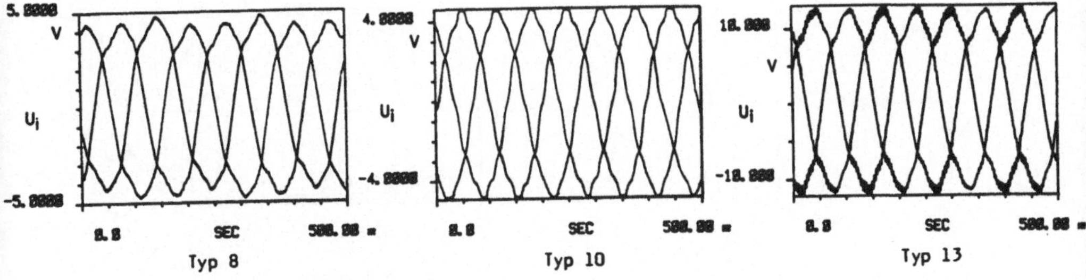

Bild 4.25: Induzierte Spannungen U_i in den Wicklungen der durch einen drehzahlgeregelten Motor angetriebenen bürsten losen Gleichstrommotoren M_W= 0 Nm, n= 100 1/min

einen sinusförmigen oder einen dreieckförmigen Verlauf annähern. Bild 4.26 zeigt die induzierte Spannung an einem Motor bei unterschiedlichen Drehzahlen. Außer der zu erwartenden Frequenz- und Amplitudenänderung ergeben sich keine Veränderungen.

In Bild 4.27 sind die Stromverläufe eines Motors bei gleichbleibender Last aber unterschiedlicher Drehzahl dargestellt. Sie wurden mit 3 Strommeßzangen gleichzeitig gemessen. Für kleine Drehzahlen erkennt man tatsächlich einen fast rechteckigen Stromverlauf mit nur geringen Oberschwingungsanteilen. Dabei wird naturgemäß der Strom in der nichtkommutierenden Wicklung durch den Kommutierungsvorgang mitbeeinflußt. Für kleine Drehzahlen erkennt man einen leichten Stromanstieg, der sich durch einen Regelvorgang ergibt. Bei höheren Drehzahlen tritt dieser Effekt nicht mehr direkt in Erscheinung, weil die Strom-

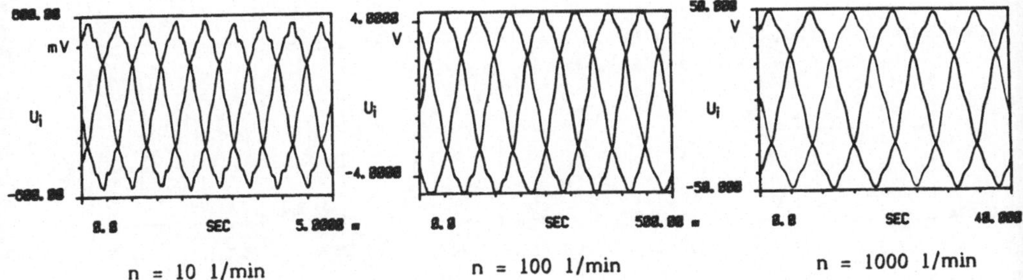

Bild 4.26: Induzierte Spannung U_i eines bürstenlosen Gleichstrommotors bei unterschiedlichen Drehzahlen n, M_W= 0 Nm

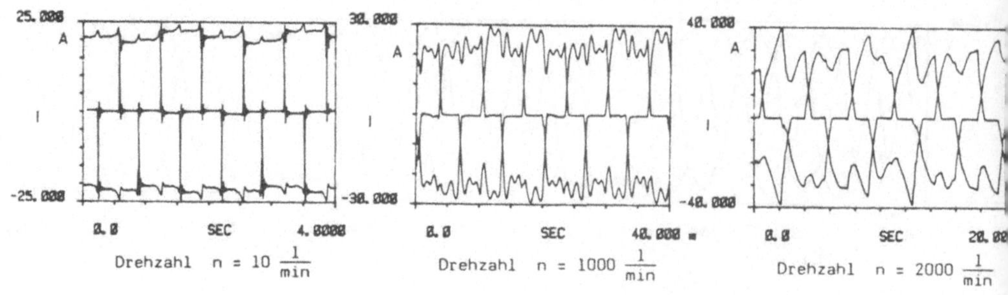

Bild 4.27: Ströme I eines bürstenlosen Gleichstrommotors bei gleicher Last M_W= 14 Nm und unterschiedlicher Drehzahl n

anstiegszeit eine relevante Größenordnung erreicht. Durch die kommutierungsbedingten Einbrüche überlagert sich dem Rechteck eine deutliche Schwingung. Während sich für kleine Drehzahlen an allen Motorvarianten identische Verhältnisse ergaben, zeigten sich bei Höchstdrehzahlen sehr unterschiedliche, teils bizarre Stromverläufe, die sich durch das Zusammenwirken von endlichen Stromanstiegsgeschwindigkeiten und der Regelung ergeben (Bild 4.28). Die für theoretische Überlegungen getroffene Annahme trapezförmiger Stromverläufe ist demnach je nach Motor und Drehzahlbereich eine unterschiedlich genaue Näherung (vgl. Kap.: 2.1.2.1).

Bei niedrigen Drehzahlen konnte bei allen Motoren der Kommutierungsvorgang akustisch und bei einem der untersuchten bürstenlosen Gleichstrommotoren sogar visuell in Form von Drehzahlschwankungen wahrgenommen werden. Die Aus-

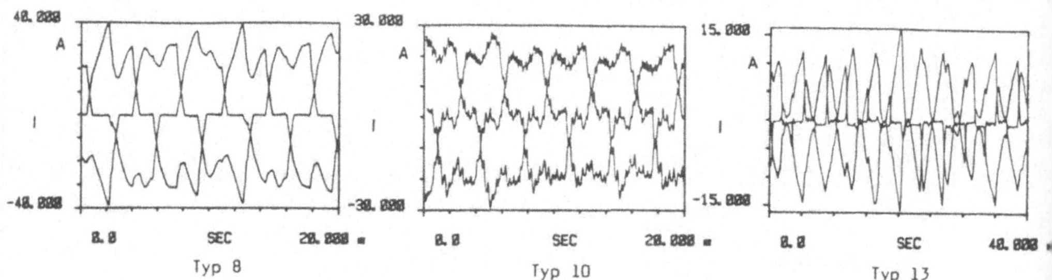

Bild 4.28: Stromverläufe I unterschiedlicher bürstenloser Gleichstrommotoren bei höchster Drehzahl n= 2000 1/min und M_W = M_N

gangssignale der bürstenlosen Tachogeneratoren können nicht ohne weiteres als Maß für den Drehzahlverlauf gelten, da man davon ausgehen muß, daß die Kommutierungsvorgänge des Tachosignals selbst eventuell nicht vorhandene Drehzahlschwankungen vortäuschen (vgl.: 2.1.4). Deswegen wurde die Drehzahl zusätzlich mit einem bürstenbehafteten Tachogenerator erfaßt, wobei immer das Problem auftritt, daß sich das Meßsignal etwa in der gleichen Größenordnung wie die überlagerten Störungen befindet. Bild 4.29 zeigt die direkte Abhängigkeit der Drehzahlschwankung von der Höhe des Motorstroms.

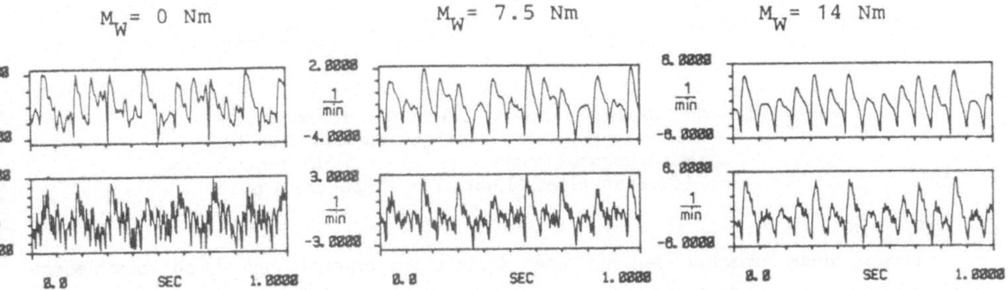

Bild 4.29: Wechselanteil der Signale eines bürstenlosen (oben) und eines bürstenbehafteten Tachogenerators (unten) bei konstanter Drehzahl (n=50 1/min) und ansteigender Last (M_W=0,7,14 Nm)

Zur Messung der Pendelmomente wurden wie in Kap. 4.1.1 erläutert Beschleunigungsaufnehmer eingesetzt. Betrachtet man die Linearspektren der Drehmomentenwelligkeit Bild 4.30, so dominiert sehr häufig eine Amplitude mit der zur Drehzahl gehörigen Frequenz. Entsprechende Drehzahlschwankungen können jedoch nicht nachgewiesen werden. Hier handelt es sich um eine gemessene Unwucht, die nicht zuletzt aus der mechanischen Befestigung des Aufnehmers resultiert. Neben Anteilen der 3.,6. und 9. Oberschwingung, bezogen auf die mit der Motordrehzahl verkettete Frequenz, treten vor allem die 18. und die 36. Harmonische in Erscheinung. Während die niedrigeren Anteile unter anderem auf fertigungsbedingte Unsymmetrien zurückzuführen sind, läßt sich der Anteil der 18. und 36. Oberschwingung vor allem durch Kommutierungsvorgänge begründen (vgl.: 2.1.2.1). In einigen Fällen verstärkten Nutungseinflüsse die Höhe der 36. Oberschwingung (vgl.: 2.1.1).

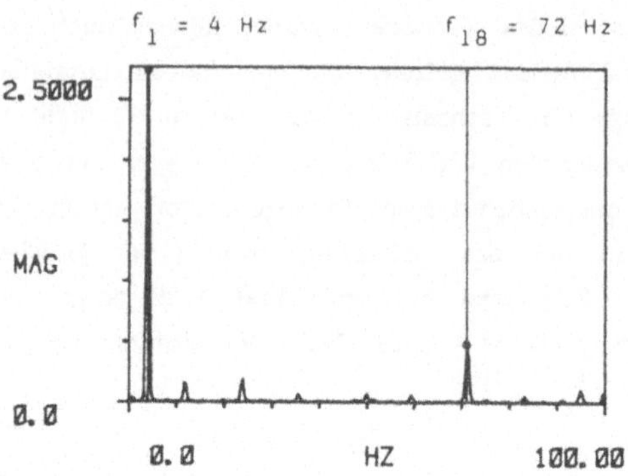

Bild 4.30: Linearspektrum des Signals eines auf der Motor welle in tangentialer Richtung angebrachten Beschleunigungsaufnehmers bei einer Motordrehzahl von n= 15 1/min eines Motors mit Polpaarzahl p= 3

Unterschiede zwischen den einzelnen Motortypen ergeben sich durch verschiedene Stromanstiegsgeschwindigkeiten in Kombination mit voneinander abweichenden Induktionsverläufen und Wicklungskonzepten. Da präzise Herstellerangaben hierüber zur Zeit nicht zu erhalten sind, scheidet eine quantitative Berechnung der Momentenverläufe aus. Bereits durch den Ansatz aus Kapitel 2.1.2.1 lassen sich jedoch qualitative Angaben zu den Momentenverläufen erzielen (Frequenz, Art der Abhängigkeit von Drehzahl und Last), die mit den meßtechnisch ermittelten Werten in Einklang stehen (Bild 4.31).

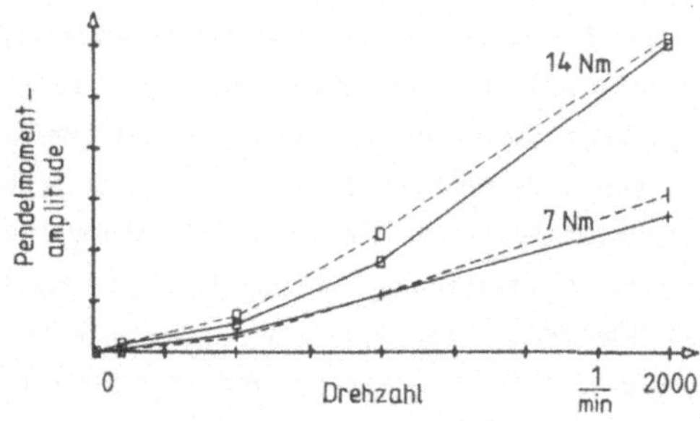

Bild 4.31: Vergleich gemessener (——) und gerechneter (-----) Amplitude des kommutierungsbedingten Pendelmoments in Abhängigkeit von der Drehzahl und der Last

- dynamisches Verhalten

Von den untersuchten 4 Antrieben dieser Realisationsform konnten drei mit etwa den von den Herstellern empfohlenen Reglereinstellungen auf dem Motorprüfstand betrieben werden. Bei einem Motor mit besonders niedrigem Trägheitsmoment, zeigten sich ausgeprägte Schwingungen im Bereich von 360 Hz, resultierend aus den mechanischen Eigenschwingungen des Systems. Zur Gewährleistung eines sicheren Betriebs mußte die Verstärkung des Drehzahlreglers gegenüber den berechneten Werten zurückgenommen und der Drehzahlistwert geglättet werden.

Das Verhalten bei Drehzahlsprüngen mit unterschiedlicher Amplitude ist vor allem durch die Strombegrenzung charakterisiert (Bild 4.32, 4.33). Während bei kleinen Drehzahlsprüngen die Reglereinstellung ausschlaggebend für das zeitliche Verhalten des Motors ist, spielt sie beim Großsignalverhalten eine untergeordnete Rolle. Hier ist das Gesamtträgheitsmoment und das abgegebene Motormoment während des Beschleunigungsvorganges entscheidend. Solange der Motor in der Strombegrenzung geführt wird, kann angenommen werden:

$$M_B = \Theta \cdot \frac{2\pi dn}{dt} = M_M - M_W \tag{4.9}$$

M_M = konst. $\qquad$ M_W = konst.

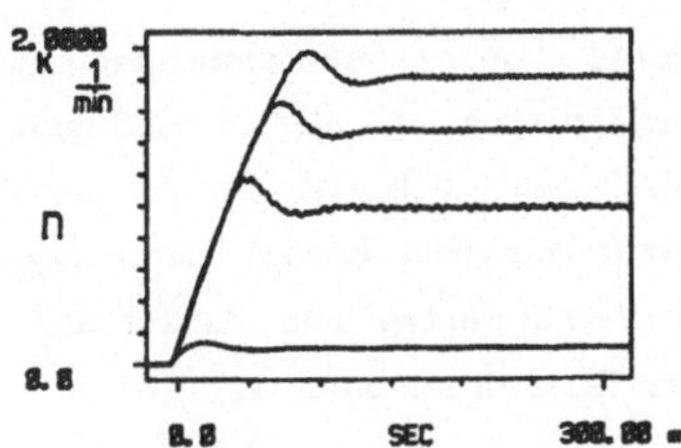

Bild 4.32: Sprungantworten unterschiedlicher Höhe bei unbelastetem Motor

TYP 8

Δn 1/min	T_{an} ⎍ in ms M=0Nm	M=14Nm	T_{an} ⎍ in ms M=0Nm	M=14Nm
10	19,9	-	13,9	-
100	15,4	13,5	12,8	13,3
1000	41,3	57,4	40	31,5
1500	64,3	95,2	56	46,7
1800	81,1	121,7	68,3	52,8

TYP 9

Δn 1/min	T_{an} ⎍ in ms M=0Nm	M=10Nm	T_{an} ⎍ in ms M=0Nm	M=10Nm
10	13,7	13,5	13,7	14,2
100	15,3	17,5	14,5	14,5
1000	74,6	107	68,3	55,5
1500	108,5	163	96,6	78
1750	136,2	153,6	109,3	85,8

TYP 10

Δn 1/min	T_{an} ⎍ in ms M=0Nm	M=10Nm	T_{an} ⎍ in ms M=0Nm	M=10Nm
10	8	7,8	6,7	5
100	9,8	11,7	6,7	7,3
1000	61,5	88,8	35,8	43,8
2000	120	176,6	102,2	82,2

TYP 13

Δn 1/min	T_{an} ⎍ in ms M=0Nm	M=14Nm	T_{an} ⎍ in ms M=0Nm	M=14Nm
10	6,4	5,8	5,8	4,7
100	7,2	8,7	6,5	5,3
1000	51,5	65,7	45,5	39,6
2000	108,1	149	93,3	77,2

Bild 4.33: Tabelle der Anregelzeiten T_{an} bei unterschiedlicher Belastung für Drehzahlsprünge Δn
T_{an} ⎍ = Drehzahlerhöhung, T_{an} ⎍ = Drehzahlerniedrigung

Daraus resultiert der annähernd lineare Zusammenhang zwischen einer Drehzahl- bzw. Widerstandsmomentänderung und der zugehörigen Zeitdauer für einen transienten Vorgang. Umgekehrt läßt sich das durchschnittlich abgegebene Motormoment während dieses Vorganges berechnen. Damit ergibt sich für die Antriebe je nach verwendetem Verstärkertyp und Ausführung eine Überlastbarkeit um das 2,8- bis 3,8-fache des Dauerdrehmoments.

Für drei der bürstenlosen Gleichstrommotoren nehmen die Anregelzeiten proportional mit der Drehzahl zu, woraus sich schließen läßt, daß bei hohen Drehzahlen mit keinen Momenteneinbrüchen zu rechnen ist. Für Typ 13 stiegen die Zeiten überproportional an, d.h. offensichtlich reduziert sich das Motormoment bei höheren Drehzahlen. Ursache kann eine Beschränkung der Klemmenspannung durch die Isolation des Motors sein.

Bereits bei kleinen Drehzahlsprüngen ergaben sich für den Motor vom Typ 13 bei höheren Drehzahlen größere An- und Ausregelzeiten. Die Überprüfung der Stromverläufe zeigt, daß die Ströme bei diesen Arbeitspunkten auf kleinere Maximalwerte begrenzt werden. Damit steht für diesen bürstenlosen Motor das volle Drehmoment nicht über den gesamten Drehzahlbereich zur Verfügung.

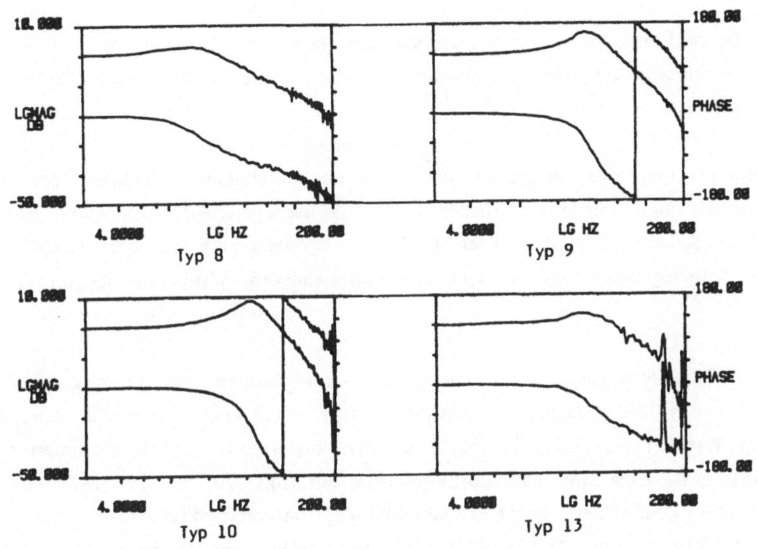

n_o 1/min	TYP 8 M_o=0Nm	TYP 8 M_o=14Nm	TYP 9	TYP 10 M_o=0Nm	TYP 10 M_o=10,4Nm	TYP 13 M_o=0Nm	TYP 13 M_o=14Nm
	f_m in Hz						
0	16	11	37	43	42	31	38
10	14	11	-	46	46	31	38
100	9	9	35	45	45	28	47
1000	16	14	32	44	43	28	34
1900	14	16	31	42	45	31	38

Bild 4.34: Führungsfrequenzgänge des Drehzahlregelkreises unterschiedlicher bürstenloser Gleichstrommotoren und Tabelle der gemessenen Resonanzfrequenzen an unterschiedlichen Arbeitspunkten

Der Motor Typ 10 ergab drehzahlunabhängig bei größerer Belastung etwas größere Anregelzeiten und kleinere Überschwinger. Für den vom gleichen Verstärker gespeisten Typ 9 nahmen die An- und Ausregelzeiten mit größerer Belastung sogar ab. Während der eine Motor bereits in die Strombegrenzung gelangt, verfügt der andere offensichtlich noch über Reserven, was einzig auf eine unterschiedliche Reglereinstellung zurückzuführen ist.

Beim Betrachten der Drehzahlsprünge um den Nullpunkt ergibt sich keinerlei Beeinträchtigung der Drehrichtungsumkehr durch die dafür nötige Stromumkehr im Verstärker.

Die gemessenen Frequenzgänge und ihre kennzeichnenden Größen können Bild 4.34 entnommen werden. Auffallend ist die niedere Resonanzfrequenz des Motors Typ 8, die nicht charakteristisch ist, sondern sich aus der durch mechanische Schwingungen am Versuchstand notwendigen Wahl der Reglerparameter ergibt.

Bei der Beaufschlagung der Antriebe mit ihrem halben und ihrem ganzen Dauerdrehmoment als Lastmoment ergeben sich durchwegs konstante Anregelzeiten im Bereich von ca. 15 ms. Nur der Motor mit zurückgenommener Proportionalverstärkung im Drehzahlregelkreis benötigt 30 ms für den Regelvorgang. Die Drehzahlen brechen lastabhängig unterschiedlich stark ein. Beim Typ 13 nehmen die Drehzahleinbrüche mit steigender Drehzahl eindeutig zu, was wieder auf den bereits besprochenen Effekt der drehzahlabhängigen Strombegrenzung zurückzuführen ist.

- Geräuschverhalten

Bei den ersten am Markt erschienenen Antrieben dieses Typs ergab sich eine unangenehme Geräuschentwicklung. Deswegen wurden vorsichtshalber an den Testantrieben Schallpegelmessungen durchgeführt. Die gemessenen Werte liegen nur geringfügig über denen in der Maschinenhalle während Betriebsruhe. Geräuschprobleme sind deswegen im untersuchten Drehzahlbereich nicht zu erwarten.

- Zusammenfassung

Die untersuchten bürstenlosen Gleichstrommotoren zeigen also durchwegs sehr gutes stationäres und dynamisches Verhalten. Antriebe dieses Motorkonzeptes erscheinen den hochwertigen konventionellen Antrieben mindestens ebenbürtig. Wie weit sich durch ein ggf. niedrigeres Trägheitsmoment, durch eine günstigere Leistungsdichte und die weitgehende Wartungsfreiheit ect. Vorteile ergeben, ist sowohl von der Ausführungsform als auch vom Einsatz abhängig. Eine prinzipbedingte störende Welligkeit des Drehmomentes ist nicht zu erwarten, wenn auch sehr wohl ausführungsspezifisch derartige Erscheinungen auftreten.

4.3.1.3 Synchronmotor mit rotorwinkelabhängiger Speisung

Bei den hier untersuchten Antrieben handelt es sich bei Typ 15 um einen am Markt präsenten Vorschubantrieb, bei Typ 14 dagegen um einen Prototyp, der zur Rückführung des Drehzahlistwertes einen bürstenbehafteten Tachogenerator besitzt. Beim Serienmotor wird dagegen das Tachosignal aus den Resolverwerten gewonnen und vom Resolver-Digital-Wandler analog ausgegeben.

- stationäres Verhalten

Die induzierte Spannung beider Antriebe zeigt erwartungsgemäß nahezu sinusförmigen Verlauf. Wie dem Linearspektrum Bild 4.35 bei verschiedenen Drehzahlen entnommen werden kann, treten als einzige die dritte und fünfte Harmonische der Grundschwingung minimal in Erscheinung.

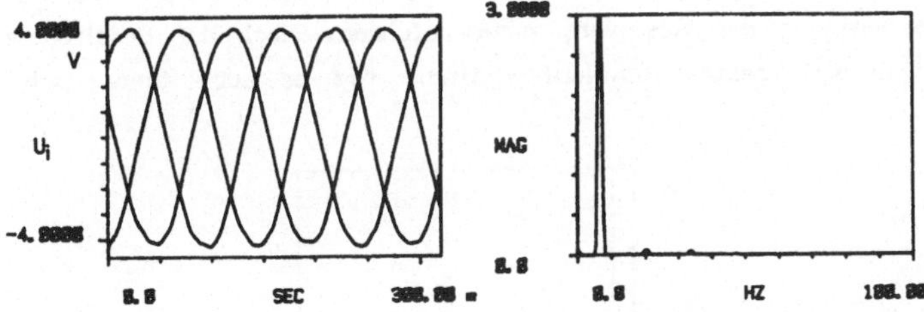

Bild 4.35: Verlauf der induzierten Spannung U_i eines Synchronmotors bei Antrieb mit konstanter Drehzahl n= 100 1/min

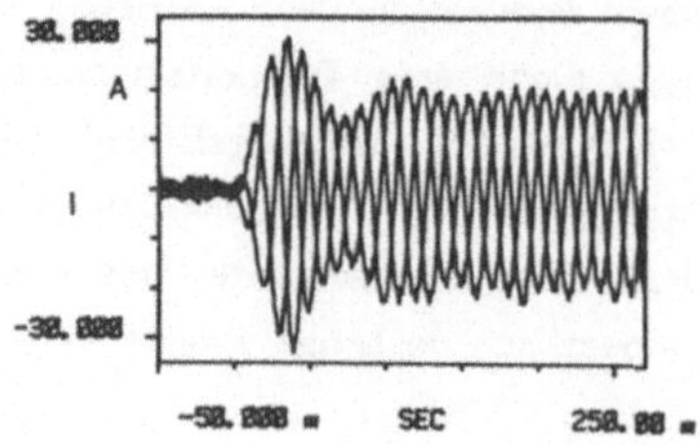

Bild 4.36: Ströme I durch einen Synchronmotor mit rotorwinkelabhängiger Speisung bei einem Lastsprung von Leerlauf auf Nenndrehmoment

Die Ströme während eines Lastwechselvorgangs (Bild 4.36) bestimmen das dynamische Verhalten des Motors. Bei beiden Antrieben lassen sich vor allem beim Stromnulldurchgang geringe Abweichungen von der Sinusform erkennen, die auch Auswirkungen auf die beiden anderen Phasen besitzen. Trotzdem zeigen die Ströme noch einen guten sinusförmigen Verlauf Bild 4.37.

Beim Antrieb Nr. 14 ergaben sich unterschiedliche Wicklungsströme, woraus für diese Motorart untypische Drehmomentschwankungen resultierten. Bei Motor Typ 15 war den sinusförmigen Strömen ein erheblicher Gleichanteil überlagert, der zu einer spürbaren Minderung der Belastbarkeit des Motors führt. Dieser Effekt konnte durch Austausch des Verstärkers beseitigt werden. Ursprünglich auch hier festgestellte Drehzahlschwankungen waren auf eine mangelhafte Befestigung des Resolvers zurückzuführen. Nach der Beseitigung dieses Fehlers ergab sich bestes Rundlaufverhalten, wie es auch theoretisch erwar-

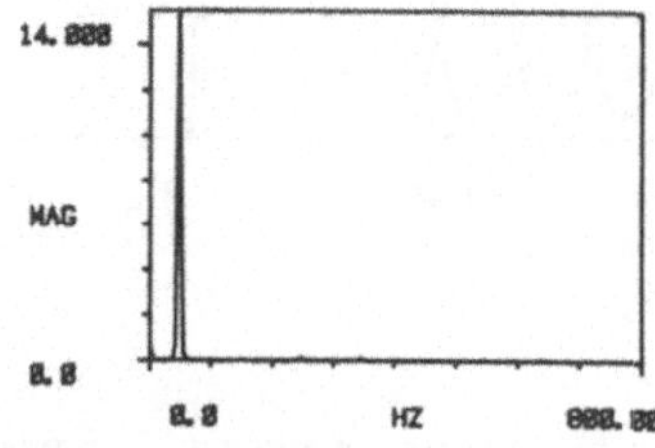

Bild 4.37: Linearspektrum des Stroms eines Synchronmotors bei Nennlast und Speisung aus einem pulsbreitenmodulierten Umrichter

tet wird. Außerdem kam es bei dem Motor Typ 14 zu einem deutlichen Ruck beim Einschalten des Gerätes in Abhängigkeit von der Rotorposition zum Einschaltzeitpunkt. Auch hierbei handelte es sich um einen mit der speziellen Realisation verbundenen Effekt.

- dynamisches Verhalten

Beide Antriebe zeichnen sich durch ein besonders niedriges Trägheitsmoment aus, was in erster Linie den verwendeten Magnetmaterialien zugeschrieben werden kann. Daraus resultiert die Notwendigkeit einer sorgfältigen Optimierung der Regelkreise zur vollen Ausnutzung der Dynamik. Auf kleine Sollwertsprünge reagieren die Motoren mit kleinen Anregel- (15 ms) und Ausregelzeiten (30 ms). Für höhere Momente standen bei den verwendeten Verstärkerausführungen keine Reserven zur Verfügung. Inwieweit eine derartige Verstärkerauslegung für einen höchst dynamischen Antrieb sinnvoll ist, muß vom Anwendungsfall abhängig individuell entschieden werden. Bei den Versuchen ergab sich als Konsequenz daraus ein konstantes maximales Moment für transiente Vorgänge über den gesamten Drehzahlbereich. Das Störverhalten ergab im Bereich der möglichen Belastungen ein zeitlich mit bürstenlosen Gleichstrommaschinen ebenbürtiges Verhalten, wobei etwas größere momentane Drehzahlabweichungen auftraten.

Betrachtet man den Verlauf des Frequenzganges in Bild 4.38, so fällt auf, daß offensichtlich durch die Charakteristik der Regelstrecke bestimmt, unabhängig von der Drehzahlreglereinstellung, ein nur sehr flacher Abfall der Übertragungsfunktion nach der Grenzfrequenz erfolgt. Dadurch wird aufgrund der mechanischen Eigenfrequenzen sehr leicht eine Dauerschwingung hervorgerufen, so daß insgesamt die am Versuchsstand erreichbare Dynamik leidet.

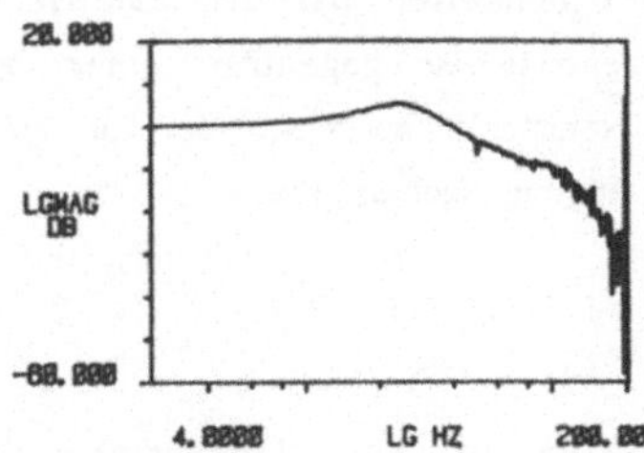

Bild 4.38: Führungsfrequenzgang des Drehzahlregelkreises von Motor Typ 15 am Motorprüfstand

Es ergaben sich einstellbare Resonanzfrequenzen von 25 Hz und Eckfrequenzen bei ca. 50 Hz.

- Zusammenfassung

Zusammenfassend läßt sich für Synchronmotoren ein sehr gutes stationäres und dynamisches Verhalten feststellen. Gegenüber bürstenlosen Gleichstrommotoren wird, sieht man von den nachweisbar konstruktiven Mängeln, die teilweise beseitigt wurden ab, als Vorteil ein besserer Rundlauf erwartet, wobei allerdings darauf hingewiesen werden muß, daß die gravierenden Unterschiede häufig nicht systembedingt, sondern realisationsbedingt sind. Als nachteilig muß ein höherer Aufwand bei der Ansteuerung dieser Antriebe erwartet werden, wobei die Kostensituation mit geprägt ist von der Preisentwicklung des Resolver-Digital-Wandlers. Aus diesen Gründen ist das Anwendungsgebiet dieser Antriebe momentan bei Einsatzfällen zu suchen, in denen ihre speziellen Vorteile besonders gefragt sind.

4.3.1.4 Asynchronmotor

Der untersuchte Asynchronmotor ist kein Normmotor, sondern speziell für Vorschubaufgaben entwickelt. Fest mit dem Motor verbunden ist ein Impulsgeber mit 1000 Impulsen pro Umdrehung und der Möglichkeit zur Impulsvervierfachung. Das Entkopplungsnetzwerk ist im wesentlichen digital auf der Basis eines 16-bit-Mikroprozessors realisiert. Ein analoger Eingang zu dem Drehzahlsollwert ist noch vorhanden. Für die Kommunikation mit diesem Antrieb ist jedoch in erster Linie eine RS232-Schnittstelle vorgesehen. Neben der Sollwertvorgabe kann hierüber auch die Reglereinstellung erfolgen. Damit eröffnen sich auf der einen Seite neue Möglichkeiten bei der Inbetriebnahme der Antriebe, andererseits birgt diese Vorgehensweise gegenüber einer Optimierung durch Potentiometereinstellung auch Nachteile in sich, da für jede Änderung der Parameter ein Terminal zur Verfügung stehen muß.

- Stationäres Verhalten

Kennzeichnend für den Antrieb ist eine Drehmoment-Drehzahlkennlinie, die ab etwa 1500 1/min nurmehr einen Bereich konstanter Leistung ausweist. Die Höchstdrehzahl ergibt sich zu 2500 1/min. Das kratzende Geräusch des Motors

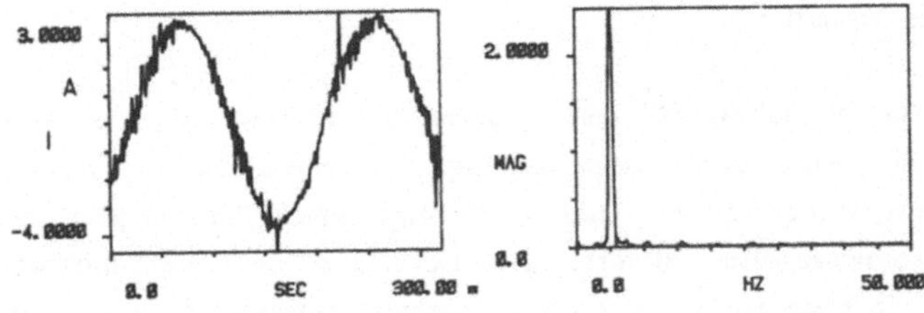

Bild 4.39: Motorstrom I des Asynchronmotors und zugehöriges Linearspektrum bei n = 120 1/min

ist gewöhnungsbedürftig. Von seiner Lautstärke liegt es jedoch in der Größenordnung ähnlicher untersuchter Antriebe.

Die Gleichförmigkeit der Bewegung dieses Motors ist abhängig von der erreichbaren Sinusform der Motorströme und der Realisation des Entkopplungsnetzwerks. Wie Bild 4.39 zeigt, besitzen die Motorströme einen in guter Näherung sinusförmigen Verlauf. Während bei hohen Drehzahlen ein zufriedenstellender Rundlauf festzustellen ist, setzt die Verwendung des Impulsgebers für niedrige Drehzahlen sehr früh eine Grenze. Bild 4.40 zeigt einen Geschwindigkeitsverlauf, der bei einer Drehzahl von wenigen Umdrehungen pro min mit einem externen Tachogenerator gemessen wurde. Es kann angenommen werden, daß dieses Verhalten durch entsprechende Modifikation des Winkelgebers verbessert werden kann.

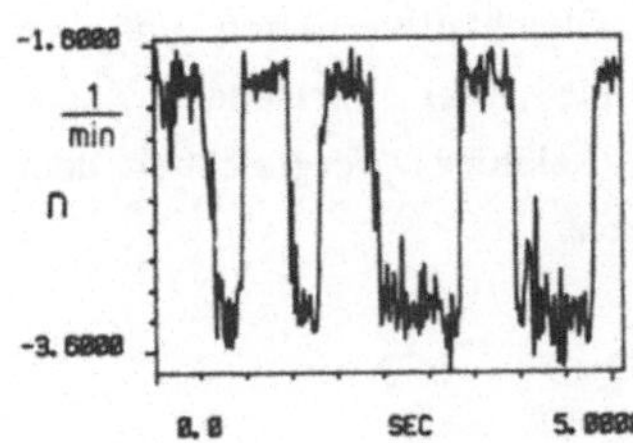

Bild 4.40: Mit externem Tachogenerator gemessener Drehzahlverlauf n bei unbelastetem Motor nahe Drehzahl Null

- Dynamisches Verhalten

Das dynamische Verhalten ist dem anderer bürstenloser Antriebe ebenbürtig. Charakteristische Änderungen durch die digitale Realisierung des Reglers konnten nicht festgestellt werden. Bild 4.41 zeigt einen Frequenzgang des unbelasteten drehzahlgeregelten Motors. Zur Gewinnung des Drehzahlistwerts muß ein externer Tachogenerator zusätzlich angebaut werden, da die digitale Regelung keine analoge Istwertausgabe besitzt.

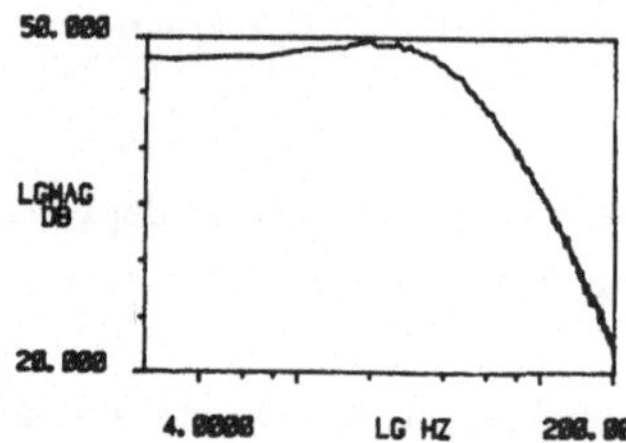

Bild 4.41: Führungsfrequenzgang des unbelasteten drehzahlgeregelten Motors

- Zusammenfassung

Von allen untersuchten Antrieben befinden sich drehzahlgeregelte Asynchronmotoren die kürzeste Zeit auf dem Markt, so daß mit einer hohen Innovationsrate gerechnet werden kann. Zusammen mit der eingesetzten Mikroprozessorregelung unterscheidet sich diese Antriebsart deutlich von anderen bürstenlosen Konzepten. Wesentliches Kriterium für die Möglichkeit des Einsatzes eines solchen Motorkonzepts ist das Gleichlaufverhalten um Drehzahl 0 und die Drehmoment-Drehzahl-Kennlinie mit zwei Bereichen einmal konstanten Momentes und einmal etwa konstanter Leistung, vergleichbar dem Kennlinienverlauf konventioneller Gleichstrommotoren.

4.3.2 Ergebnisse am Drehmaschinenversuchstisch

Diese Untersuchungen dienen in erster Linie der Ergänzung der Versuche an den einzelnen Baugruppen und zur Verifikation der theoretischen Überlegungen. Sie liefern praxisorientierte Hinweise zur Anwendung der vorgestellten analytischen und experimentellen Verfahren und zeigen die Notwendigkeit einer konsistenten Betrachtung aller elektrischen und mechanischen Baugruppen eines Vorschubantriebs. Sie fanden sowohl mit geschlossenem Drehzahlregelkreis ohne überlagerte Lageregelung als auch im geschlossenen Lageregelkreis statt. Der Drehzahlregler wurde jeweils am Tisch für jeden Antrieb neu optimiert. Dabei bestätigt es sich, daß Motoren mit höherem Eigenträgheitsmoment am problemlosesten optimiert werden können. Bei Antrieben mit relativ hohem Trägheitsmoment kann eine für unterschiedliche Maschinentypen einheitliche, optimale Reglereinstellung leichter gewährleistet werden. Dies ist für eine rasche Inbetriebnahme und minimale Lagerhaltung wünschenswert. Die Beschleunigung von größeren Massenträgheitsmomenten in gleichen Zeiten erforderte natürlich mehr Energie und damit auch größere Ströme. Dies schlägt sich nicht nur in den Kosten, sondern auch im Platzbedarf nieder.

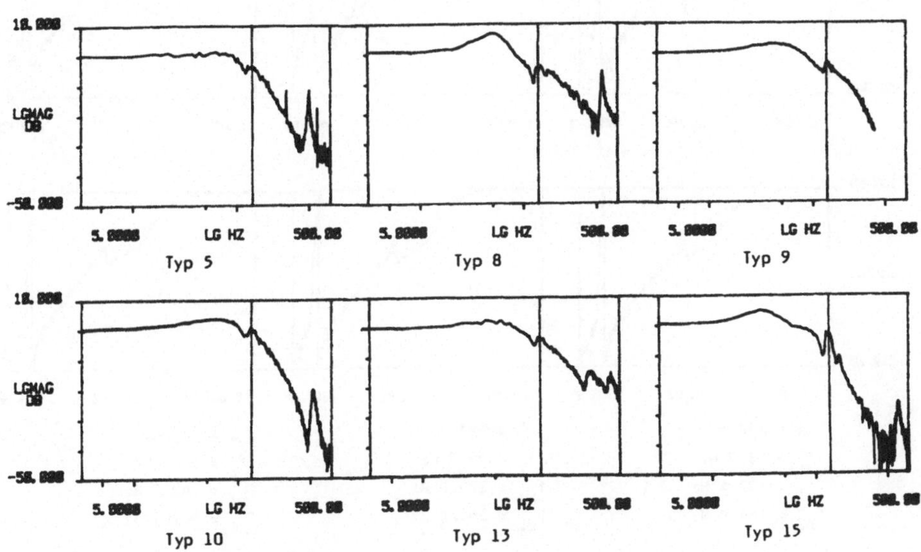

Bild 4.42: Führungsfrequenzgänge des Drehzahlregelkreises von unterschiedlichen Antrieben am Tisch einer NC-Drehmaschine

Das Fremdträgheitsmoment des Versuchstisches war mit einer Ausnahme stets niedriger als das Trägheitsmoment der Motoren selbst. Wie man Bild 4.42 entnehmen kann, war unabhängig vom Eigenträgheitsmoment nahezu gleiches dynamisches Verhalten der Antriebe im Kleinensignalbereich erreichbar. Bei etwa gleichen Grenzfrequenzen unterscheiden sich die gemessenen Führungsfrequenzgänge (Eingang = Drehzahlsollwert, Ausgang = Tachosignal) der Drehzahlregelkreise der Antriebe in der Resonanzfrequenz und der Dämpfung. Deutlich zu erkennen ist auch die Rückwirkung der schwingungsfähigen Mechanik auf den Drehzahlregelkreis. Sowohl die erste als auch zweite mechanische Resonanzfrequenz können zur Instabilität führen. Da der Antrieb selbst bei diesen Messungen als Torsionserreger eingesetzt wird, ist die Bandbreite nach oben motorabhängig begrenzt. Wie bereits erwähnt, dürfen die Messungen nicht um den Geschwindigkeitsnullpunkt erfolgen, da sonst die in diesem Bereich wirksamen Nichtlinearitäten aufgrund der Reibung zu Fehlmessungen führen. Verläßt man den Bereich kleinster Tischgeschwindigkeiten, ergibt sich keine weitere

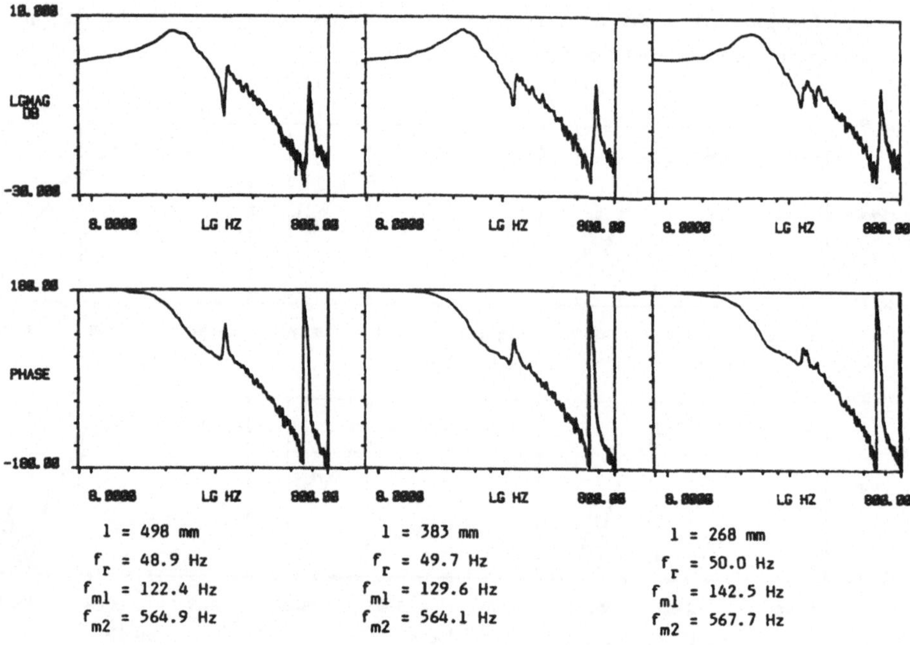

Bild 4.43: Führungsfrequenzgänge des Drehzahlregelkreises gemessen an unterschiedlichen Tischpositionen

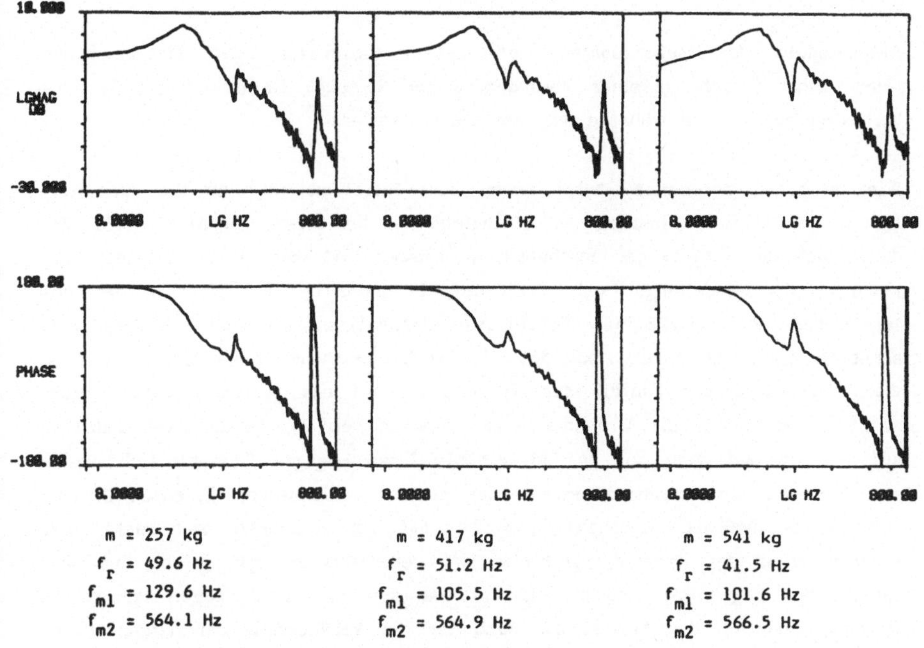

Bild 4.44: Führungsfrequenzgänge des Drehzahlregelkreises mit unterschiedlichen Tischmassen

Masse	belastete Spindellänge	Frequenz f_1 in Hz gemessen	Frequenz f_1 in Hz gerechnet	Frequenz f_2 in Hz gemessen	Frequenz f_2 in Hz gerechnet
m=254 kg	l=268 mm	142,5	135,7	567,7	563,7
	l=383 mm	129,6	127,9	564,1	563,1
	l=498 mm	122,4	121,3	564,9	562,5
m=254 kg	l=383 mm	129,6	127,9	564,1	563,1
m=417 kg		104,6	103,6	564,6	563,0
m=541 kg		101,6	93,4	565,6	563,0

Bild 4.45: Tabelle der gemessenen und gerechneten ersten und zweiten Eigenfrequenzen der Mechanik in Abhängigkeit der Tischposition und der Tischmasse

Abhängigkeit der Meßergebnisse von diesem Parameter. Die Tischbewegung selbst führt jedoch zu einer Veränderung der Strecke. Damit ist das Systemverhalten der Strecke während der Messung zeitvariant.

Wie in 3.1.3 berechnet, trägt neben dem Kugelmutterbereich die Axialsteifigkeit der Spindel erheblich zur Nachgiebigkeit bei dieser Eigenform bei, wodurch sich der Einfluß der Tischposition erklären läßt (Bild 4.43). Für die kürzeste axiale Spindellänge ergibt sich eine Frequenz bei 142 Hz, für die hinterste Position von 122 Hz. Signifikante Einflüsse auf die nächst höhere feststellbare Resonanzfrequenz bei 564 Hz ergaben sich nicht. In einer weiteren Meßreihe wurde der Einfluß der Tischmassen auf das Systemverhalten untersucht. Dazu wurde die Grundmasse des Tisches von 257 kg in zwei Schritten auf 417 kg und dann auf 541 kg erhöht. Erwartungsgemäß ergab sich wieder ein Absinken der Resonanzfrequenz der ersten mechanischen Eigenschwingung. Die zweite meßbare Eigenschwingung bei 564 Hz veränderte sich nicht. Die Grenzfrequenz der Drehzahlregelkreise sinkt ebenfalls geringfügig ab. Die entsprechenden Ergebnisse sind in Bild 4.44 dargestellt. Damit decken sich sowohl für die Variation der Masse, als auch für die Veränderung der Tischposition, die analytischen mit den experimentellen Ergebnissen (Bild 4.45, vgl. auch Bild 3.6, 3.7, 3.8). Gemessene und berechnete Frequenzgänge wurden bereits in den Bildern 3.20 und 3.29 einander gegenübergestellt.

Zur Analyse der mechanischen Eigenschaften wurden zusätzlich bei langsamem Verfahren des Tisches mit einem elektrodynamischen Linearerreger eine Kraft auf dem Tisch in seine Hauptbewegungsrichtung eingeleitet und mit Beschleunigungsaufnehmern am Tisch und auf der Spindel die Eigenschwingungen der Bauteile gemessen. Wie bereits theoretisch erwähnt, stößt dies an eine Reihe von Schwierigkeiten, vor allem aufgrund der Übersetzungsverhältnisse durch Umformung der translatorischen in eine rotatorische Bewegung. Die Resonanzstellen können jedoch auch auf diese Weise ermittelt werden. Sie stimmen sehr gut mit den Resonanzstellen des Drehzahlführungsfrequenzgangs überein.

Neben dem Tachosignal des Motors steht im Zeitbereich das speziell entwikkelte Laserinterferometer (siehe 4.2.3) zur Aufzeichnung der Tischbewegungen zur Verfügung. Sowohl an der Tischposition selbst, als auch am Tachosignal erkennt man die Wirkung der Haftreibung. Durch diese angeregt, kann das mechanische System mit seiner Eigenfrequenz zum Schwingen gelangen (Bild 4.46). Dieser Effekt zeigt sich an der Tischbewegung stärker als am Rotor.

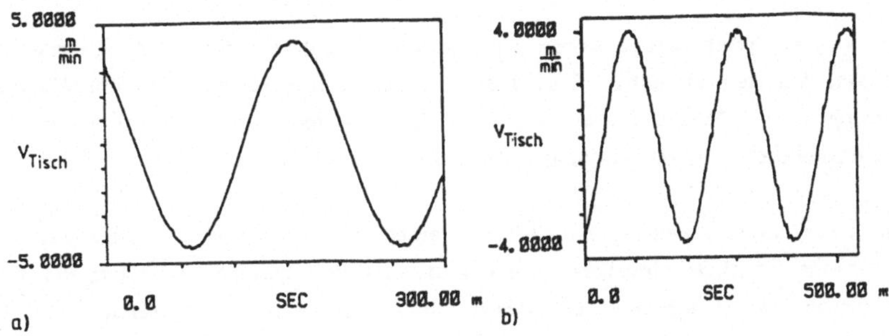

Bild 4.46: Geschwindigkeitsverlauf einer sinusförmigen Bewegung gemessen mit a) dem Tachogenerator des Motors und b) dem Laserinterferometer DYLAM direkt am Tisch

Die Untersuchungen an diesem, einer realen NC-Maschine entsprechenden Versuchsaufbau zeigen die dringende Notwendigkeit der gemeinsamen Betrachtung hochdynamischer Antriebsmotoren und angebauter schwingungsfähiger Mechanik. Sie waren zudem erforderlich, um die Brauchbarkeit und die Praxisnähe der hergeleiteten theoretischen Verfahren zur Simulation der Eigenschaften geregelter Vorschubantriebe zu bestätigen.

4.3.3 Ergebnisse der Zahnriemenuntersuchungen

Für gängige High-Torque-Drive-Zahnriemen, wie sie in Vorschubantrieben Verwendung finden, werden in statischen und dynamischen Versuchen Kenngrößen zur Beschreibung dieser Riementriebe ermittelt. Diese Werte wurden unmittelbar als Eingabegrößen zur Modellbildung des Gesamtsystem von Kapitel 3 herangezogen.

4.3.3.1 Statische Untersuchungen

Ziel dieser Untersuchungen war die Ermittlung der durch Gleichung 2.88 Kap.: 2.2.1 definierten statischen Trumsteifigkeit s_T. Um Meßfehler durch Kippen etc. zu vermeiden und um den Zahnriemen an den Zahnscheiben anliegen zu lassen wurde bereits vor der Justierung der Meßapparatur eine Vorspannkraft im Trum von etwa 10% der maximalen Trumkraft aufgebracht. Die quasi-statisch aufgenommenen Kraftdehnungsdiagramme zeigen folgende gemeinsame Effekte:

- Bei kleinen Trumkräften wurde der stationäre Endwert der Dehnung erst nach einigen Minuten erreicht. Dies läßt sich dadurch erklären, daß die Meßmarkierung bzw. Meßspitzen auf bzw. in dem Elastomer sitzen und dessen Verhalten dadurch den Meßvorgang entsprechend beeinflußt.

- Ein noch niemals vorher belasteter Riemen zeigt beim ersten Belastungsversuch eine deutlich niedrigere Steifigkeit, als bei späteren Belastungen. Nach mehreren Belastungsversuchen nähert diese sich jedoch sehr schnell den üblichen Steifigkeitswerten an. Bleibt der Riemen längere Zeit unbelastet, dann läßt sich dieses Phänomen bei einem neuen Belastungszyklus erneut beobachten. Eine mögliche Ursache könnte die Straffung der verzwirnten Zugstränge sein, was jedoch bisher nicht bewiesen wurde.

- Die Zahnriemen zeigen im allgemeinen ein schwach nichtlineares Kraftdehnungsverhalten. Bei größeren Trumkräften wurde eine geringfügige Zunahme der Steifigkeit beobachtet. Der Effekt ist jedoch so gering, daß eine quantitative Angabe nicht sinnvoll erscheint.

- Bei Be- und Entlastung treten unterschiedliche Kraftdehnungsverläufe auf, was entsprechend den Ausführungen von Kapitel 2.2.1 aufgrund der inneren Reibung zu erwarten war.

Aus den einzelnen Meßpunkten wurde je nach Belastungsrichtung eine Be- und eine Entlastungssteifigkeit durch lineare Regressionsrechnung gewonnen. Dazu wird der Zusammenhang zwischen der unabhängigen Kraftvariablen und der abhängigen Dehnungsvariablen durch eine Ausgleichsgerade ausgedrückt. Der Reziprokwert der Steigung dieser Geraden ist dann die Steifigkeit des Riementrums. Der sehr gute Korrelationskoeffizient für die durchgeführte lineare Regression bei allen Meßreihen bestätigt die angenommene Geringfügigkeit des nichtlinearen Verhaltens.

Bild 4.47 zeigt die Kraftdehnungskurve, wie sie für HTD-8M-30 Riemen gemessen wurde. Man erkennt die unterschiedlichen Steifigkeiten für Be- und Entlastung. In einer Vielzahl von Messungen an unterschiedlichen Riemen dieses Typs mit gleichen und unterschiedlichen Längen ergaben sich Belastungssteifigkeiten zwischen $4{,}5 \cdot 10^5$ und $6 \cdot 10^5$ N und Entlastungssteifigkeiten zwischen $5{,}2 \cdot 10^5$ und $6{,}7 \cdot 10^5$N. Bei Betrachtung der Steifigkeiten von mehreren Messungen an einem einzigen Riemen ergaben sich Werte, die als Mittel-

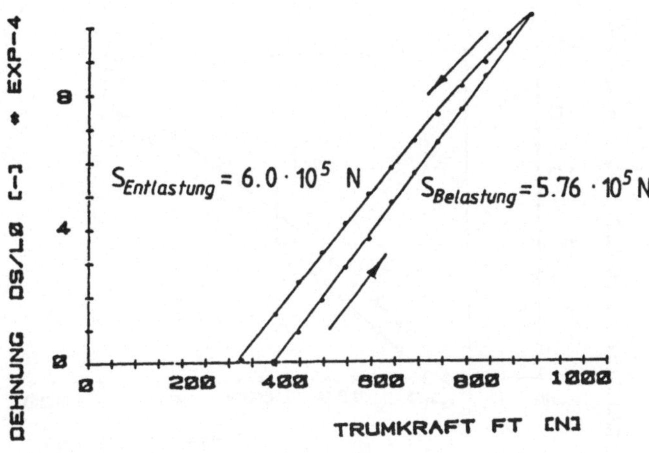

Bild 4.47: Kraft-Dehnungs-Diagramm eines Zahnriemens HTD 480-8M-30

wert für die Belastungssteifigkeit $5{,}88 \cdot 10^5$ N +/-$0{,}21 \cdot 10^5$ N und für die Entlastungssteifigkeit $6{,}1 \cdot 10^5$ N +/-$0{,}20 \cdot 10^5$ N betragen. Ausgehend davon, daß die in Bild 4.47 gezeigten Be- und Entlastungskurven einen Teil eines kontinuierlichen Lastwechselvorgangs bei sehr niedriger Frequenz darstellen, kann die Kurve zu einer quasi-dynamischen Lastwechselkurve ergänzt werden. Wählt man die Vorspannkraft groß genug, läßt sich der Lastwechselvorgang experimentell vollziehen (Bild 4.48). Aus dieser Kraft-Dehnungskurve kann ein Maß für die Dämpfungsfähigkeit durch innere Reibung im Riementrum ermittelt werden. Dazu muß der Verlustfaktor $\tan\varphi$ aus dem Quotienten von Schleifenbreite b zu Schwingungsweite w gebildet werden. Für die untersuchten Riemen ergaben sich Verlustfaktoren von $\tan\varphi = 0{,}09$.

Bei der Bestimmung der Zahnfederkonstanten c_z nach der in 4.1.3 beschriebenen Methode ergaben sich sehr stark streuende Werte. Als eine Ursache hierfür kann sowohl der Aufbau des Zahnes (Eigenschaften des Elastomers, Dicke des Polyamidgewebes, Form des Riemenzahns und dessen Lage in der Zahnlücke der Scheibe), als auch dessen nicht völlig konstant zu haltender Kräftemechanismus gelten. Entsprechend der Zugkraft im Riementrum werden die Riemenzähne gegen die Zähne der Zahnscheibe gepreßt und gestaucht. Da sich

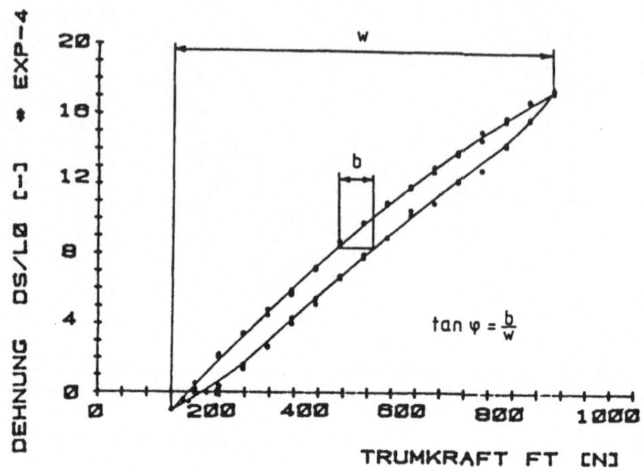

Bild 4.48: Quasi-dynamischer Lastwechselvorgang an einem Zahnriemen HTD 560-8M-30

bei dieser Messung nur jeweils ein Riemenzahn je Trum im Eingriff befand, mußten die Trumkräfte verhältnismäßig klein gehalten werden. Die an drei Riemen des Typs HTD-8M-30 gemessenen Zahnfederkonstanten betragen im Mittel 400 N/mm.

4.3.3.2 Dynamische Untersuchungen

Zunächst war es notwendig, grundsätzlich die Tauglichkeit des Versuchsstandes für dynamische Messungen am Riementrieb nachzuweisen. Insgesamt wurden drei Modalanalysen durchgeführt, davon eine um die Schwingungsform des Versuchsstandes zu ergründen, die beiden anderen um Schwingungsformen des Zahnriementriebs selbst zu ermitteln.

Für diese Analysen wurde, wie in 4.1.3 beschrieben, ein elektrodynamischer Krafterreger an einer freibeweglichen Riemenscheibe angebracht. Die zweite Riemenscheibe war blockiert. Als Systemantwort wird eine beschleunigungsproportionale Spannung von einem piezoelektrischen Beschleunigungsaufnehmer verwendet. Durch zweimalige Integration dieses Signals erhält man dann ein Wegsignal. Aus dem Kraftsignal des Erregers und dem Meßsignal kann dann

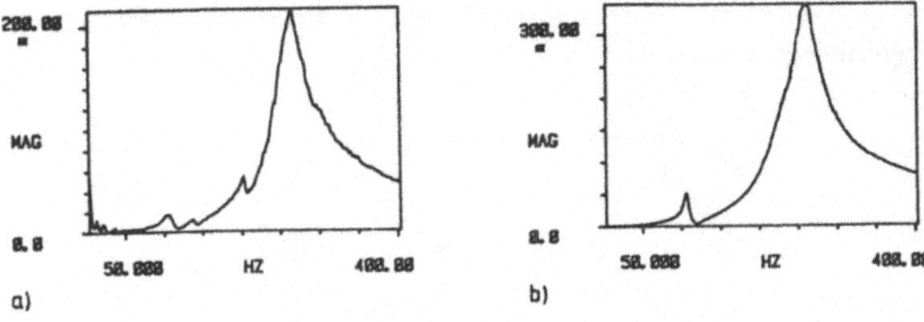

Bild 4.49: Nachgiebigkeitsfrequenzgänge a) mit, b) ohne unerwünschte Druckkraft durch den Erregerstößel

der Nachgiebigkeitsfrequenzgang zwischen Erregerstelle und Ort des Beschleunigungsaufnehmers berechnet werden. Es ist darauf zu achten, daß durch den Erregerstift nicht bereits im Ruhezustand eine das Meßergebnis beeinträchtigende Druckkraft in tangentialer Richtung eingeleitet wird. Diesen Sachverhalt zeigen die in Bild 4.49 dargestellten Nachgiebigkeitsfrequenzgänge, die mit und ohne diese Druckkraft aufgenommen wurden.

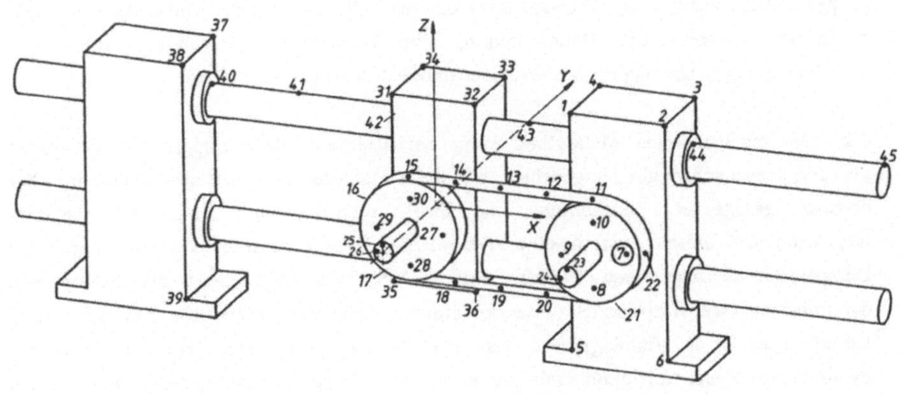

Bild 4.50: Idealisierung des Zahnriemenprüfstands zur Modalanalyse

Für die Modalanalyse des Zahnriemenprüfstands wurde dieser entsprechend Bild 4.50 idealisiert. Im Frequenzbereich bis 400 Hz wurden insgesamt 8 Eigenformen erkannt. Alle zeigten, daß die dominierenden Nachgiebigkeiten eindeutig durch den Zahnriementrieb bestimmt werden und in dem für die Untersuchungen interessanten Frequenzbereich der Versuchsstand näherungsweise als starr angenommen werden darf.

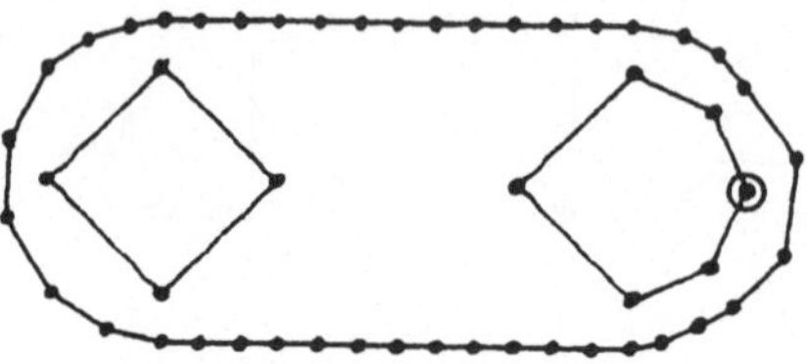

Bild 4.51: Idealisierung eines Zahnriemens

Bild 4.51 zeigt den idealisierten Riementrieb, wie er für die weitere Zahnriemenmodalanalyse benutzt wurde. Die Erregerstelle ist eingekreist. Die Dichte der Meßpunkte auf dem Riemen ist erforderlich, um Flatterschwingungen gut zu erkennen.

Nachfolgend sind Schwingungsanalysen von einem HTD-Riemen 480-8M-30 gezeigt. Die meisten festgestellten Resonanzfrequenzen sind reine Flatterschwingungen (Bild 4.52). Im Frequenzbereich bis 800 Hz wurden insgesamt 24 Eigenformen ausgewertet. Dabei konnte eine Torsionseigenschwingung, der Flatterschwingungen überlagert waren, identifiziert werden (Bild 4.53).

Für den beschriebenen Meßaufbau kann der Riementrieb bezüglich Torsion somit als Einmassenschwinger angesehen werden. Da das Massenträgheitsmoment der drehbar gelagerten Zahnscheibe und ihrer mitrotierenden Umbauteile bekannt ist, kann für dieses System eine dynamische Federkonstante und ein Lehr'sches Dämpfungsmaß angegeben werden (Bild 4.54). Bild 4.55 zeigt die gemessenen dynamischen translatorischen Federkonstanten und die Werte für das Lehr'sche Dämpfungsmaß in Abhängigkeit von der Vorspannung. Man erkennt, daß die dynamische Federsteifigkeit mit zunehmender Vorspannkraft gegen einen festen Wert strebt. Auch für die Dämpfung ergibt sich das bereits in Kapitel 2.2.1 prognostizierte Verhalten, wobei die relativ niedrigen Dämpfungswerte überraschen. Das Absinken der Dämpfung mit zunehmender Trumkraft läßt sich auf die geringere Relativbewegung zwischen Riemen und Zahnscheibe aufgrund der höheren wirkenden Kräfte zurückführen, bis schließlich nur noch reine Werkstoffdämpfung vorliegt.

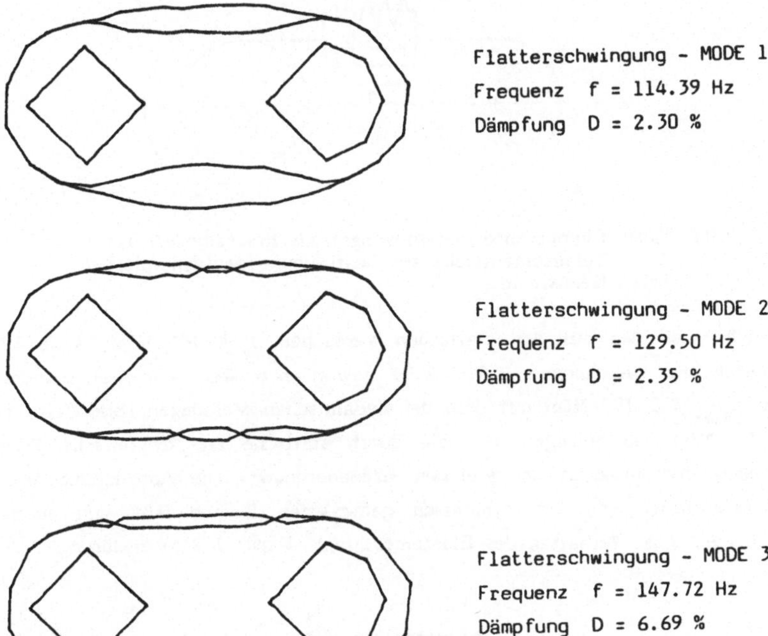

Bild 4.52: Flatterschwingungen des Zahnriemens

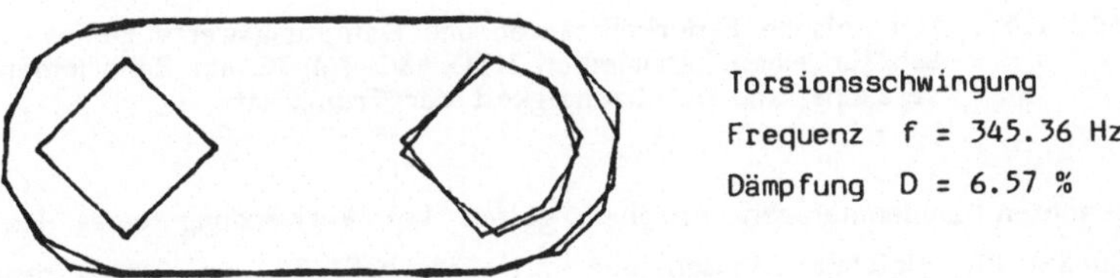

Bild 4.53: Torsionsschwingungen des Zahnriemens

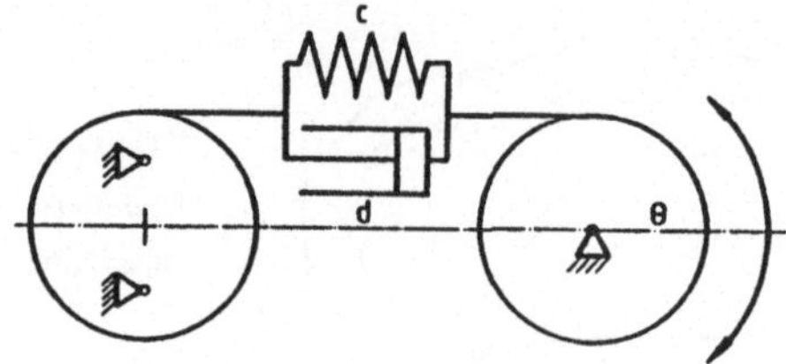

Bild 4.54: Einmassentorsionsschwinger als Ersatzmodell des Zahnriementriebs zur Bestimmung der dynamischen Kennwerte

Vergleicht man den aus den statischen Versuchen $c_z=4 \cdot 10^5$ N/m, $s_T=6 \cdot 10^5$ N und durch die Gleichungen 2.91, 2.93 gewonnenen Wert der Gesamtfederkonstante $c_{stat}=2,3 \cdot 10^6$ N/m mit dem der dynamischen Messungen (Bild 4.55) $c_{dyn}=$ $4,1 \cdot 10^6$ N/m, so bewegen sich die durch statische und dynamische Versuche erhaltenen Ergebnisse in der gleichen Größenordnung. Die Abweichung der statisch gemessenen von den dynamisch gemessenen Werten läßt sich durch das frequenzabhängige Verhalten des Elastomers (vgl. Kap.: 2.2.1) erklären.

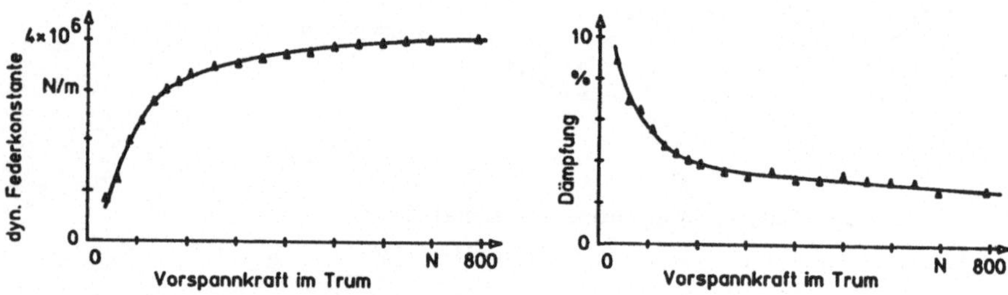

Bild 4.55: Dynamische Federkonstanten und Dämpfungswerte gemessen für einen Zahnriemen HTD 480-8M-30 am Zahnriemenversuchsstand in Abhängigkeit der Trumkraft

Die gemachten zahlenmäßigen Angaben gelten bei Verwendung eines Riemens HTD 480-8M-30, gleicher Zahnscheiben mit Zähnezahl 30 und daraus resultierender entsprechender Trumlänge. Diese quantifizierenden Aussagen erlauben erstmals eine erfolgreiche Modellbildung entsprechender Antriebsstrukturen. Vor allem beim Einsatz von Riemen größerer Länge können die ermittelten, bisher unbekannten Steifigkeitswerte als wertvolle Hilfe bei der Auslegung der Zahnriementriebe herangezogen werden.

5 Analyse der Eigenschaften und Auswirkungen elektrischer Antriebe an einer NC-Fräsmaschine

Am Beispiel einer Fräsmaschine werden die praktischen Auswirkungen unterschiedlicher Antriebsvarianten diskutiert. Für diese Beurteilung werden die entwickelten analytischen und meßtechnischen Verfahren eingesetzt. Die Ergebnisse sind unmittelbar in eine Um- bzw. Neukonstruktion einer entsprechenden Maschine eingeflossen.

5.1 Analytische Ermittlung der Eigenschaften des Vorschubantriebs

Die Modellbildung der elektrischen Antriebskomponenten kann direkt durch Einsetzen der Herstellerangaben in die Gleichungen aus den Kapiteln 2.1 und 3.2 erfolgen. Naturgemäß bedarf die Idealisierung der mechanischen Bauteile wesentlich mehr Aufwand. Um Klarheit über die Anteile der einzelnen Bauelemente am Gesamtverhalten der Struktur zu erhalten, wird wieder das Programm VASDY eingesetzt. Problematisch für die Idealisierung erweist sich die richtige Abschätzung der Federsteifigkeit der eingesetzten Kupplung und die Berücksichtigung der Lagerumbauteile. Letzteres ist ein generelles Problem und kann befriedigend nur durch eine Erweiterung des Programms, unter Einbeziehung des Gestells, gelöst werden, was einen nicht mehr vertretbaren Idealisierungs- und Rechenaufwand darstellt. Die richtigen Steifigkeitswerte müssen deswegen entweder durch theoretische Überlegungen oder durch einfache Versuche zur Bestimmung der statischen Steifigkeit des einzelnen Bauteils abgeschätzt werden.

Bild 5.1 zeigt die Idealisierung des Vorschubzweiges und darunter den Verlauf der übersetzungsfreiheitsgradreduzierten Kenn-Nachgiebigkeits-Wurzeln. Man erkennt die Anteile der einzelnen Bauelemente an der Nachgiebigkeit des Gesamtsystems. Im Gegensatz zum Versuchstisch (vgl. 3.1.3) tragen hier die Axial- und die Torsionsnachgiebigkeiten gemeinsam zur ersten mechanischen Eigenfrequenz bei. Der axiale Anteil geht im wesentlichen auf die Steifigkeit der Spindel und ihrer Lagerung zurück. Bei der Torsion zeigen sich vor allem die Paßfederverbindungen als kritisch.

Zur Simulation des Gesamtsystems im Zustandsraum durch ein mechanisches System mit sieben Freiheitsgraden wird ein Modell nach Bild 5.2 gebildet und nach den in Kapitel 3 aufgestellten Regeln die Koeffizienten zur Beschreibung

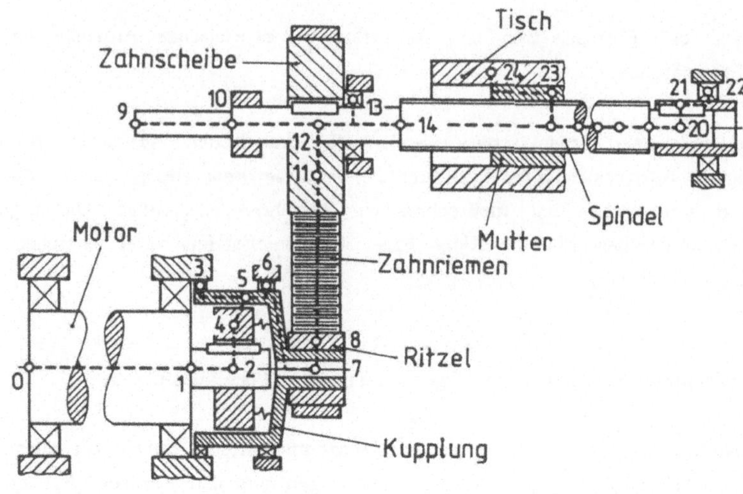

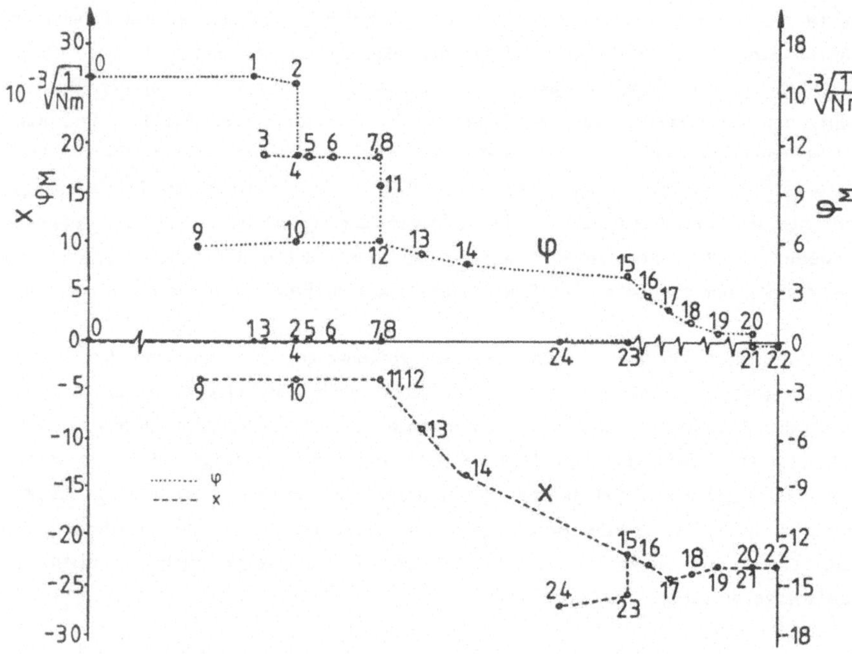

Bild 5.1: Idealisierung des Vorschubzweigs der x-Achse einer NC-Fräsmaschine und Verlauf der auf die Torsion der Motorwelle reduzierten Kennnachgiebigkeitswurzeln der x- und der φ-Koordinate für die bedeutendste Eigenfrequenz bei 122 Hz

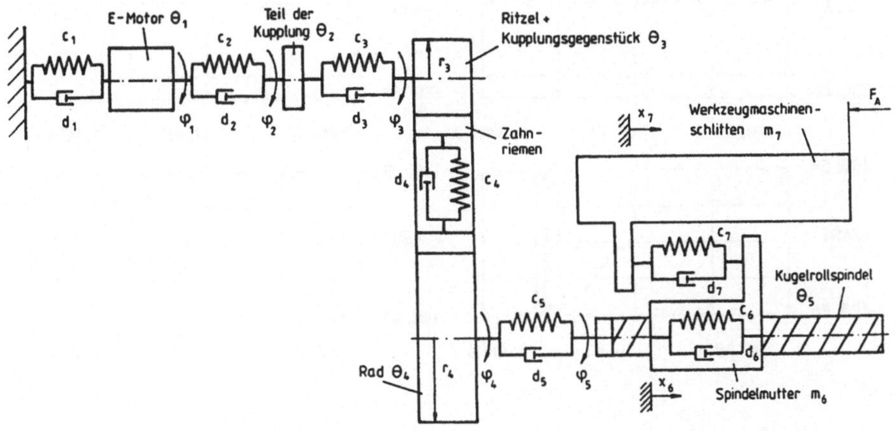

Bild 5.2: Ersatzmodell zur Beschreibung des Vorschubsystems der x-Achse

des Systems mit Zustandsdifferentialgleichungen ermittelt. Die Idealisierung des elekrischen Antriebs wurde für die x-Achse der Maschine ausgeführt.

Bild 5.3 ermöglicht den Vergleich zwischen der berechneten und der gemessenen Übertragungsfunktion des drehzahlgeregelten Antriebes. Für diesen Motor ist das Verhalten seines Führungsfrequenzganges (Istdrehzahl zu Solldrehzahl) von der zurückwirkenden Mechanik merkbar nur bei 310 Hz beeinflußt. Rechnerisch und meßtechnisch ist im Bodediagramm die Eigenfrequenz von 122 Hz nur sehr schwach ausgeprägt.

In Bild 5.4 ist der Frequenzgang des Vorschubantriebs zwischen Tischgeschwindigkeit und Motordrehzahlsollwert sowohl rechnerisch, als auch meßtechnisch ermittelt dargestellt. Der Einfluß der schwingungsfähigen Mechanik tritt dabei besonders deutlich hervor. Neben den durch Lösen der Zustandsdifferentialgleichungen ermittelten Eigenfrequenzen bei 122 Hz und 310 Hz finden sich in der Messung auch noch Resonanzstellen bei ca. 160 Hz und 200 Hz. Nachgiebigkeiten mit dieser Frequenz treten im Bereich Kugelgewindespindel - Tisch auf (vgl. Bild 5.6) und sind sehr stark von der Tischposition abhängig (vgl. Bild 5.7). Es liegt deshalb die Vermutung nahe, daß es sich bei diesen Resonanzfrequenzen um Auswirkungen von Biegeschwingungen der Spindel handelt, die

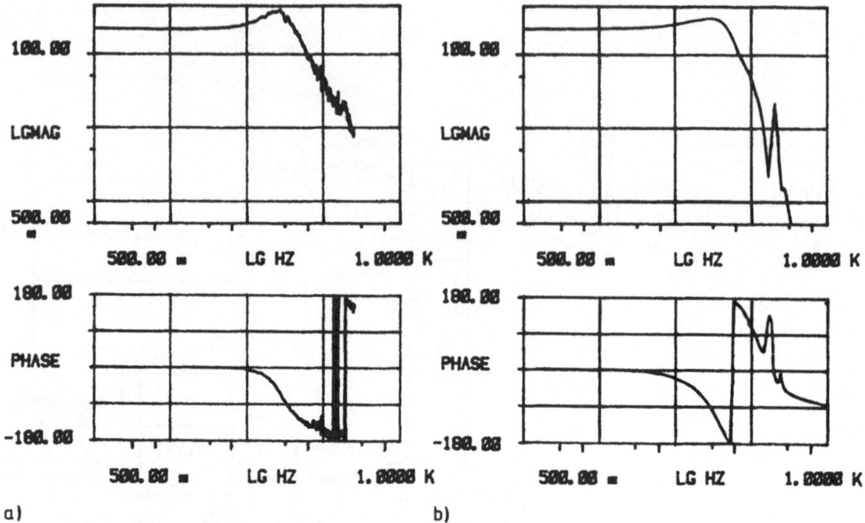

Bild 5.3: a) gemessener b) berechneter Führungsfrequenzgang (Drehzahlsollwert zu Motortachosignal) des Motors Typ 12 in der x-Achse

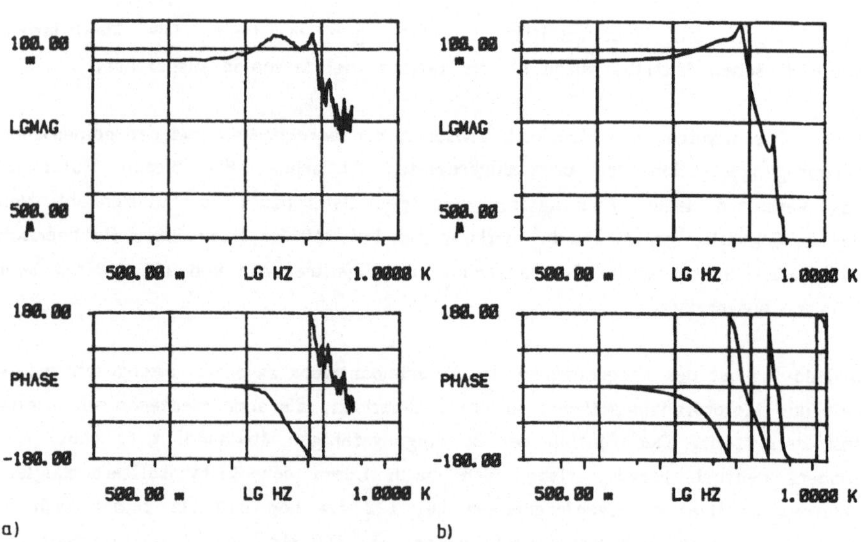

Bild 5.4: a) gemessener b) berechneter Führungsfrequenzgang (Drehzahlsollwert zu Tischgeschwindigkeit) des Motors Typ 12 in der x-Achse

bei den vorliegenden geometrischen Verhältnissen (freie Spindellänge 1250 mm, Durchmesser 32 mm) zu erwarten sind. Aufgrund ihrer untergeordneten Bedeutung wurden Biegeschwingungen nicht näher untersucht und deswegen bei der Modellbildung nach Bild 5.2 auch nicht berücksichtigt.

Wie die Ergebnisse zeigen, kann mit den entwickelten Programmen eine analytische Beschreibung der Maschine und damit eine ausgeprägte Schwachstellenanalyse durchgeführt werden. Die experimentellen Untersuchungen an der Maschine bestätigen die Übertragbarkeit der Erkenntnisse aus den einzelnen Baugruppenuntersuchungen und verdeutlichen deren praktische Bedeutung.

5.2 Experimentelle Betrachtung der Auswirkungen unterschiedlicher elektrischer Antriebskonzepte an einer NC-Fräsmaschine.

Durch diese Untersuchungen sollen die erarbeiteten theoretischen und experimentellen Ergebnisse und die damit verknüpften Aussagen an einem besonders praxisnahen Beispiel überprüft werden. Dazu wird die konventionell mit einem Gleichstrommotor und Transistorsteller ausgerüstete Maschine mit bürstenlosen Gleichstrommotoren versehen. Ein Antriebssatz zeichnet sich dabei durch ein extrem niedriges Trägheitsmoment aus. Besondere Sorgfalt gilt wieder der Berücksichtigung und Trennung der Eigenschaften des elektrischen Antriebs und der schwingungsfähigen Mechanik. Dazu wurden Untersuchungen im offenen und geschlossenen Lageregelkreis durchgeführt und Probewerkstücke angefertigt.

Zur Charakterisierung der Antriebe und der gewählten Reglereinstellung zeigt Bild 5.5 die Frequenzgänge der geschlossenen Drehzahlregelkreise. Als Eingangssignal wird der Drehzahlsollwert, als Ausgangssignal das zugehörige Tachosignal betrachtet. Neben unterschiedlicher Dynamik der Regelkreise erkennt man auch ansatzweise die Rückwirkung der schwingenden Mechanik. Die konventionellen bürstenbehafteten Gleichstrommotoren (Typ 5,6) sind entsprechend den Standardeinstellungen des Werkzeugmaschinenherstellers optimiert. Die Optimierung der in der Mitte dargestellten bürstenlosen Gleichstrommotoren (Typ 12,13) entspricht der Voreinstellung des Antriebsherstellers und ist für alle Achsen einheitlich. Die rechts abgebildeten Frequenzgänge der besonders trägheitsarmen bürstenlosen Motoren (Typ 7,8) werden für jede Achse individuell optimiert. Dabei wird fast bis an die Grenze gegangen, bei der das System zur Instabilität neigt.

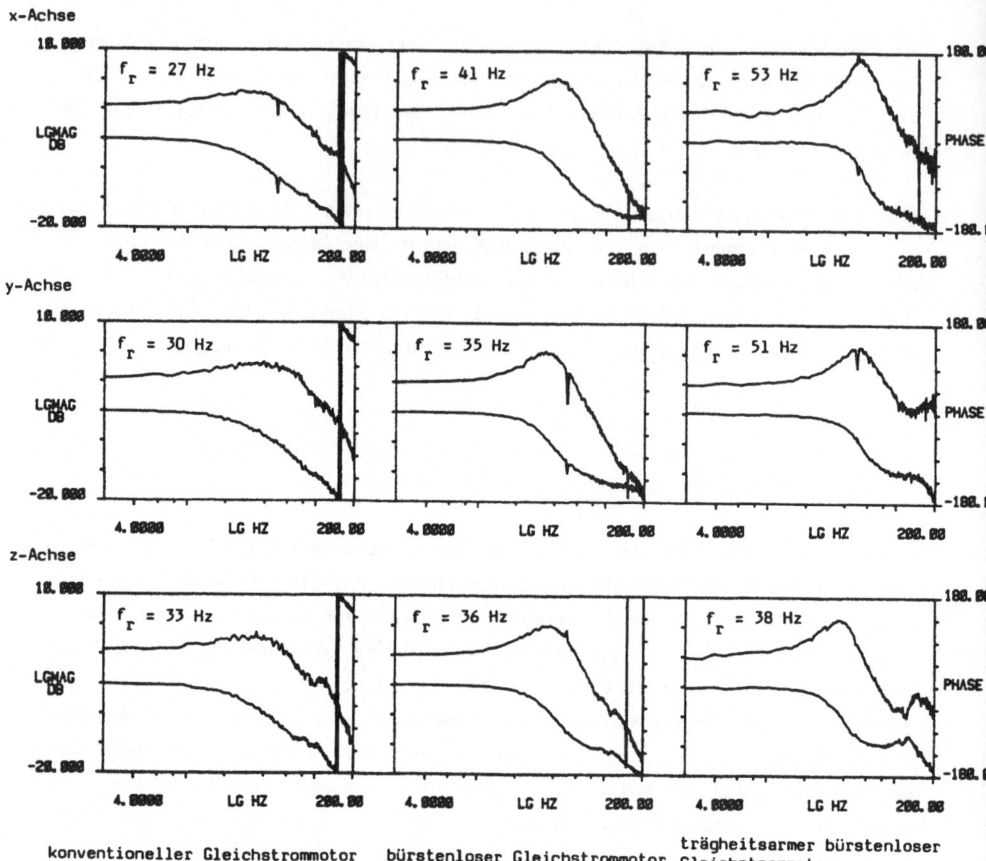

Bild 5.5: Frequenzgänge unterschiedlicher Antriebskonzepte von drei Achsen einer NC-Fräsmaschine
f_r = Resonanzfrequenz des Drehzahlregelkreises

Es zeigen sich in den an der Maschine möglichen Einsatzbereichen keine wesentlichen Unterschiede bei Betrachtung der erreichbaren Dynamik. Im offenen Lageregelkreis kann die Maschine zwischen Motorwelle und Tisch im regelungstechnischen Sinn als gesteuerte Strecke aufgefaßt werden. Um das Verhalten dieser Gesamtstrecke beurteilen zu können, wird auf dem Tisch ein induktiver Geschwindigkeitsaufnehmer montiert. In der x-Achse wird zusätzlich am Spindelende ein Tachogenerator angebracht. Bild 5.6 zeigt Frequenzgänge, wie sie zwischen Drehzahlsollwert, dem Motortacho, dem Tacho der Gewindespindel

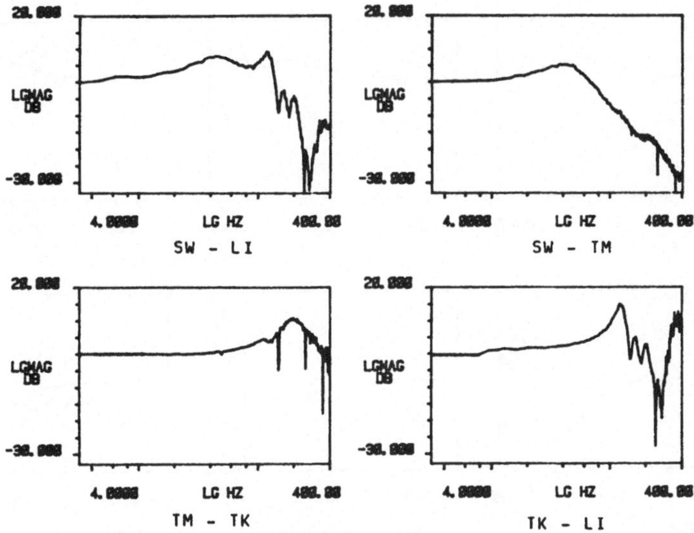

Bild 5.6: Frequenzgänge zwischen:
a) Drehzahlsollwert - Linearaufnehmer (SW - LI)
b) Drehzahlsollwert - Tacho des Motors (SW - TM)
c) Tacho des Motors - Tacho der Kugelgewindespindel (TM - TK)
d) Tacho der Kugelgewindespindel - Linearaufnehmer (TK - LI)

und dem induktiven Geschwindigkeitsaufnehmer gewonnen werden. Der Frequenzgang zwischen Sollwert des Motors und Istgeschwindigkeit des Tisches (SW-LI) zeigt deutlich auf die Mechanik zurückzuführende Resonanzüberhöhungen.

Beim Frequenzgang: Drehzahl Motorwelle auf Drehung der Gewindespindel (TM-TK) ergeben sich bei 200 Hz größere Relativbewegungen, die auf einen entsprechend hohen Anteil des Zahnriemens, der Paßfederverbindung und der Kupplung an der Gesamtnachgiebigkeit schließen lassen. Die Messung Tachogewindespindel - induktiver Geschwindigkeitsaufnehmer (TK-LI) zeigt vor allem bei 120 Hz und 380 Hz große Resonanzerscheinungen. Durch das Absinken des Frequenzgangs des Drehzahlregelkreises (SW-TM) ist für das Gesamtsystem die mechanische Eigenfrequenz bei 120 Hz bedeutsam. Das Verhalten der Strecke ist, wie sich zeigt, entscheidend mitgeprägt durch die Tischposition. Bild 5.7 zeigt das Gesamtverhalten der Strecke bei drei unterschiedlichen Positionen.

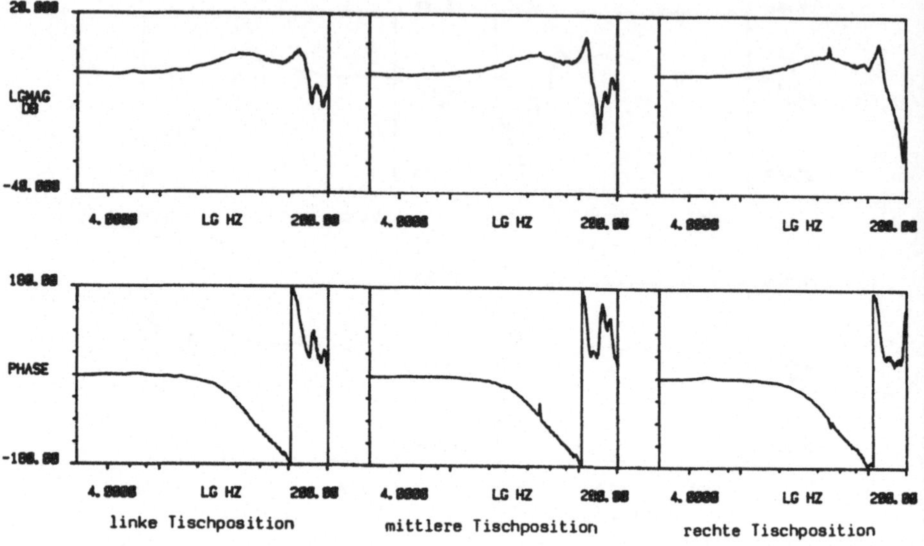

Bild 5.7: Führungsfrequenzgang des drehzahlgeregelten Antriebs Typ 12 Drehzahlsollwert - Linearaufnehmer an unterschiedlichen Tischpositionen

Für die linke Tischposition ergeben sich die kürzesten belasteten Gewindespindelabschnitte, für die rechte Position die längsten. Neben den Einflüssen durch das Trägheitsmoment der Motoren und durch die Reglereinstellung ergeben sich auch bei Montage gleicher Antriebe geringfügige Unterschiede. Diese sind auf unbewußte Veränderungen der Mechanik beispielsweise durch veränderte Riemenspannung, Veränderungen in Paßfederverbindungen und dergleichen zurückzuführen. Der Austausch der Kupplung gegen ein starres Bauteil mit entsprechendem Trägheitsmoment führt zu keiner signifikanten Änderung im Verhalten des Gesamtsystems. Bei Betrachtung des Frequenzgangs Tacho der Motorwelle auf Tacho der Gewindespindel ergibt sich eine Erhöhung der dort dominanten Resonanzfrequenz auf ca. 310 Hz.

Die Auswirkungen der Nachgiebigkeiten der mechanischen Übertragungselemente werden durch eine Betrachtung im Zeitbereich noch transparenter. Während die Signale der Tachogeneratoren von der Motorwelle und der Gewindespindel im wesentlichen die Sprungantwort eines unbeeinflußten Drehzahlregelkreises

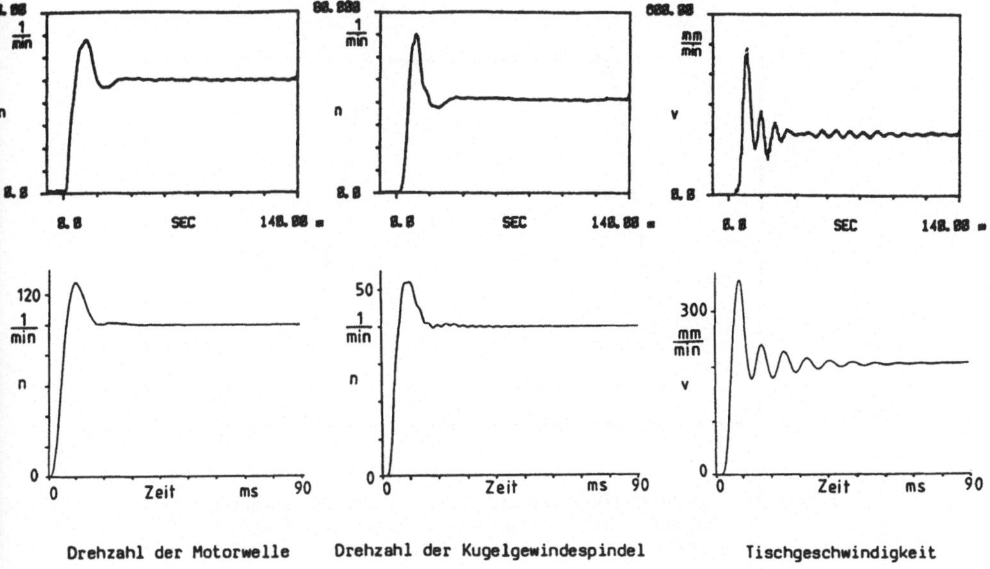

Bild 5.8: Sprungantwort bei einem Sprung von 100 1/min oben gemessen, unten berechnet

wiedergeben, erkennt man in den Tischgeschwindigkeiten überdeutlich Schwingungen mit der Frequenz der ersten mechanischen Resonanzstelle (Bild 5.8).

Zur Beurteilung des Betriebsverhaltens im Lageregelkreis wird als Meßsystem wieder das Laserinterferometer eingesetzt, denn nur dieses ermöglicht auch bei größeren zurückgelegten Meßwegen eine extrem hohe Auflösung beizubehalten. Charakteristisch für die Maschine ist das Auftreten einer Regelschwingung von ca. 2 µm (Spitze-Spitze): Bild 5.9 zeigt einen gemessenen Positioniervorgang. Die Steuerung sorgt für ein sehr weiches Einfahren in die Position (niedriger k_v-Faktor). Auch bei extremer Vergrößerung des unmittelbaren Positioniervorganges können keine für die untersuchten elektrischen Antriebe spezifischen Veränderungen an dieser Maschine festgestellt werden (Bild 5.10). Dies beweist, daß die dynamischen Reserven der Antriebe in keinem Fall ausgeschöpft werden. Tendenziell gleiche Ergebnisse liefern auch Versuche beim Verfahren mit kleinster Geschwindigkeit, wie sie beispielsweise bei Linearinter-

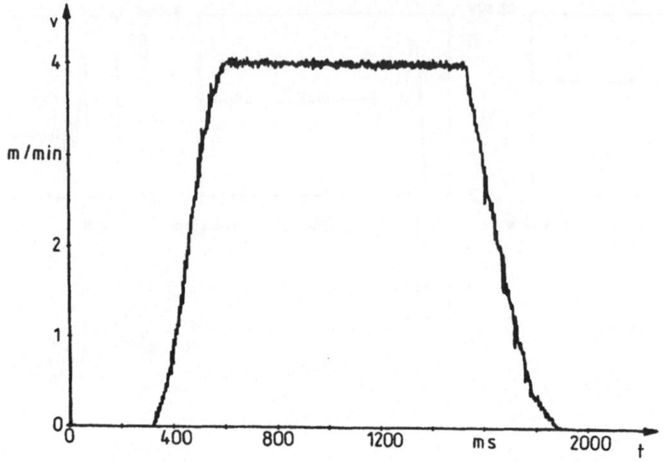

Bild 5.9: Geschwindigkeitsverlauf während eines Positioniervorgangs mit Eilganggeschwindigkeit (4 m/min) gemessen mit dem Laserinterferometer DYLAM

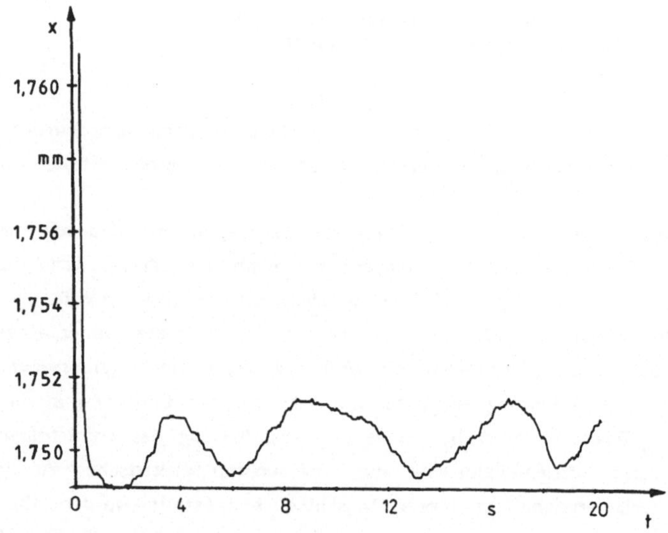

Bild 5.10: Wegverlauf während eines Positioniervorgangs mit Eilganggeschwindigkeit und anschließend bleibender Regelschwingung gemessen mit dem Laserinterferometer

polation zwischen zwei Achsen auftreten können. Auch hier sind der Mechanik zuzuordnende Stick-Slip-Effekte meßbar und keine der Antriebsart zuzuordnende Erscheinungen einer ungleichförmigen Bewegung.

Anhand von sowohl zylindrischen, als auch prismatischen Probewerkstücken, die mit verschiedenen Antrieben gefertigt werden, stellt man erwartungsgemäß keinen Einfluß der elektrischen Antriebe auf das Bearbeitungsergebnis fest. Bild 5.11 zeigt die Meßergebnisse einer Rundheitsmessung an einem zylindrischen Werkstück. Man erkennt deutlich den Anfahrpunkt und die Stellen der Richtungswechsel (eine Achse erreicht die Geschwindigkeit Null). Es zeigt sich, daß die Auswirkungen verschiedener Parameter wie beispielsweise Werkzeugsteifigkeit, Stick-Slip-Effekt, Einstellung des Lagereglers, Eigenschaften der Mechanik des Vorschubantriebs und das Verhalten der NC-Steuerung die Messungen so stark beeinflussen, daß ein den elektrischen Teilen zuzuordnendes Ergebnis völlig davon überlagert wird.

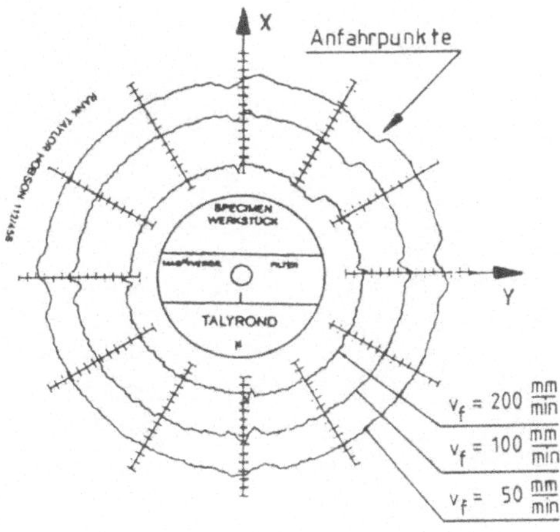

Bild 5.11: Rundheitsmessung eines zylindrischen Werkstücks Ø 30 mm gefräßt mit Vorschubgeschwindigkeiten v_f von 50, 100, 200 mm/min ;

Als Gesamtergebnis der Messungen an dieser Universal-NC-Fräsmaschine bleibt festzuhalten, daß derzeit ausgeführte bürstenbehaftete Gleichstrommotoren mit

Transistorsteller rein technisch noch genügend Reserven für eine Verbesserung des Betriebsverhaltens bieten und sich mit bürstenlosen Motoren keine dynamischen Verbesserungen am untersuchten Objekt ergeben. Auf der anderen Seite haben sich aber auch keine meßbaren negativen Auswirkungen beispielsweise auf das Gleichlaufverhalten der Maschine durch bürstenlose Antriebe herausgestellt. Da bei diesen betrachteten Werkzeugmaschinentypen die Bürstenstandzeiten ebenfalls unproblematisch sind, der Wunsch zur Überschreitung der Kommutierungsgrenzkurve nicht vorliegt und auch im absoluten Stillstand keine grossen Haltemomente aufgebracht werden müssen, können vor allem wirtschaftliche Gesichtspunkte als ausschlaggebend bei der Wahl der Antriebskonzepte gelten.

6 Zusammenfassung

Hochautomatisierte und gleichzeitig flexible Fertigungssysteme stellen hohe Anforderungen an Entwicklung und Konstruktion. Dies gilt im besonderen auch für die verwendeten Servo-Antriebe, durch die hohe Flexibilität bei gleichzeitig großen Automatisierungsgraden erst ermöglicht wird. Speziell bei Werkzeugmaschinen und Handhabungssystemen steigen die Anforderungen an diese Antriebe ständig, da von ihnen sehr stark die Produktivität der Fertigungseinrichtung abhängig ist.

Moderne NC-Fertigungssysteme verwenden zur Realisierung der Positionieraufgaben im wesentlichen folgende Baugruppen:

- elektrische, drehzahl- und stromgeregelte Antriebe,
- Zahnriementriebe und Kugelgewindespindeln.

Die in der Industrie bis heute eingesetzten empirischen Verfahren zur Auslegung dieser komplexen Systeme sind unwirtschaftlich und führen zu keinen optimalen Problemlösungen. Deshalb wurden im Rahmen dieser Arbeit Verfahren, Auslegungskriterien und Rechenprogramme entwickelt, die sowohl im Entwurfsstadium, als auch bei der Störungsbeseitigung eingesetzt werden können und die eine Optimierung von Baukomponenten und Gesamtsystem ermöglichen.

Alle modernen elektrischen Antriebe wurden nach der Darstellung ihrer Funktionsprinzipien auf ihre Eignung für NC-Systeme untersucht. Ein Schwerpunkt war die Betrachtung der Gleichmäßigkeit des abgegebenen Moments, da Pendelmomente Eigenschwingungen anregen können. Ausgehend von den eingeprägten Stromverläufen und der magnetischen Induktion wurden für bürstenbehaftete und bürstenlose Gleichstrommotoren Gleichungen und Rechenprogramme zur Berechnung dieser Pendelmomente aufgestellt. Ein weiterer Arbeitsschwerpunkt war die Ermittlung der Eigenschaften der in modernen Vorschubantrieben immer häufiger verwendeten mechanischen Baugruppen: Zahnriemen, Kugelgewindespindel und Gleitführungen. Da über Hochleistungzahnriementriebe nur wenige Informationen zur Verfügung standen, wurde dieses neue Maschinenelement einer grundlegenden Untersuchung unterzogen.

Aufgrund der Ergebnisse dieser Baukomponentenuntersuchungen konnte ein realistisches Modell des elektrischen Antriebs unter Berücksichtigung der schwingungsfähigen Mechanik erstellt werden. Für die stufenweise durchzuführende Modellbildung wurden unterschiedliche Verfahren entwickelt, so daß sie der jeweiligen Problemstellung angepaßt werden können. Für die Berechnung der dynamischen Eigenschaften der verschiedenen elektrischen Antriebskonzepte (Gleichstrom-, Synchron- und Asynchronmotor) können sowohl lineare als auch nichtlineare mathematische Modelle verwendet werden. Dynamische Berechnungen linearer zeitinvarianter Systeme können ausgehend von Systembeschreibungen im Zustandsraum im Zeit- und Frequenzbereich durchgeführt werden. Zur Berechnung nichtlinearer zeitvarianter Systeme werden digitale Simulationsprogramme eingesetzt. Die Schwierigkeiten und Grenzen der numerischen Verfahren dieser unterschiedlichen Rechenprogramme, die zur Simulation von NC-Systemen eingesetzt werden können, wurden aufgezeigt.

Zur Analyse der dynamischen Eigenschaften der mechanischen Struktur wurde ein für Getriebeuntersuchungen konzipiertes, an der Finiten-Elemente-Methode orientiertes Programm so weiterentwickelt und modifiziert, daß es sich speziell für die Berechnung von Vorschubantrieben eignet. Unter anderem mußte dazu die Elementbibliothek des Programms um das Element "Kugelgewindespindel" erweitert werden. Dieses Programm rechnet mit 6 Freiheitsgeraden je Knotenpunkt. Als Ergebnis ist der Anteil einzelner Baugruppen an der Gesamtnachgiebigkeit des Systems bei einzelnen Eigenformen zu erkennen, wodurch eine Schwachstellenanalyse der mechanischen Struktur ermöglicht wird. Von diesen Ergebnissen ausgehend erfolgt die Bildung eines Mehrmassenschwingers als Ersatzmodell zur Beschreibung der schwingungsfähigen Mechanik im Rahmen der Gesamtsimulation. Um die Modellbildung mechanischer Komponenten des Vorschubantriebs zu erleichtern, wurden einfache Regeln aufgestellt, die eine äußerst rasche und komfortable Herleitung der Zustandsdifferentialgleichungen zur Beschreibung des Mehrmassensystems ermöglichen. Die Einhaltung dieser Systematik erlaubt die rasche Ergänzung der für elektrische Antriebe mit starr gekoppelter Mechanik erstellten Modelle durch einen dem jeweiligen Problem angepaßten Mehrmassenschwinger. Diese Möglichkeit ist besonders wichtig, da die experimentelle Untersuchung realer NC-Systeme zeigte, daß eine Ausnutzung der Möglichkeiten hochdynamischer elektrischer Antriebe durch die Eigenschaften der Mechanik begrenzt wird.

Überprüft wurden diese theoretischen Überlegungen und Berechnungen durch eine Vielzahl experimenteller Untersuchungen an unterschiedlichen Versuchsständen. Am rechnergesteuerten Motorenprüfstand wurde mit modernster Meßtechnik das statische und dynamische Verhalten aller für den Einsatz in NC-Systemen in Frage kommenden Antriebskonzepte arbeitspunktabhängig untersucht:

- permanent erregte bürstenbehaftete Gleichstrommotoren,
- bürstenlose Gleichstrommotoren,
- Synchronmotoren mit rotorwinkelabhängiger Speisung,
- Asynchronmotoren mit digitaler Regelung.

Im Vordergrund stand dabei die Ermittlung der Abhängigkeit der Eigenschaften vom Motorprinzip und nicht von herstellerspezifischen Realisationsformen. Ergänzt wurden diese Untersuchungen durch Versuche unter praxisnahen Bedingungen am Längsvorschub einer NC-Drehmaschine, wobei sowohl das Kleinsignalverhalten (im Zeit- und Frequenzbereich), als auch das Großsignalverhalten (im Zeitbereich) untersucht wurde. Zur Aufzeichnung von Weg- und Geschwindigkeitsverläufen im drehzahl- oder lagegeregelten Betrieb der Maschine hat sich das eigens hierzu entwickelte Lasermeßsystem bewährt. Es erlaubt, den gesamten Positioniervorgang über eine größere Strecke aufzuzeichnen und bietet gleichzeitig die Möglichkeit, die gesamte Wegstrecke mit einer Auflösung von 0,08 µm zu verfolgen.

Zusammenfassend kann gesagt werden, daß alle untersuchten Antriebskonzepte ähnliche stationäre und dynamische Eigenschaften aufweisen und generell die Anforderungen bezüglich Gleichlauf und Dynamik erfüllen. Festgestellte Unterschiede, insbesondere im Gleichlauf, waren zu einem großen Teil auf die unterschiedliche Qualität der verschiedenen Hersteller und nicht auf das Konstruktionsprinzip zurückzuführen. Der Einsatz trägheitsarmer Motoren ist nur dann zu empfehlen, wenn zuvor sichergestellt ist, daß auch die Mechanik den steigenden Anforderungen entspricht. Alle experimentellen und analytischen Untersuchungen realer Systeme zeigten eindeutig, daß die derzeitigen mechanischen Bauteile, und unter Umständen auch die Leistungsfähigkeit der Lageregelung der NC-Steuerung, die Schwachstellen hochdynamischer Vorschubantriebe sind. Diese Ergebnise bestätigen nicht nur die Notwendigkeit der Einbeziehung der Schwingungsfähigkeit der Mechanik in die Systembetrachtung, sie liefern gleichzeitig auch den Beweis für die Richtigkeit der Modelle für die einzelnen Baugruppen und des entwickelten Gesamtmodells.

Ein wichtiger Beitrag für diese realistische Modellbildung stellen die Ergebnisse der Zahnriemenversuche dar. Durch mehrere Modalanalysen wurde das Verhalten des Zahnriementriebs in Abhängigkeit von der Vorspannung untersucht und erstmals Zahlenwerte für dessen dynamische Steifigkeit und Dämpfung angegeben. Ergänzt wurden diese Untersuchungen durch die Bestimmung von statischen Trumsteifigkeiten.

Die Bedeutung und Anwendbarkeit der entwickelten analytischen und meßtechnischen Verfahren wurde am Beispiel einer Produktions-NC-Fräsmaschine aufgezeigt.

Die Untersuchung dieser realen NC-Vorschubantriebe und der damit gefertigten Probewerkstücke zeigte, daß die erreichbare Dynamik der Servo-Antriebe durch die Mechanik begrenzt wird und der Einfluß vom Motorkonzept auf das Gesamtverhalten dieser Werkzeugmaschine vernachlässigbar klein ist.

Dieses Ergebnis ist für sehr viele NC-Maschinen repräsentativ. In all den Fällen, und das sind weitaus die meisten, in denen bürstenfreier Betrieb nicht zwingend notwendig ist, werden wirtschaftliche Aspekte die Motorenauswahl nicht zuletzt auch unter den bürstenlosen Antrieben entscheiden. Zwingende Gründe für den Einsatz bürstenloser Antriebe können sich durch spezielle Anforderungen beispielsweise an Transferstraßen oder durch die Forderung hoher Dauerstillstandsdrehmomente ergeben.

Die optimale Ausnutzung der Möglichkeiten moderner elektrischer Antriebe und damit die Konkurrenzfähigkeit zukünftiger Fertigungssysteme, kann nur durch eine geschlossene Betrachtung der elektrischen und mechanischen Baugruppen gewährleistet werden. Die in dieser Arbeit entwickelten Methoden und Rechenprogramme, sowie die aufgezeigten statischen und dynamischen Eigenschaften einzelner Baugruppen, ermöglichen eine Gesamtbetrachtung von Vorschubsystemen.

7 Literatur

/1/ Bayer-Helms, F. Laser als Wellenlängennormale
Brauenschweig, Berlin: Physikalisch technische Bundesanstalt, 1978 (PTB-Mitteilungen, Me-19,1978)

/2/ Blaschke, F. Das Verfahren der Feldorientierung zur Regelung einer Drehfeldmaschine
Brauenschweig, Technische Universität, Dissertation, 1974

/3/ Blaschke, F.; Bayer, K.H. Die Stabilität der feldorientierten Regelung von Asynchronmaschinen
Siemens Forschungs- und Entwicklungbericht Bd.7, 1978, Nr.2, S. 77-81

/4/ Böbel, K.H. Rechnerunterstützte Auslegung von Vorschubantrieben
Stuttgart, Technische Hochschule, Dissertation, 1979

/5/ Boehringer, A. Stute, G. Ruppmann, C. Vogt, G. Würslin, R. Entwicklung eines drehzahlgesteuerten Asynchronmaschinenantriebs für Werkzeugmaschinen
Werkstattstechnik 8/1979, 69. Jhrg., S. 463 ff.
ISSN 0340 - 4544

/6/ Bongartz, B. Die Tragkraftkomponenten der Gleitführung und ihr Einfluß auf das Reibverhalten im Bereich der Mischreibung
Aachen, Technische Hochschule, Dissertation, 1970

/7/ Brand, S.; Rösner, H.; Siegemund, W. Übertragungsverhalten von Zahnrad- und Zahnriementrieben kleiner Moduln
Dresden, Technische Universität, Dissertation, 1974

/8/ Brown, M.; Moore, D. Brushless DC or Inverter Motor Drives: A Comparison of Attributes
Oxnard, California: Intertec Communications Inc., 1982
(Proceedings of the Third International Motorcon '82 Conference, September 28-30, 1982 Geneva, Switzerland, S. 111-113)

/9/ Buxbaum, A. Die Regeldynamik von Stromrichterantrieben in kreisstromfreier Gegenparallelschaltung
AEG-Telefunken, 1970
Technische Mitteilungen 60 1970 6, S. 361-365

/10/ Clement, G. — Transistor Servocontroller for High Performance DC Motors
Oxnard, California: Intertec Communications Inc., 1982
(Proceedings of the Third International Motorcon '82 Conference, September 28-30, 1982 Geneva, Switzerland, S. 436-445)

/11/ Cooley, J. W.; Tuckey, J. W. — An Algorithm for the Machinecalculation of Complex Fourier Series
Math. Comput. 19, 1965, S. 297-301

/12/ Derichs, J. — Untersuchungen an Schrittmotoren
Aachen, Technische Hochschule, Dissertation, 1965

/13/ Domrös, D. — Über das Verschleiß- und Reibungsverhalten von Werkzeugmaschinen-Gleitführungen
Aachen, Technische Hochschule, Dissertation, 1966

/14/ Drews, K. — Über Untersuchungen der Reibungs- und Bewegungsverhältnisse an Werkzeugmaschinenflachführungen im Grenzreibungsgebiet
Darmstadt, Technische Hochschule, Dissertation, 1967

/15/ Duelen, G.; Wendt, W. — Ein Regelungsverfahren zur Verminderung von Bahnabweichungen bei Handhabungsgeräten
ZwF Band 77, 1982, Heft 9, S. 441-445

/16/ Earles, D. R.; Eddins, M. — Reliability Physics
Proc. Annual Symp. on Reliability and Quality Control, 1963

/17/ Fischer, R. — Ankerstrom-Formfaktor bei Stromrichter gespeisten Gleichstromantrieben
ETZ Band 102, 1981, Heft 22, S. 1158-1159

/18/ Flügel, W. — Drehzahlregelung umrichtergespeister Asynchronmaschinen bei Steuerung des Flusses durch Entkoppelungsnetzwerke
München, Technische Universität, Dissertation, 1981

/19/ Flügel, W. — Steuerung des Flusses von umrichtergespeisten Asynchronmaschinen über Entkoppelungsnetzwerke
etz-Archiv, 1979, Heft 12, S. 347-350
ISSN 0170 - 1703

/20/ Firmenschrift: FAG-Präzisions-Kugelgewindetriebe
Schweinfurt, FAG Kugelfischer, Georg Schäfer, 1984
(Technische Information/ FAG)

/21/ Gabriel, R.; Leonhard, W.; Nordby, C. Regelung der stromrichtergespeisten Drehstrom-Asynchron-Maschine mit einem Microrechner
Regelungstechnik 27. Jhrg., 1979, Heft 12, S. 379-386

/22/ Gentleman, W.M.; Sande, G. Fast Fourier Transforms - for Fun and Profit
Proc. AFIPS 1966 Fall Joint Computer Conference
Washington D.C.: Spartan Books, Vol. 29
S. 503-578

/23/ Georgi, T. Experimentelle Ermittlung der Reibungsverluste an Kugel-Rille-Paarungen zur Klärung des Reibungsverhaltens von Kugel-Gewindespindeln
Berlin, Technische Universität, Dissertation, 1979

/24/ Gerbert, G.; Jönsson, H.; Persson, U.; Stensson, G. Load Distribution in Timing Belts
Journal of Mechanical Design, Vol 100, April 1978, S. 208-215

/25/ Golüke, H. Ein Beitrag zur meßtechnischen Ermittlung und analytischen Beschreibung systematischer Anteile der Arbeitsunsicherheit von Fertigungseinrichtungen
Aachen, Technische Hochschule, Dissertation, 1976

/26/ Groß, H.; (Bearb.) Stute, G. (Mitverf.) Elektrische Vorschubantriebe für Werkzeugmaschinen
Berlin; München: Siemens Aktiengesellschaft, 1981
ISBN 3 - 8009 - 1338 - 0

/27/ Grotstollen, H.; Pfaff, G. Bürstenloser Drehstromservoantrieb mit Erregung durch Dauermagnete
etz, Band 100, 1979, Heft 24

/28/ Grotstollen, H. Die Einführung der Drehstromtechnik bei elektrischen Servoantrieben
Erlangen, Technische Universität, Habilitation, 1982

/29/ Hanitsch, R. Beitrag zur Ausfallratenanalyse eines Elektronikmotors
Berlin: VDE-Verlag, 1975
ETG-Fachberichte 1/1975, S. 104-113

/30/ Hanitsch, R.; Meyna, A. Bürstenloser Gleichstrommotor mit digitaler Aussteuerung
etz-Archiv, 1976, Band 97, Heft 4, S. 204-211

/31/ Hartel, W. Stromrichterschaltungen
Berlin; Heidelberg; New York: Springer-Verlag, 1977
ISBN 3 - 540 - 08207 - 7

/32/ Hilmer, H. Rechnergestützte Auslegung und Berechnung von Kugelgewindespindeln
Gräfelfing: Technischer Verlag Resch KG, 1978: (A. Schubert, München)
(Fertigungstechnische Berichte, Band 11/ H.K. Tönshoff)

/33/ Huoldsworth, J.A. Jurgum, F. J. Introduction Motordrive Using new Digital Sine-Wave PMW System
London; Mitchum: Hullert Application Laboratory, 1979
(80 B, S. 561)

/34/ Jorden, W. Untersuchungen an einem Lageregelkreis für Werkzeugmaschinen unter besonderer Berücksichtigung des Spiels
VDI-Zeitschrift, 1969, Reihe 2, Nr. 20
(Fortschritt-Berichte)

/35/ Kappins, F. Elektromotoren für Geräteantriebe
Feinwerktechnik, 1970, Band 74, Heft 1

/36/ Klingenberg, G. Zeitkontinuierliche Simulation im fertigungstechnischen Bereich
Aachen, Technische Hochschule, Dissertation, 1981

/37/ Köster, L. Untersuchung der Kräfteverhältnisse in Zahnriementrieben
Hamburg, Hochschule der Bundeswehr, Dissertation, 1981

/38/ Kücükay, F. Zur Formulierung und Programmierung der Bewegungsgleichungen von Antriebssträngen
VDI-Zeitschrift, 1984, Band126, Nr. 20
S. 769-774

/39/ Laika, A. Untersuchung des dynamischen Verhaltens von Vorschubantrieben für numerisch gesteuerte Werzeugmaschinen mit Stellzylinderantrieben und Lageregelung
München, Technische Universität, Dissertation, 1973

/40/ Le Verrier, U.-J. Developments sur plusieurs points de la theorie des perturbations des Planetes
Paris: 1841

/41/ Looke, G. Die Auswirkungen von Stromoberschwingungen auf den Betrieb geregelter Gleichstromantriebe
Elektro-Anzeiger, 1973, 26. Jhrg., Nr.1/2
S. 9-12

/42/ Lysen, H. W.; Schwaighofer, R. Einzeluntersuchung von Störquellen
Würzburg: Vogel Verlag, 1956
(Der Maschinenmarkt, Werkzeugmaschinen-Praxis/ Eisele, F.; Heft 67, 62. Jhrg.)
S. 1-16

/43/ Magnus, K.; Müller, H. H. Grundlagen der technischen Mechanik
2., durchgesehene Auflage
Stuttgart: Teubner, 1979.(J. Beltz, Hemsbach/ Bergstraße)
(Leitfäden der angewandten Mathematik und Mechanik; Band 22)(Teubner Studienbücher: Mechanik)
ISBN 3 - 519 - 12324 - X

/44/ Matthieu, P. Schwingungen von bewegten Saiten (Treibriemen)
VDI-Berichte, 1961, Nr. 48, S. 71-75

/45/ Mc Laren, S. G.; Percy, C. G. Precision Speed Control, Mikroelektronik in der Stromrichtertechnik und bei elektrischen Antrieben, Vorträge der ETG/GMR-Fachtagung 12.-14.Oktober 1982, Darmstadt; Offenbach: VDE-Verlag, 1982 (ETG-Fachbericht 11)
ISBN 3 - 8007 - 1278 - 4

/46/ Meersman, C. De Dynamics of Rubber
Heverlee (Belgium), University of Leuven, 1977
(Department of Mechanical Engineering)

/47/ Metzner, D. — Scheibengeometrie und Verschleißverhalten von Zahnriementrieben
Dresden, Technische Universität, Dissertation, 1981

/48/ Meyna, A. — Zuverlässigkeit von Elektromotoren
Berlin, Technische Universität, Dissertation, 1976

/49/ Milberg, J. — Automatisierungstendenzen in der Fertigung mittlerer Serien
ZWF 76, 1981, Heft 6, S. 262-267

/50/ Milberg, J.; Simon, W. — Lasermeßtechnik zur Aufzeichnung dynamischer Vorgänge an Werkzeugmaschinen
VDI-Zeitschrift, Band 128, 1986, Heft 9, S. 321-326

/51/ Milberg, J.; Summer, H. — Rechnerische und experimentelle Modalanalyse einer Werkzeugmaschinen-Antriebsstruktur
VDI-Zeitschrift, Band 127, 1985, Heft 7, S. 253-258

/52/ Müller, K. G. — Effect and Control of Chatter Vibration in Machine Tool Processes
Ohio: Wright Patterson AFB, 1969

/53/ Müller, K. G.; Müller, R. D. — Untersuchung der Steifigkeit von Werkzeugmaschinengetrieben
Verein Deutscher Werkzeugmaschinenhersteller, 1979
(Forschungsbericht Nummer 807)

/54/ Müller, R. — Beitrag zur Theorie des kollektorlosen Gleichstrommotors mit einsträngiger Motorwicklung
Berlin: VDE-Verlag 1975
ETG Fachberichte, 1/1975, S. 166-175

/55/ Müller, R. — Über den Einfluß der Erregerfeldverteilung auf das Betriebsverhalten kleiner, permanenterregter, kollektorloser Gleichstrommotoren und Synchronmotoren
Braunschweig, Technische Universität, Dissertation, 1974

/56/ Müller, R. D. — Statistische und dynamische Analyse von Werkzeugmaschinenantrieben und Zahnradgetrieben
München, Technische Universität, Dissertation, 1980

/57/ Opitz, H. Bewertungskriterien für den wirtschaftlichen Einsatz von spanabhebenden Werkzeugmaschinen Frankfurt: Verein Deutscher Werkzeugmaschinenfabriken (VDW), 1970 (Internationaler Congress für Metallverarbeitung (ICM) anläßlich der IHA 70 in Hannover)

/58/ Oster, W. Dynamisches Verhalten von Riementrieben Frankfurt: Forschungskuratorium Maschinenbau e.V., 1984 (Forschungshefte, Heft 109, 1984)

/59/ Pfeifer, T. Neuere Meßverfahren zur Beurteilung der Arbeitsgenauigkeit von Werkzeugmaschinen Aachen, Technische Hochschule, Habilitationsschrift, 1972

/60/ Raatz, E. Betrachtungen zur Dynamik eines drehzahlgeregelten Antriebs mit kreisstromfreier Gegenparallelschaltung Technische Mitteilungen, AEG-Telefunken 60 1970 6, S. 365-368

/61/ Radziwill, W. Ein bürstenloser Gleichstrommotor mit hohem Wirkungsgrad Philips Technische Rundschau, 1969, Jhrg. 30 Band 70, Nr. 1/2, S. 13-18

/62/ Schmidt, G. Grundlagen der Regelungstechnik: math. Beschreibung, Verhalten, Stabilität, Entwurf Berlin; Heidelberg; New York: Springer Verlag, 1982 ISBN 3 - 540 - 11068 - 2

/63/ Schrimmer, P. Treibriemen und Riemengetriebe VDI-Zeitschrift, Band 127, 1985, Heft 14 S. 523-527

/64/ Schröder, D. Grenzen der Regeldynamik von Regelkreisen mit Stromrichter-Stellgliedern Regelungstechnik und Prozessdatenverarbeitung, 1973, Band 21, Heft 10, S. 322-329

/65/ Schweitzer, G.; Gygax, P. Schwingungsmessung - Einführung in die Messung und Analyse mechanischer Schwingungen Zürich, Institut für Werkzeugmaschinen, ETH, Scriptum, 1982

/66/ Simon, W. Die numerische Steuerung von Werkzeugmaschinen - 2. Auflage München, Carl Hanser Verlag, 1971

/67/ Spieß, D. Das Steifigkeits- und Reibungsverhalten unterschiedlich gestalteter Kugelschraubtriebe mit vorgespannten und nicht vorgespannten Muttersystemen
Berlin, Technische Universität, Dissertation, 1970

/68/ Spur, G.; Auer, B. H.; Sinning, H. Industrieroboter: Steuerung, Programmierung und Daten von flexiblen Handhabungsvorrichtungen
München, Wien: Hanser 1979
ISBN 3 - 446 - 12686 - 4

/69/ Steusloff, H. (Hrsg.) Wege zu sehr fortgeschrittenen Handhabungssystemen
Berlin; Heidelberg; New York: Springer Verlag, 1980
(Fachberichte Messen, Steuern, Regeln/Syrbe, M., Thoma, M.)
ISBN 3 - 540 - 09950 - 6

/70/ Stute, G.; Boehringer, A. Drehzahlgeregelter Asynchronmaschinen-Vorschubantrieb für Werkzeugmaschinen: Forschungsbericht
Frankfurt: Verein Deutscher Werkzeugmaschinenfabriken e.V. (VDW), A 460 2, 1981

/71/ Summer, H. Modell zur Berechnung verzweigter Antriebsstrukturen
Berlin; Heidelberg; New York: Springer Verlag, 1986
ISBN 3 - 540 - 16394 - 8

/72/ Summer, H. Nachgiebigkeitsverhalten von Antriebsstrukturen; Darstellung und Analyse der Verformbarkeiten
Industrieanzeiger, 1984, Nr. 48, S. 42-43
(HGF-Kurzbericht 84/41)

/73/ Temmyo, I. Untersuchung elektrohydraulischer Vorschubantriebe insbesondere elektrohydraulischer Linearverstärker
München, Technische Universität, Dissertation, 1981

/74/ VDI/VDE Dokumentation Laserinterferometrie in der Längenmeßtechnik: Tagung Braunschweig 12.-13.3.1985
Düsseldorf: VDI-Verlag, 1985
(VDI-Berichte, 548)
ISBN 3 - 18 - 090548 - 4

/75/ Vogt, G. Digitale Regelung von Asynchronmotoren für numerisch gesteuerte Fertigungseinrichtungen
Berlin; Heidelberg; New York: Springer Verlag, 1985
(Berichte aus dem Institut für Steuerungstechnik der Werkzeugmaschinen und Fertigungseinrichtungen der Universität Stuttgart ISW 56)
ISBN 3 - 540 - 15070 - 6

/76/ Weck, M.; Teipel, K. Dynamisches Verhalten spanender Werkzeugmaschinen
Berlin; Heidelberg; New York: Springer Verlag, 1977
ISBN 3 - 540 - 08468 - 1

/77/ Weck, M. Werkzeugmaschinen
Düsseldorf: VDI-Verlag, 1980
(Studium und Praxis)
ISBN 3 - 18 - 400482 - 1

/78/ Wegener, K. Über das Betriebsverhalten von elektronisch kommutierten Gleichstrom-Kleinmotoren mit permanentmagnetischem, sinusförmigem Erregerfeld und sterngeschalteten Wicklungssträngen
Berlin, Technische Universität, Dissertation, 1976

/79/ Wehrmann, W. Korrelationstechnik: ein neuer Zweig der Betriebsmeßtechnik
Grafenau/Württ.: Lexika-Verlag, 1977
(Kontakt+Studium; Band 14)
ISBN 3 - 88146 - 104 - 3

/80/ Weninger, R. Drehzahlregelung von Asynchronmaschinen bei Speisung durch einen Zwischenkreisumrichter mit eingeprägtem Strom
München, Technische Universität, Dissertation, 1982

/81/ Weninger, R. Verfahren zur dynamisch richtigen Steuerung des Flusses bei der Drehzahlregelung von Asynchronmaschinen mit Speisung durch Zwischenkreisumrichter mit eingeprägtem Strom
etz-Archiv, 1979, Heft 12, S. 341-345
ISSN 0170 - 1703

/82/ Weschta, A. Entwurf und Eigenschaften permanenterregter Synchronmotoren
Erlangen, Technische Universität, Dissertation, 1983

/83/ Wick, A. Synchroner Drehstrom-Servoantrieb mit Transistor-Pulsumrichter
Erlangen, Technische Universität, Dissertation, 1982

/84/ Wilharm, H. Formulation and Use of Mathematical Models for Mechanical Systems
Berlin: Springer Verlag, 1974
(Siemens Forschungs- und Entwicklungsberichte Band 3, 1974, Nr. 5), S. 281-287

/85/ Wilkening, G. Messen und Berücksichtigen der Brechzahl der Luft
Düsseldorf: VDI-Verlag, 1985
(Laserinterferometrie in der Längenmeßtechnik, GMR,BER. 6, 12.-13.3.1985, Aussprachetag Braunschweig) S. 11-22

/86/ Wininger, F. LSI-Schaltungen für frequenzvariable Speisung von Asynchronmotoren
Zürich: Electronic-Application Labor, Philips AG, 1981

/87/ Wolters, P. Rechnerunterstützte Dimensionierung von Vorschubantrieben für numerisch gesteuerte Werkzeugmaschinen
Aachen, Technische Hochschule, Dissertation, 1976

/88/ Zeller, E.; Hildebrandt,H.J. Technologie des Kugelgewindetriebs
Ludwigsburg/Württemberg: A.G.T. Verlag Thurn GmbH, 1980
(Die Maschine, Heft 3/80, 4/80)
ISSN 0 - 340 - 5737

/89/ Zimmermann, P. Electronically Commutated DC Feed Drives for Machine Tools
Oxnard, California: Intertec Communications Inc.,1982
(Proceedings of the Third International Motorcon '82 Conference September 28-30, 1982 Geneva, Switzerland) S. 69-86

/90/ VDMA Statistisches Handbuch für den Maschinenbau
Hrsg.: Deutscher Maschinen- und Anlagenbau e.V.

/91/ VDW Werkzeugmaschinen Statistik: Statistische Zahlen aus dem Werkzeugmaschinenbau
Hrsg.: Fachgemeinschaft Werkzeugmaschinen im VDMA